21 世纪全国应用型本科大机械系列实用规划教材

机械创新设计

主　编　丛晓霞　冯宪章
副主编　逄明华
参　编　徐起贺　赵晓运

北京大学出版社
PEKING UNIVERSITY PRESS

内容简介

本书以机械功能原理方案设计为主线，从实例分析入手，主要阐述了机械产品创新设计的思路、方法和步骤。全书内容包括五个部分：第一部分为绪论、创新思维与创造原理和创新技法(第1～3章)，第二部分为机构的创新设计、机构类型变异创新设计、机械系统功能原理设计和反求工程与创新设计(第4～7章)，第三部分为机电一体化系统创新设计(第8章)，第四部分为基于TRIZ理论的创新设计(第9章)，第五部分为机械系统创新设计实例分析(第10章)。

本书可作为高等工科院校机械类专业教材，也可供有关教师、工程技术人员和科研人员参考。

图书在版编目(CIP)数据

机械创新设计/丛晓霞，冯宪章主编. —北京：北京大学出版社，2008.7

(21世纪全国应用型本科大机械系列实用规划教材)

ISBN 978-7-301-12403-1

Ⅰ. 机… Ⅱ. ①丛…②冯… Ⅲ. 机械设计—高等学校—教材 Ⅳ. TH122

中国版本图书馆CIP数据核字(2007)第083365号

书　　名：机械创新设计
著作责任者：丛晓霞　冯宪章　主编
责 任 编 辑：郭穗娟　童君鑫
标 准 书 号：ISBN 978-7-301-12403-1/TH·0032
出　版　者：北京大学出版社
地　　　址：北京市海淀区成府路205号　100871
网　　　址：http://www.pup.cn　http://www.pup6.cn
电　　　话：邮购部62752015　发行部62750672　编辑部62750667　出版部62754962
电 子 邮 箱：pup_6@126.com
印　刷　者：三河市北燕印装有限公司
发　行　者：北京大学出版社
经　销　者：新华书店
787毫米×1092毫米　16开本　14.25印张　318千字
2008年7月第1版　2016年1月第5次印刷
定　　　价：24.00元

《21世纪全国应用型本科大机械系列实用规划教材》

专家编审委员会

丛书总序

殷国富*

机械是人类生产和生活的基本工具要素之一，是人类物质文明最重要的一个组成部分。机械工业担负着向国民经济各部门，包括工业、农业和社会生活各个方面提供各种性能先进、使用安全可靠的技术装备的任务，在国家现代化建设中占有举足轻重的地位。20 世纪 80 年代以来，以微电子、信息、新材料、系统科学等为代表的新一代科学技术的发展及其在机械工程领域中的广泛渗透、应用和衍生，极大地拓展了机械产品设计制造活动的深度和广度，改变了现代制造业的产品设计方法、产品结构、生产方式、生产工艺和设备以及生产组织模式，产生了一大批新的机械设计制造方法和制造系统。这些机械方面的新方法和系统的主要技术特征表现在以下几个方面：

(1) 信息技术在机械行业的广泛渗透和应用，使得现代机电产品已不再是单纯的机械构件，而是由机械、电子、信息、计算机与自动控制等集成的机电一体化产品，其功能不仅限于加强、延伸或取代人的体力劳动，而且扩大到加强、延伸或取代人的某些感官功能与大脑功能。

(2) 随着设计手段的计算机化和数字化，CAD/CAM/CAE/PDM 集成技术和软件系统得到广泛使用，促进了产品创新设计、并行设计、快速设计、虚拟设计、智能设计、反求设计、广义优化设计、绿色产品设计、面向全寿命周期设计等现代设计理论和技术方法的不断发展。机械产品的设计不只是单纯追求某项性能指标的先进和高低，而是注重综合考虑质量、市场、价格、安全、美学、资源、环境等方面的影响。

(3) 传统机械制造技术在不断吸收电子、信息、材料、能源和现代管理等方面成果的基础上形成了先进制造技术，并将其综合应用于机械产品设计、制造、检测、管理、销售、使用、服务的机械产品制造全过程，以实现优质、高效、低耗、清洁、灵活的生产，提高对动态多变的市场的适应能力和竞争能力。

(4) 机械产品加工制造的精密化、快速化，制造过程的网络化、全球化得到很大的发展，涌现出 CIMS、并行工程、敏捷制造、绿色制造、网络制造、虚拟制造、智能制造、大规模定制等先进生产模式，制造装备和制造系统的柔性与可重组已成为 21 世纪制造技术的显著特征。

(5) 机械工程的理论基础不再局限于力学，制造过程的基础也不只是设计与制造经验及技艺的总结。今天的机械工程学科比以往任何时候都更紧密地依赖诸如现代数学、材料科学、微电子技术、计算机信息科学、生命科学、系统论与控制论等多门学科及其最新成就。

上述机械科学与工程技术特征和发展趋势表明，现代机械工程学科越来越多地体现着知识经济的特征。因此，加快培养适应我国国民经济建设所需要的高综合素质的机械工程学科人才的意义十分重大、任务十分繁重。我们必须通过各种层次和形式的教育，培养出适应世界机械工业发展潮流与我国机械制造业实际需要的技术人才与管理人才，不断推动我国机械科学与工程技术的进步。

为使机械工程学科毕业生的知识结构由较专、较深、适应性差向较通用、较广泛、适

---

*殷国富教授：现为教育部机械学科教学指导委员会委员，现任四川大学制造科学与工程学院院长

应性强方向转化，在教育部的领导与组织下，1998 年对本科专业目录进行了第 3 次大的修订。调整后的机械大类专业变成 4 类 8 个专业，它们是：机械类 4 个专业(机械设计制造及其自动化、材料成型及控制工程、过程装备与控制、工业设计)；仪器仪表类 1 个专业(测控技术与仪器)；能源动力类 2 个专业(热能与动力工程、核工程与核技术)；工程力学类 1 个专业(工程力学)。此外还提出了面向更宽的引导性专业，即机械工程及自动化。因此，建立现代“大机械、全过程、多学科”的观点，探讨机械科学与工程技术学科专业创新人才的培养模式，是高校从事制造学科教学的教育工作者的责任；建立培养富有创新能力人才的教学体系和教材资源环境，是我们努力的目标。

要达到这一目标，进行适应现代机械学科发展要求的教材建设是十分重要的基础工作之一。因此，组织编写出版面向大机械学科的系列教材就显得很有意义和十分必要。北京大学出版社的领导和编辑们通过对国内大学机械工程学科教材实际情况的调研，在与众多专家学者讨论的基础上，决定面向机械工程学科类专业的学生出版一套系列教材，这是促进高校教学改革发展的重要决策。按照教材编审委员会的规划，本系列教材将逐步出版。

本系列教材是按照高等学校机械学科本科专业规范、培养方案和课程教学大纲的要求，合理定位，由长期在教学第一线从事教学工作的教师立足于 21 世纪机械工程学科发展的需要，以科学性、先进性、系统性和实用性为目标进行编写，以适应不同类型、不同层次的学校结合学校实际情况的需要。本系列教材编写的特色体现在以下几个方面：

(1) 关注全球机械科学与工程技术学科发展的大背景，建立现代大机械工程学科的新理念，拓宽理论基础和专业知识，特别是突出创造能力和创新意识。

(2) 重视强基础与宽专业知识面的要求。在保持较宽学科专业知识的前提下，在强化产品设计、制造、管理、市场、环境等基础理论方面，突出重点，进一步密切学科内各专业知识面之间的综合内在联系，尽快建立起系统性的知识体系结构。

(3) 学科交叉与综合的观念。现代力学、信息科学、生命科学、材料科学、系统科学等新兴学科与机械学科结合的内容在系列教材编写中得到一定的体现。

(4) 注重能力的培养，力求做到不断强化自我的自学能力、思维能力、创造性地解决问题的能力以及不断自我更新知识的能力，促进学生向着富有鲜明个性的方向发展。

总之，本系列教材注意了调整课程结构，加强学科基础，反映系列教材各门课程之间的联系和衔接，内容合理分配，既相互联系又避免不必要的重复，努力拓宽知识面，在培养学生的创新能力方面进行了初步的探索。当然，本系列教材还需要在内容的精选、音像电子课件、网络多媒体教学等方面进一步加强，使之能满足普通高等院校本科教学的需要，在众多的机械类教材中形成自己的特色。

最后，我要感谢参加本系列教材编著和审稿的各位老师所付出的大量卓有成效的辛勤劳动，也要感谢北京大学出版社的领导和编辑们对本系列教材的支持和编审工作。由于编写的时间紧、相互协调难度大等原因，本系列教材还存在一些不足和错漏。我相信，在使用本系列教材的教师和学生的关心和帮助下，不断改进和完善这套教材，使之在我国机械工程类学科专业的教学改革和课程体系建设中起到应有的促进作用。

2006 年 1 月

前　　言

机械创新设计课程主要是建立在各工科院校长期以来进行的机械原理课程的机械系统方案设计和机构创新实验的基础上的，因此该课程现有的教学体系和教学内容主要是以机械系统设计为主线，在机构的组成、演化、变异和机械系统运动方案创新设计的基础上，增设了以创造学和设计方法学为基本理论的创造性思维、创造原理和创造技法。

现代机械工业最大的特点是机电一体化技术的广泛应用及机电一体化产品有了飞速的发展。机械制造企业如果不采用机电一体化技术，那么它的产品就很难升级换代，从而无法在竞争中生存下去。机电一体化产品日益增多，如数控机床、机器人、智能量仪、家电设备等。机电一体化的产生和发展对机械系统也起到了极大的推动和促进作用，提高了机械系统的性能，完成了传统机械所不能完成的功能。如果机械创新设计课程的教学体系和教学内容仅定位于通过机械系统创新设计，仅进行运动方案设计的初步训练，固守传统的机械系统设计思维理念和方法，就不符合培养高素质创新型机械科技人才的需要。

本书在保留机械系统创新设计的基础上，增设机电一体化、TRIZ 理论的内容。本书具有如下特点：

(1) 介绍了有关机电一体化技术的内容，寻求机电一体化和机械创新设计的结合点和融合部分，培养学生对机电一体化创新设计的思维理念，帮助学生建立机构、控制、传感和驱动一体化的观念，并养成独立思考的习惯，提高学生进行机电一体化设计的实际能力和素质。

(2) 详细、系统地介绍了利用功能原理方案进行机械系统创新设计的方法。功能原理方案以其设计思路明确、设计方法成熟、易学易懂的特点，目前成为设计界公认的较有成效的方法之一。

(3) TRIZ 理论曾被美国、德国等西方国家称作“点金术”，随苏联解体后被广泛应用到军事以外的很多工程技术领域，并推广到了多个跨国公司，如三星、波音、福特、摩托罗拉、通用等。许多国家设有专门的 TRIZ 理论研究中心，成千上万项重大发明被以不可思议的速度创造了出来。TRIZ 理论是基于知识的、面向人类的解决发明问题的系统化方法学，也是实现发明创造、创新设计、概念设计的最有效方法。本书介绍了 TRIZ 理论的产生背景、主要内容，重点讨论了设计中的冲突及其解决原理、计算机辅助创新设计软件的发展和 TRIZ 理论的发展趋势。

(4) 现有高技术机械产品的应用是创新思维、创新设计和技术工艺结合的成果，本书采用一些产品实例，通过实例的学习，帮助学生建立创新思维模式、掌握创新设计方法。

本书由丛晓霞、冯宪章担任主编。参加本书编写的有丛晓霞(第 1、5、6、8 章)、逄明华(第 4、7 章)、冯宪章(第 2、3 章)、徐起贺和赵晓运(第 9、10 章)。

其中，第 9 章的编写得到了河南高等教育教学改革研究省级立项项目“高等技术应用性人才创新能力培养的系统化研究”(编号：2006—212)和河南机电高等专科学校教育教学改革研究项目“面向岗位创新的机械创新设计课程体系构建的研究”的支持。在此，谨向支持该项目的同志表示衷心的感谢！

本书的建议课时数为36～48，使用本书的高校可根据具体情况调整课时。

由于编者水平有限，书中难免有疏漏之处，敬请广大读者批评指正。

编　者

2008年4月

目　录

第 1 章　绪　　论

教学提示：初步建立机械创新设计理念。

教学要求：了解创新设计的一般过程，了解创新能力要素的基本构成，了解机械的创新目标，了解本课程的内容性质和任务。

随着现代工业的高速发展，机械创新设计(Mechanical Creative Design，MCD)的重要性已日益明显。机械创新设计作为企业确保市场竞争优势、维持企业生存及其成长的重要机能，创新在企业发展中扮演着愈来愈重要的角色，特别是面对机电产品快速的更新换代，保持不断地推出适销对路的新机电产品是企业能够在市场竞争中取胜的关键所在。

机械创新设计是指在充分发挥设计者创造力的前提下，利用人类已有的相关科学技术成果进行创新构思，从而设计出具有新颖性、创造性及实用性的机构或机械产品的一种实践活动。

机械创新设计能够充分发挥研究人员的主观能动性，它是以相关的理论和思维原理为基础，进行机械创新的一种实践活动。其出发点是解决工程实际问题，目的是设计出新颖、合理、价格性能比优越且具有先进性的机构或机械产品。机械创新设计是在满足各种约束的前提下进行组合的一种设计，最终设计的产品必须满足机械产品的两大技术要素，即技术上的可行性及经济上的合理性。

在机械创新设计过程中，强调人在设计过程中，特别是在总体方案结构设计阶段中的主导性及创造性作用。从概念上讲，MCD 的设计内容是指由机械产品的性能要求出发，利用人类已有的相关科学技术成果(含理论、方法、技术、原理等)，充分发挥设计者的创造力，通过改进、完善现有机械产品或创造发明新机械产品，设计出具有新颖性、创造性、实用性、经济性的产品。

1.1　机械创新设计概述

1. 机械创新设计的一般过程

机械创新设计的一般过程如图 1.1 所示。

1) 确定设计目标和要求

根据市场需求确定设计参数、选定约束条件，最后提出设计任务书和产品开发计划。

2) 原理方案设计

任务确定后，运用设计者的专业知识、实际经验和创新能力构思出达到预期结果的原理方案。原理方案设计是产品创新和质量优劣的关键。

3) 结构方案设计

对产品进行结构设计，即确定零、部件的形状、尺寸、材料，进行强度、刚度、可靠性等计算，画出结构草图。

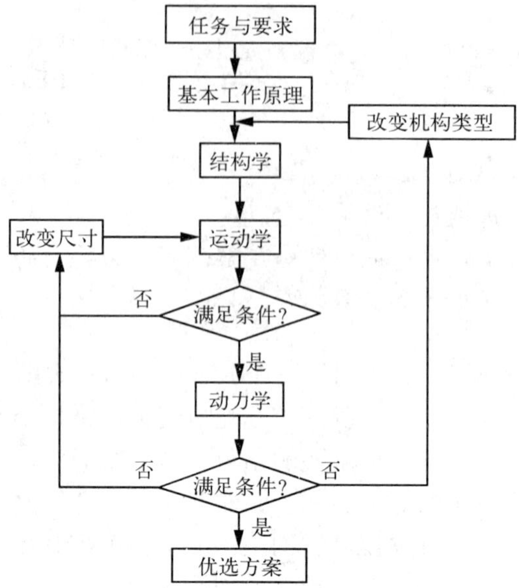

图 1.1　机械创新设计的一般过程

4) 总体设计

在原理方案和结构方案设计的基础上全面考虑产品的总体布置、人机工程、工艺美术造型、包装运输等因素，画出总装配图。

5) 施工设计

将总装配图拆成部件图和零件图，根据加工和装配要求，标注公差、配合及技术要求，绘出全部生产用图纸，编写设计说明书、使用说明书，列出标准件、外购件明细表及有关文件等。

2. 机械创新设计的关键内容

机械创新设计过程中的原理方案设计是机械系统设计的关键内容，在原理方案设计过程中应解决以下问题。

(1) 确定系统的总功能。

(2) 进行总功能分解。将总功能分解为若干分功能是实现功能工作原理方案的最好办法，它使设计者易于构思各种各样的工作原理方案。

(3) 功能元求解。功能元求解就是将所需执行的动作，用合适的执行机构形式来实现。

(4) 功能原理方案的确定。由于每个功能的解有多个，因此组成机械的功能原理方案可以有多个。

(5) 方案的评价与决策。针对不同的机械确定评价指标体系和评价方法，对多个方案进行综合评价和决策。

1.2　创新能力的构成

当今时代世界经济竞争异常激烈，经济的竞争实质是科技的竞争，是人才的竞争，特别是创新型科技人才的竞争。对于创新型人才应具备的素质和创新型科技人才的构成，以下从 3 个方面对其进行讨论。

1. 创新基础

当今时代要求创新型科技人才既要有坚实的专业基础，又要向多能化、国际化人才方向发展，能利用自己的专长和广博的学识去处理所面临的各种问题，从而使自己具有更强的适应力。良好的方法往往能使人们更好地发挥运用天赋的才能，许多边缘学科、交叉学科也是依赖于研究方法相互渗透或方法论的共用而形成的。创新基础包括基础理论知识、专业知识、交叉学科知识与发展知识。

1) 基础知识

创新是永无止尽的过程，它不是凭空的杜撰和臆想，而是需要宽厚扎实的基础知识，它是实现创新的基本前提。基础知识包括在机械设计领域内的机械制图、机械原理、机械设计、理论力学、材料力学、工程材料和机制工艺等专业知识，此外还包括数学、物理等基础知识。丰富的基础知识是形成创新意识、培养创新思维、挖掘创新精神的条件，没有宽厚扎实的基础知识就没有创新的实力。在基础知识中，数学是创新最主要的基础和工具，它具有打基础和培养人的双重功能，它为其他学科建立数学模型，提供理论基础和思维模式，又培养学生对事物之间的联系进行逻辑思考的方式。

2) 一定的交叉学科知识

在当代的科技创新活动中，不论是在自然科学的各个学科之间以及技术的各种专业之间，还是在自然科学与技术之间；不论是在数学与科学技术及社会科学之间，还是在系统论、控制论、信息论与各门具体学科专业之间，都在越来越广的宽度上和越来越深的厚度上发生和进行着交叉和渗透，如机电一体化包括机械、电子、液压、气动、传感、光学、计算机、信息以及控制系统等多学科、多领域相互结合的技术，因此，它要求科技创新人才一专多能、博学多才，具有强烈的或浓厚的各学科专业之间的交叉意识、渗透意识和跨学科意识，最终使其具有发展的意识和能力。

2. 创新才能

创新才能包括科学观察能力、创造性思维能力、实际操作能力、信息收集与加工能力、外语能力以及总结、概括与正确描述科研成果的能力等。

1) 科学观察能力

科学观察直接取得感性经验材料，为科学研究提供第一手科技信息资料。因此，作为科技创新人才应具备敏锐的科学观察能力。科学观察并不是指单纯通过感觉器官感受外部各种刺激的盲目的、被动的感受过程。它是在一定科学理论的指导下进行的有意识、有明确目的的感知活动；它的全过程始终伴随着积极的思维活动，科学观察是科技创新的重要途径。李四光在地质学上取得的卓越成就，是他在 60 多年的科研工作中坚持实事求是、观察调查的结果。

2) 创造性思维能力

科技创新是科学研究的真正永恒的主题，创造性思维是科技创新的灵魂，不论是科学发现还是技术发明，凡是创新活动都离不开创造者的创造性思维，从这个意义上说，整个科学技术史也是一部创造性思维的发展史，因此，科技创新者应具备创造性思维的能力。

创造性思维就是创造者在强烈的创新意识下，将大脑中已有的感性和理性知识信息按最优的科学思路，并灵活地借助联想、直觉和灵感等因素，以渐进式或突进式两种飞跃方式进行重新组合、升华所出现的思想闪光和顿悟，从而形成具有社会价值的新观点、新理论、新知识、新方法和新产品，如高新科技的进步、新观念的形成、新理论的创建等这些探索未知领域的认识过程中的思维活动。

现代思维科学的研究结果表明：创造性思维是人类思维活动的最高表现形式，是科技创新的灵魂。从人类社会的整个科学技术史看，几乎所有的科技创新成果都是科研工作者创造性思维的结晶。这种事例比比皆是，如牛顿由“苹果落地”发现“万有引力”；凯库勒由“梦见蛇咬住自己的尾巴”发现“苯环结构”等。

3) 实际操作能力

知识创新的智力活动不仅局限于大脑的思维和想象，还必须有一定的技能做保证。在科学活动中，不同学科和不同的研究课题，甚至一个大型课题的不同方面，对技能的要求也有很大的差别。在科学发展的今天，实际操作能力应当包括两者：一是实验技能；二是计算机应用技能。

(1) 实验技能。实验是科学认识活动的基础，它不仅是自然科学理论的重要检验标准，而且也是自然科学理论的重要来源。所以科学研究工作者要重视实验研究，要注重实验技能的培养与掌握。

(2) 计算机应用技能。科学研究中的复杂解析计算和数值计算、实验过程中的数据处理、数控(NC)技术、计算机辅助设计(CAD)、计算机辅助编制工艺(CAPP)、计算机辅助制造(CAM)及计算机集成制造系统(CIMS)等，都要求具备不同程度的计算机操作与应用技能。尤其是跨世纪先进制造技术以及迎接新技术革命的挑战，就更需要高超的计算机操作与应用技能。

4) 信息收集与加工能力

信息收集关键在于信息获取，它是通过敏锐的观察，然后在脑海中形成一个非常敏捷的、一连串的复杂思维过程。也就是说，检索或看到同样的信息，是多人都可能做到的，但那只是“看到”，对于发明创新者来说，重要的是要“看出”别人没看出的东西，并且能把“看出”的东西经过大脑的加工，“想出”别人没想出的事情。所以信息收集与加工能力是信息从“看到”到“看出”与“想出”的思维过程，本质上是敏锐的观察与敏捷的思维的综合反映。

5) 外语能力

不懂外语，众多信息就不能“看见”，就很难把握学科的世界前沿。对学科的前沿不了解，也就很难把握住研究方向是新的，更不可能用科学的持续性这个梯子去攀登科学高峰。

6) 总结、概括与正确描述科研成果的能力

形成科学研究论文或科学研究报告需要用语言来进行正确描述、综合、概括与升华。在科学研究论文的形成过程中，要充分发挥“语言是抽象思维的外壳和工具”的作用，要善于应用科学术语，严格遵循严密的逻辑(形式逻辑与辩证逻辑)论证，应用所谓的收敛思维，把众多的内容逐步引导到条理化的逻辑序列中去，以便最终得出一个合乎逻辑规范的科学研究论文或科学研究报告。

3. 创新意识

创新意识是知识创新的先决条件。创新意识要求具备以下 5 个方面。

1) 渴求创新

只有渴求创新才可能有所创新。没有创新渴求的人，他不会去“尝试发现”，而渴求创新的意识又是建立在对祖国的热爱、对科学的兴趣与好奇心的基础之上的。对祖国的热爱是很多人渴求创新的思想基础之一。“科学救国”在旧中国只是一批爱国青年的一个梦想，而今天的“科教兴国”战略，促使我国对科学热爱与有兴趣的人们，产生高度的创新紧迫性的巨大热情与成功的内在起点，为我国对科学有好奇心的人们乐于施展才智以寻求答案创造了条件。

2) 足够的自信

创新意识很强的人必定有足够的自信，相信自己是更有创新性的。没有足够的自信是很难破除迷信、大胆创新的。自信使人敢于进攻，战胜困难，严重的自卑感会扼杀创新性。

3) 顽强的意志

科技创新工作就是每时每刻与困难打交道，并且想方设法战胜困难，因此，科技工作者对困难必须有足够的思想认识和精神上的准备。在困难面前必须有顽强的意志，有战胜困难的决心与信心，有百折不挠的精神。正如马克思指出的：在科学上没有平坦的大道，只有不畏劳苦沿着陡峭山路攀登的人，才有希望达到光辉的顶点。

4) 善用机遇的能力

从事科技创新活动的科技工作者应具备抓住和利用机遇的能力。机遇是人们在科学观察和实验中发现的貌似出乎意料的现象或事件，是在科学活动中出现的与传统不相符的“偶然”。机遇是科技创新人才显露潜在才能和创造发明的机会，是科技创新人才成功的外部条件之一。事实上，世界上有很大一部分划时代的发现，或多或少都是意外获得的，这很容易理解，因为那些确实开辟了新天地的发现机遇是人们很难预见的，这些发现常常违背当时流行的看法，它们在旧的知识框架中、在原有的科学范式中找不到相应的位置。

5) 协作精神

现代科技创新工作要取得成功，还有一个很重要的方面，就是要有团结协作的精神。现代科学学科门类多、学科知识更新快，如果仅凭一个人的知识和经历，在自己的专业领域内完全靠个人取得有影响的科技创新成果，已是极少有的了，而大多数有影响的科技创新成果，均是出自于该学科多方面人才的团结协作而取得的。在现代科研工作中，强调团队精神，强调集体力量，强调团结合作是科研工作取得成功的重要保证。“阿波罗”登月计划有 120 所大学、约 400 万人参与；中国的“两弹一星”和载人运载火箭的研制也是如此，这些说明现代科研靠个人单枪匹马已很难作出有影响的科技创新成果。科技人才间的通力合作能充分发挥个人与集体的力量，它是推动科技创新活动发展的重要动力。合作能使知识互用、才能互补，是突破难关、解决重大科研难题的重要途径。因此，从事科技创新活动的科技工作者应增强团结协作的精神，增强集体意识和集体观念。

1.3　机械的创新目标

国家机械工业局提出，在“十五”末期，我国机械工业企业的技术创新工作要达到以下 5 个目标。

(1) 重大装备、数控机床等 4 个重点领域中的关键技术来源依靠国内的比例有较大幅度提高，扭转主导产品的关键技术过分依赖于国外的局面。

(2) 在 50 家大型企业中建立起具有较强产品开发能力、技术创新能力及市场快速应变能力的技术中心，在 500 家排头兵企业中建立起有一定开发能力和技术创新能力的技术开发机构。

(3) 创立 1000 种自主产权的机械工业名牌产品。

(4) 机械工业新产品产值率达 30%。

(5) 初步建立起网络化的中小企业技术服务体系。采取的 7 项推进措施是：加强宏观引导；加强技术创新人才队伍的建设；加大技术创新的资金投入；加强共性、基础性关键技术的攻关和适用先进技术的推广应用；初步建立以企业为主体的技术创新体系；加强技术创新机制建设；加强新产品开发和产品结构调整。

1.3.1　快速满足不断变化的市场需求

机械工业是一个国家的重要产业，也是支柱性产业。随着各种先进设计技术的飞速发展，机械产品的创新设计逐渐形成了智能化、数字化、集成化等特点。我国的机械产品设计水平，经过科技工作者的多年努力，已经接近甚至有的超过了国际先进水平。但是我国机械产品在国际市场上的占有率还不尽人意，究其原因就是对国际化市场需求的研究不够。随着经济的全球化，机械产品不仅要参与国内市场的竞争，也要经受国际市场的严峻挑战。

如何使机械产品的创新设计得到市场的认可并获得最佳的市场效果，从而提高机械产品的市场竞争力，这是一个值得研究的问题。

大量的实践证实：机械产品的创新设计是企业抢占市场的有力武器，而创新设计与市场需求的拟合程度是有效发挥这一武器威力的必要条件。机械产品的创新设计只有与市场需求紧密结合，才能形成自己的市场优势，为企业找到自己产品的市场切入点，从而打开国内、国际市场。纵观当今社会，一个国家或者一个企业只有不断创新，才能在竞争中处于主动、立于不败之地，所以创新是企业的生命，也有人将创新比喻成带有氧气的新鲜血液。人类的历史就是一部创造、创新的历史，“创新”在激烈的国际竞争中成为关键因素，它主要表现在以下 3 方面。

(1) 人类靠着创造、创新开创了文明的世界，创造、创新是人类社会进一步发展的保证。20 世纪的 50 多项重大科学技术的发明说明了创造性劳动的真谛，人们从中受到的启示是：科学技术的创新决定了生产力的发展，从而激励人们挖掘自己的创造、创新潜能。

(2) 国际间的竞争一般来说是综合国力的竞争，综合国力的竞争最终归结为人才的竞争，而人才的竞争主要是创新能力的竞争，因此培养、开发国民的创新能力至关重要。

(3) 消除中国和发达国家在科学技术和经济发展方面的差距要靠创新。中国在知识创新、技术创新、工业化方面与发达国家有很大的差距，只有依靠创新才能迎头赶上，才能赢得发展、赢得未来。

创新概念最早由美籍奥地利的经济学家熊彼特于 1912 年提出。创新概念包含的范围很广，涉及技术性变化的创新和涉及非技术性变化的创新等。技术创新是产品开发的首要环节，创新设计是技术创新的重要内容。新产品拥有广阔的市场前景是机械产品创新设计的根本目的，因此将市场概念贯穿于创新设计的全过程就显得非常重要了。

在创新的开始阶段，必须进行详细的市场需求调查研究，将开发的新产品进行市场预测和分析，充分估计当前消费市场及潜在(或预期)消费市场对新产品的接受能力。依据调查研究分析，确定新产品的设计参数和制约条件，以保证新产品创新设计的成功。例如1994年，国内某筑路机械厂在进行市场预测和分析时，得知中小型摊铺机已是市场的主流。但他们综合考虑各种市场因素及国家政策和法规，认为大型沥青混合料摊铺机将成为未来几年市场需求的热点。经过3年产品的设计创新及市场验证、认可，1998年、1999年、2000年该产品占领了国内90%的市场份额。由此可见，准确的市场预测和分析是产品创新设计的基础。

在机械产品创新设计的每一个设计阶段，创新思想都要始终以市场概念为导向，在最大限度满足市场需求的同时，还要充分体现设计者独特的创新思想。从市场角度全方位规划和审视产品创新方案，必将最大限度地满足市场需求。

在创新的过程中，还应有把握市场脉搏、保证创新优势的能力，创新的最重要目的是要有市场效果，创新设计的新成果最终要以商品化形式投入到市场。可以说创新的立足点是市场，落脚点仍然是市场。因此，创新设计要面向市场，把握市场脉搏，千方百计地形成市场优势，最大限度地满足市场需求。欲准确把握市场脉搏，那么在机械产品的创新设计过程中，应注意创新设计的时效性和创新优势的相对性及创新设计的区域性、民俗性等。

由于市场激烈竞争的白热化，产品需求变化的速度愈来愈快，产品开发的时效性对于机械产品创新设计的影响越来越大。在市场经济高速发展所形成的巨大买方市场的压力下，创新设计的市场风险在一定程度上超过了技术风险。因此，产品创新设计需要建立市场需求的快速反应机制，缩短产品的研究、开发创新周期和生产制造周期，从而提高企业的竞争能力和快速的市场适应能力。

市场的挑剔性、严酷性以及市场的多变性，注定任何创新设计的成果都是相对的，如“切诺基”吉普车，其优势为四轮驱动、功率大、越野性能好等。在其他品牌汽车销售疲软时，这种车以其优良的性能价格比，销售势头很好。然而随着中国公路建设的高速发展，使其优势不再明显，加之汽油价格上涨，其油耗大就成了劣势，致使销售量猛跌。

因此只有面向市场进行创新设计，把握市场脉搏，紧跟市场步伐，提高产品的创新设计与市场需求的拟合度，企业产品的创新设计才会有更大的成功机会，才能受到市场的欢迎，并被广大消费者所接受。

同时市场需求是创新设计的动力，产品创新设计应建立市场需求牵引的创新动力模式，市场需求是指导创新方向的“指挥棒”，因此创新设计应始终围绕满足市场需求这一目标进行，市场需要什么样的产品，企业就开发与之相适应的产品。结合市场需求，在机械产品的创新设计活动中，应注意以下内容。

(1) 创新设计要与市场需求结合起来。最近，欧盟提出21世纪企业发展的先导技术包括“需求研究技术”，这一技术不仅要分析技术的发展动态和市场需求的趋势，而且还需研究消费者的消费心态和行为以及如何将产品设计者、生产者、消费者紧密配合的方法。

(2) 市场是检验产品的唯一标准。一种新产品的成败不能看是否通过了某部门的鉴定，也不能看领导机关是否通过，市场才是真正的“检验师”。只有得到市场的承认，才会获得企业预期的经济效益回报。创新设计的动力来源于市场需求，市场需求决定创新方向。因此，在进行创新设计之前，应充分考虑影响市场的各方面因素，做到有的放矢。

(3) 不切实际的超前创新设计，并盲目地将产品推向市场，是不可取的。19 世纪中叶，某船运公司建造了一艘大型轮船，它的动力和吨位分别是当时普通船只的 100 倍和 7 倍，但由于还没有相关的配套设施以满足大型船舶的要求，如港口太小和服务设施较落后等，几年以后，该公司终因无法支持其经济负担而宣告破产。由此看来，创新设计还应注意和与之配套的各种创新技术协调发展。

由于引起市场需求多样化的原因很多，这就要求创新设计成果必须符合特定环境下的特定要求。大多跨国公司通过在国外直接投资建厂，并根据当地情况进行产品的开发、研究的目的就在于此。市场需求的多样性要求创新设计形式多样化，企业开发出适应消费群体的产品，就能够占领该类消费群体的消费市场。例如青岛海尔集团开发的折叠式洗衣机就是为满足战地军人的需要，而大地瓜洗衣机完全是为满足市场的特殊需求而开发的。

市场需求对机械产品创新设计有着决定性的作用。在机械产品的创新设计过程中，寻求市场需求与创新设计两者的完美结合是获得成功产品、赢得市场的有效途径。

由上述分析可见，在现代机械产品的创新设计过程中，要正确处理创新设计与市场需求二者的拟合程度关系，努力寻求创新设计与市场需求的完美结合，才能开发、研究出受市场欢迎、为广大消费者所接受的好产品。机械产品的创新设计是企业参与市场竞争的取胜之本，与市场需求脱节的创新设计无疑是缺乏实用价值、不被人们看好的失败之作。面对经济全球化趋势，任何一个企业都很难脱离世界经济大潮的冲击，企业要想在激烈的市场竞争中始终立于不败之地，就须在不断提高自主开发、创新设计能力的基础上，多在深入调查研究、认真分析市场需求上下工夫，寻求创新设计与市场需求的最佳拟合点。不仅要敢于创造，更要善于创造。尽可能提高机械产品的创新设计与市场需求的拟合度，已成为企业产品开发过程中的一个极为重要的问题。

1.3.2 机械的功能要求

机械工业是国民经济的装备工业，它为国民经济各产业提供技术装备，是为人民生活与社会现代化提供耐用消费品的国民经济支柱产业，它是高新技术产业化的载体，也是建设现代化国防的基础。它对国民经济运行的质量和效益、产业结构的调整和优化具有极其重要的作用。机械作为机械工业的重要组成部分，对一个国家的国民经济有着重要的作用。

分析机械的使用情况得知，随着社会的发展，人们对机械功能的要求更多、更严格了。从机械的效率方面来说，在合理的价格性能比的前提下，生产率越高，其在市场竞争中就占据更有力的位置。

从机械加工的角度分析，机械产品功能能否完全地表现出来，是和加工的质量密不可分的，而加工的质量在很大程度上是与产品的工作精度等输出性能指标联系在一起的。在一般情况下，产品的输出特性参数都是构成产品零部件几何参数的映射，因此产品的输出特性都可用其零部件的几何参数来描述。

据报道，在 20 世纪 80 年代初，美国的核潜艇技术在噪声上远远地领先前苏联，并取得了在海底的主动权。由于苏联的核潜艇噪声大，一般情况下，美国的反潜系统在距前苏联核潜艇几百海里的距离内，便能根据声纳发现它并辨别其特征。因此，苏联若不尽快设法清除噪声，一旦爆发战争，苏联的核潜艇将是一堆废铁。经过苏联专家的分析，原来核潜艇的噪声主要是由螺旋桨造成的，尤其是制造螺旋桨的加工精度对噪声有着决定性的作用，而当时苏联在机加工的领域内和美国相比有一定的差距。后来苏联通过在第三国买了数台高精度的数控系统及数控软件——CAMMAX，从而成功地解决了螺旋桨加工的精度问题，并将新加工的螺旋桨安装在核潜艇上，极大地降低了核潜艇的噪声，瓦解了美国方面的优势。

这个案例就是精度对产品功能特性影响的一个典型范例。苏联的核潜艇原来的噪声大，实际问题在于机加工的精度上，而后来成功地消除了噪声，正是通过提高螺旋桨的加工精度来实现的。

制造业在为人类提供巨大财富的同时，也在不断地产生污染物，对环境造成严重的负面影响。绿色产品设计就是在这样的情况下，迅猛发展起来的。绿色设计是指在其全寿命周期中(包括设计、制造、营运、报废拆解)，通过采用先进技术，设计能经济地满足用户功能和使用性能的要求，并节省资源和能源、减少或消除环境污染，且对劳动者(生产者和使用者)具有良好保护的产品。

因此，无论是可持续发展的要求还是来自消费者的压力都表明：设计者在进行创新设计的过程中，必须贯彻绿色设计的观念，才能适应市场的要求。美国密苏里州圣路易斯市的孟山都公司曾是“全球 500 强”榜上有名的化工企业，但一度曾因浪费资源，不断遭到公众的指责，企业的形象受到严重影响。该公司认识到绿色产品的重要性后，经过冷静的、理性的商业逻辑分析，立即转变发展战略，开发有利于环境的可持续发展的新技术和新产品，以适应社会和消费者的要求。

我国的企业界也在绿色浪潮的感召下，纷纷制定绿色营销计划，如家电行业的“新飞”和“海尔”都已经在实施绿色工程。

因此设计人员在创新设计的过程中，必须具备良好的环境意识，并尽最大可能地广泛采用绿色材料、标准化和模块化零部件或单元，充分考虑加工制造过程中的材料利用率，同时还必须考虑产品在营运寿命终止后，报废、拆解不对环境造成负面影响，以及部分材料、零部件和设备能够再生利用，还要尽量简化工艺，优化配置，提高整个制造系统的运行效率，使原材料和能源的消耗最少，减少不可再生资源和短缺资源的使用量，尽量采用各种替代物资和技术。绿色产品的设计不但适应人们保护和改善生态环境，同时也是实现全球经济可持续发展的要求和响应国家提出的建立节约型社会的号召。因此，绿色产品的设计得到了快速的发展。

1.3.3 机械的物理特性

1. 惯性力对机械运动特性的影响

在经典力学的研究领域，将牛顿定律不成立的参考系统称为非惯性参考系统。在非惯性参考系中，牛顿第二定律已经不适用了。为解决相对于非惯性系统的力学问题，也为使在非惯性系统中，牛顿第二定律仍然“成立”，就引入了“惯性力”的概念。从本质说这是牛顿第二定律经适当修改后的应用。从惯性力产生的过程看，惯性力实际上是一个虚构的力，不是物体之间真实的相互作用力，因此没有反作用力，当然它也不服从牛顿第三定律。

构件在运动过程中，一般情况下都将产生惯性力和惯性力矩，惯性力的产生将在运动副中产生附加的动压力，从而增大构件中的内应力和运动副中的摩擦力，加剧运动副的磨损，降低机械效率和使用寿命。要消除惯性力和惯性力矩的影响，改善机构的工作性能，结构的设计人员就必须研究惯性对机械特性的影响。

例如，发动机气缸的数目越多，运行越平稳，发动机的价格也越贵。四冲程发动机的一个气缸做功一次对应曲柄转两周，故一般 4 缸发动机曲轴的相位角为 180°，6 缸发动机的曲轴相位角为 120°，而 8 缸则是 90°。缸数越多，前后依次做功的间隔角度就越小，就越不会发生动力断续的情况，发动机运行的平稳性就越好。

实际上同样缸数的发动机如果生产厂家不同，其振动的大小也明显不同。假定发动机的缸数相同，不考虑其他因素的影响，就会发现发动机在工作过程中，惯性力就是影响其振动的一个重要因素。

根据运动学得知，发动机内高速运动的零部件会产生很大的惯性力，从而造成发动机的剧烈振动。虽然对于定轴转动的构件(如曲柄)可以通过动平衡方法来减少由于惯性力对轴承产生的动压力，但对于缸数多、曲轴长的情况，会因惯性力而产生内力矩，使曲轴产生弹性变形，最终影响发动机的运行平稳性。因此现在 6 缸以上的高速发动机的气缸大都采用 V 形排列，这就是从缩短曲轴长度的角度出发，通过减少曲轴弹性变形来达到降低发动机振动的目的。而对于非定轴转动的构件(如曲柄连杆机构中活塞和连杆的运动所产生的惯性力)是无法在构件内部得到平衡的，这些惯性力的存在会使发动机发生摇晃。对于这种类型惯性力的平衡，一般采用机构整体平衡的方法，由于机构最终的力由机座来承担，故这种平衡又称之为“机构在机座上的平衡”。根据实际要求，在满足许可平衡的前提下，工程上常用的平衡方法可分为完全平衡和不完全平衡两种。实际上机构的平衡是一个非常复杂的过程，它涉及了很多复杂技术，此外，对于多缸发动机而言，结构的差异、各零件制造尺寸的加工误差及材料密度的均匀性，都会影响到整机的平稳性。

一般研究惯性力的特性是在经典宏观力学的领域内，在 MEMS(Micro Electro Mechanical System——微电子机械系统)领域内，它研究的构件是在硅表面成形。基于 VLSI(VLSI 系统是集成在一块硅材料上的电子系统)制造硅微加工技术，人们能制作尺寸在 10～100 μm 的微机械元件和作动器。

在微观领域内，当运动元件大小尺寸下降时，面积与体积之比都增大，因此表面力的作用非常重要。与元件表面面积成比例的表面力，如静电力、范德华力、在流体中的黏性拖力等，将取代如惯性力等而成为主导力。

2. *摩擦对机械运动特性的影响*

摩擦是影响机器工作性能的重要物理现象，由于摩擦将导致运动副元素的磨损，从而使得构成构件的零件强度降低，使用寿命缩短。由于摩擦导致磨损使得运动副的间隙增大，使得机械的传动精度和机械效率降低。一般来说摩擦现象和发热现象是同时出现的，如果产生的热量过多甚至会导致温升过大，使得构件或者零件的变形也随之增大，有可能使得运动副间隙变小，出现机构卡死事故。为了消除摩擦对机械运动特性的影响，一般普遍采用的措施有用滚动代替滑动摩擦、用转动副代替移动副，在运动副内部选用优质润滑油，在构件间有相对运动的部位选用耐磨材料。

摩擦学是由多学科组成的综合研究领域，研究以机械设计及理论、表面工程、摩擦学材料、摩擦化学为主，同时也涉及流体力学、固体力学、非线性动力学、工程热物理、流变学、应用数学、物理学、化学、材料科学、信息理论等一系列学术领域。摩擦学研究的任务是从机械学、材料科学的角度出发，不断吸取相关学科的知识和最新研究成果，揭示摩擦与润滑的实质，推动摩擦学设计和减摩抗磨损技术的发展，并努力在实际中应用，以达到节省能量、提高磨损寿命和机械工作性能的目的。

针对国际科学技术的发展、我国国民经济发展与国防建设的需要，经学术委员会批准，摩擦学国家实验室目前的主要研究领域为：纳米摩擦学与分子动力学模拟；微机械与微尺度力学；表面工程与纳米技术应用；薄膜润滑理论及其应用；非线性动力学与故障诊断技术；与摩擦学相关的设计与制造技术；摩擦学测试技术。

这些研究方向体现了国际同类研究的前沿，其中弹流润滑、薄膜润滑理论与失效分析、表面形貌与摩擦学效应主动控制、微型机械设计、纳米摩擦学、纳米级表面膜技术等研究在国内居于领先地位，在国际学术界也有相当的知名度，研究在多学科交叉、不同技术综合等方面体现了实验室研究工作的特色。实验室所进行的研究，都是在综合应用其他相关学科知识的基础上发展起来的，经过不断的探索、分析、提高与广泛的实验研究，发展成为以综合学科为背景、以实际工业生产为对象的摩擦学理论。多年来的工作表明：摩擦学实验室所提出的研究方向和研究路线与国际科学技术发展同步，符合国民经济中、长期发展的战略需要，并在国内外受到重视；所提出的理论和所从事的研究，在国际摩擦学研究领域也产生了一定的影响；所进行的基础研究与应用基础研究推动了本学科并带动了相关学科的发展，对促进国家科学技术的进步、国民经济与国防建设的发展具有重要的意义。

3. 间隙对机械性能的影响

由于机械在安装、加工制造及机械工作过程中的正常磨损使得机构的运动副中必然存在着间隙。通常不允许运动副存在过大的间隙，因为这将引起系统的振动、冲击和噪声，甚至严重影响机械工作的平稳性。但是在某些工作条件和环境恶劣、工作速度及精度要求不高的机械中(如农业机械、矿山机械、冶金机械等)，或者考虑受力变形、便于装配等因素，就应适当增大运动副的间隙。当间隙很小时，其影响可以忽略不计。

在机械系统中，运动副是连接两构件且具有相对运动的部位，因此从安装和工作等实际情况出发，运动副内留有一定的间隙是合理的。由于运动副内的摩擦导致磨损使得其内部的间隙有越来越大的趋势，如果间隙大到一定的程度，就可能对整个系统产生严重的振动与噪声，使得机构的工作效率降低。

运动副间隙对机械系统的影响还体现在机构的运动特性。由于间隙的存在使得构件的有效尺寸发生了变化，从而不可避免地使机构的实际运动和理想运动之间产生偏差，并且增加了构件的动应力，这是引起构件振动、噪声的直接原因。特别是在高速和微机械系统中，例如在航天领域这些影响将更加显著，由于间隙对机构的非线性影响，常会出现伸展机构失稳、定位精度不够、天线打开失灵等情况，从而导致航天器失效。在机器人研究中，运动副间隙的影响已成为提高智能机器人和机床等定位精度的瓶颈之一。运动副间隙对某些机械系统的影响已不容忽视。

因此设计者在机构的分析设计中，在考虑机构进行方案设计或运动原理分析时，还应考虑到机械运动的实际运动情况，如间隙对机械系统性能的影响情况；为满足机械功能的要求，其许可的间隙范围等。

4. 模态对机械特性的影响

模态参数包括机械系统的各阶固有频率、振型、模态质量、模态刚度、模态阻尼等，模态是机械系统的固有特性。模态分析的过程就是用这些模态参数表示动力学方程，并求解模态参数的过程。模态就是与振动有关、对振动系统各阶模态的分析研究，这种振动系统是指多自由度系统、连续弹性体振动系统或复杂结构物。机械振动系统最低阶固有频率的模态称基本模态。

机械系统的模态求解可以解决以下问题：

(1) 对系统各阶模态进行响应分析，叠加各响应波形可求得系统各点的总响应。

(2) 求出各阶模态的最大响应值，再作适当组合，可求得系统某点的最大响应值。

(3) 在激励频率已知的受迫振动中，分析系统能否发生共振。

(4) 表示系统的动态特性，指导人们调整系统的某些参数，如质量、阻尼率、刚度等，使机械系统的动态特性达到最优或使系统的响应控制在所需范围内。

模态分析在工程中应用甚广。例如在航天领域内，对航天器进行模态分析，可求解其在发射过程和空中飞行环境中的响应情况，从而来判断航天器是否会损坏；在桥梁的结构分析中对悬索桥进行模态分析，可知它在风或其他激励下是否会发生共振，经计算响应后还可预估其寿命；对发动机的整体部件进行模态分析，有利于研究振动产生噪声的成分和提供噪声的比例；对滚珠轴承进行模态测试分析，根据频谱分析，可用来识别故障及发生振动和噪声的原因。

模态分析的目的，就是根据机械的结构和工作状态，利用计算或者测试数据，求得机械系统的各阶频率，然后同其工作时的激励相比，在比较的过程中，可根据计算结果，对机构的结构进行必要的修改来调节机构的振型，从而避免共振的发生，使得机械发挥其最大的功能。

1.4　本课程的内容、性质和目的

1. 本课程的内容

本课程主要阐述机械创新设计的一般构成和创新人才的构成、创新思维和技法、机构的组合和变异设计、功能原理设计的方法和步骤、反求设计、机电一体化设计。为适应现代机械设计各学科交叉的特点，本课程从创造学和设计方法学的基本理论出发阐述创造性思维、创造原理和创造技法，以机械系统的功能原理设计为主线，在机械系统运动方案创新设计的基础上，注重机、电、液、气、控制、计算机等学科的交叉，增设机电一体化的方法和步骤。

2. 本课程的性质和目的

机械创新设计课程是一门培养学生创新意识、启发创新思维和介绍创新设计方法的专业选修课。

本课程(包括它的全部教学环节)的主要目的是培育学生以下几方面的能力。

(1) 培养创新思维习惯、初步掌握创新技法。

(2) 掌握创新设计的一般方法，特别是机械系统功能原理设计方法的初步建立。

(3) 养成综合运用所学机械、电子、计算机等知识进行机电一体化系统设计的习惯。

(4) 掌握机构组成设计实验和机械、电子、计算机和控制综合训练实验。

(5) 树立勇于创新、实事求是、团结协作的精神。

(6) 了解机械创新设计和机电产品设计的新发展和新技术的应用。

在本课程的教学过程中，综合运用和总结归纳学生先修课的有关知识，结合新技术和新产品启发学生的创造思维，建立机构、控制、传感和驱动一体化并行思考的习惯，寻求出机电一体化和机械创新设计的结合点和融合部分，使学生进一步扩大视野，拓宽知识面，促进学科交叉。通过大量的设计问题，进行创新思维的训练，从而提高学生的创新设计能力和独立工作的能力，培养工程意识和工程实践能力，为其日后从事机械工程技术工作打下基础。

小 结

机械创新设计能够充分发挥研究人员的主观能动性，其是以相关的理论和思维原理为基础进行机械创新的一种实践活动。它主要包括两部分内容：一是创新思维、创新技法的学习；二是学习机械创新设计的一般步骤，通过设计训练，提高研究人员创新设计的能力和独立工作的能力，培养其工程意识和工程实践能力。

习 题

1-1 机械创新设计的一般过程中，为什么原理方案设计是产品创新和质量优劣的关键？应如何理解？

1-2 创新基础对创新有何影响？举例说明。

1-3 如何认识创新意识是知识创新的先决条件？

1-4 如何认识创新与市场的关系？

第 2 章　创新思维与创造原理

教学提示：根据创新思维的不同特征，思维有不同的分类方法。在分析创造思维内在规律的基础上，突出了创造思维在机械创新设计中的重要作用；创造是人类的一种有目的、有意识主动探索的活动，创造原理是人们在长期创造实践活动的基础上，对一种理论的归纳和总结。在创新活动中针对不同的问题，可借鉴不同的创造原理。

教学要求：了解创新思维和创造原理的不同分类方法及其特点，明确创新思维和创造原理的含义，了解不同的思维特点及其规律。重点理解创造原理的概念，主要包括创造原理的不同类型，掌握不同创造原理的主要性质、几种典型创造原理的灵活应用。

人类的历史实际上就是一个不断创造历史的过程，创新在人类的进步历程中发挥了极其重要的作用。在机械应用的领域内，创新是推动机械设计发展与变革的主要手段。

当今世界已进入知识经济时代，创新是一个国家持续稳定发展的基石。缺乏创新能力将失去知识经济所带来的机遇和挑战，因此如果一个国家没有了创新那么就没有了新兴的机械技术。知识创新和技术创新能力是决定国与国之间、企业与企业之间、人与人之间竞争地位的重要因素。创新能力的高低关系到民族、企业、个人的前途和命运。各行业之间的竞争将异常激烈，新产品的研制和开发离不开创新的支持，创新必然成为企业赢得市场、发展空间和提升竞争能力的重要手段。面对机械产品开发过程中的迅速扩展，通过产品创新实现快速适应市场，高质量、低成本的产品开发是向我国企业提出的严峻挑战。以创新设计理论、方法和技术为基础，以实现产品创新开发为核心的创新设计是赢得胜利的关键。

新世纪是一个“知识经济”占主导地位的世纪。在“知识经济”时代，“机械设计和制造”的发展源泉和生命在于“创新”。高等学校将肩负知识创新和知识传播的两大任务，随着科学技术的发展和知识经济的到来，增强创新意识、培养创新的能力也是学校教学改革的重要内容。创新是工科专业，尤其是实践设计环节的一项重要要求。

2.1　创 新 思 维

从人类的活动上看，创造的源泉实际上来自于人类的思维，因此系统地研究创造性思维的特点、本质、形成过程和与其他思维的关系，可进一步理解和掌握创新思维的规律，从而达到增强创新能力的目的。

从大脑神经解剖学可知，人脑中有 1000 亿个左右的神经元(又叫神经细胞)，每个神经元都平均与数万个其他神经元相联系，从而形成一个有千万亿结点的非常巨大的精细网络，人的创造性思维与神经网络的构成和神经元内形成信息流的物质密切相关。

神经学家认为，人的思维主要取决于两方面：第一方面，大脑中数以兆计的神经细胞之间的连接；第二个方面，传递、控制神经网络中信息流的化学物质。如果用高倍电子显微镜看一下神经网络，它像一大堆缠结在大锅中的面条。研究表明：与任一特定的神经元形成接触的神经细胞在 1～10 万个之间，反过来，任一特定的神经元将成为神经网络中下一个细胞的成千上万个输入中的一个。汇集在一个细胞上的不同输入将导致不同质和量的递质(在神经网络中传递信息的物质)释放，递质在突触处与神经元细胞膜中的特定物质(称为受体)相结合，触发神经细胞内部的一系列反应，形成某种特定活动的内部形态，同时递质的质和量决定其与受体结合的方位和程度。这样神经网络之间的信息在每一个环节都具有巨大的灵活性和多样性的可能空间。试验证明：大脑神经网络中的突触是可通过训练改变的，递质、受体等也随输入信息和积极有效的思索而有所变化。另外人体摄入的食物和药物对递质等化学物质也可产生影响，这些就是创造性思维的生理机制，也可以说创造性思维是人类生命本质的属性。

人类对思维的理解可谓“仁者见仁，智者见智”，恩格斯从哲学角度提出了思维是物质运动形式的论点。列宁则认为，人的认识活动在客观上存在着 3 个要素：认识的主体(人脑)、认识对象(自然)和认识的工具(思维方式)。思维的本质就是思维的主体、思维对象和思维方式三要素在认识客观世界时的有机结合。在现代心理学中，有人认为“思维是人脑对客观现实的概括和间接的反映，它反映的是事物的本质和内部规律”。在思维科学中，有人把思维看作“是发生在人脑中的信息交换”。尽管不同学科对思维含义的表达各不相同，但综合起来，思维可定义为：思维是人脑对所接受和已存储的来自客观世界的信息进行有意识或无意识、直接或间接的加工处理，从而产生新信息的过程。这些新信息可能是客观实体的表象，也可能是客观事物的本质属性或内部联系，还可能是人脑机能产生出的新的客观实体，如文学艺术的新创作、工程技术领域的新成果、自然规律或科学理论的新发现等。

创新思维是创造力的核心，机构创新设计依赖于创造性的思维，世界上现存的机构，都是创造性思维的成果。创造性思维，是人们在已有知识和经验的基础上，从某些事实中寻求新关系、找出新解答、创出新成果的思维过程。创造性思维的广度、深度、速度以及成功的程度，在很大程度上决定于创造性思维的方式。良好的思维方式，可使人思路开放，创造层出不穷；拙劣的方式，则可能使思路堵塞，成为创造的障碍。有志于创造的人，应当熟悉和探索各种创造性的思维方式。

为深入地研究和分析思维的活动规律，应从思维的特点出发，结合利用创新思维在创新活动中的实例，全面地论述思维的不同类型和其在人类创新活动中的应用。

2.1.1　发散与收敛

1. 发散思维

发散思维又叫辐射思维、扩散思维、分散思维、求异思维、开放思维等。发散思维以欲解决的问题为核心，根据已有信息，从不同角度、不同方向思考，运用横向、纵向、逆向、分合、颠倒、质疑、对称等思维方法，找出尽可能多的方案。它属于从多方面寻求多样性答案的一种展开性思维方式。发散思维无定向和范围，不墨守成规，不拘泥于传统的方法，由已知探索未知，具有求异性和创新性。

发散思维是创造性思维的基本形式之一，是创造的出发点。创新者可以通过发散思维，由此及彼，由一事一物想到万事万物，创造出较大的思维空间，从而有可能得到尽可能多和最佳的创造选择。

发散思维也是众多创造原理和创造技法的基础，如变性创造原理、移植和综合创造原理、联想类比创造技法、转向创造技法、组合创新法等都源于发散思维。能否从同一现象、同一原理、同一问题产生大量不同的想法，这一点对进行发明创造具有十分重要的意义。假如，作家对某一现象都用同样的文句描写；工程师只能将某一原理应用于一种机械设备上；教师满足于对某一问题的唯一解释，那么创造就会销声匿迹。文学上，对同一景象的不同描写；技术上，对同一原理的不同应用；课堂上，对同一问题的不同解释，都来自对同一事物的不同思维，其结果就体现了人的创造性。

日常生活中人们用的拉链，最早是发明者本来打算用来代替鞋带而发明的，后来人们将它用在钱包和衣物上。现在在医学上已将其成功地安装在需重复多次动手术的病人的创口上。这些别出心裁的构想，摆脱了思维定势的束缚，使思维向四面八方发展扩散，通过新知识、新技术的重组，往往就能产生出更多、更新的创造性成果。

冷拔钢管工艺中的新型堵头创新设计利用了创新思维的发散思维。冷拔钢管是一种无切削、冷作强化变形的制管技术，生产过程分为 3 个阶段：第一个阶段，在钢管的一端放入堵头，夹头咬住堵头；中间阶段，慢速冷拔；最后一个阶段，取出堵头，完成冷拔过程。在生产的过程中，由于夹头咬紧力大小不匀、钢管壁厚不匀等，常常造成管端“咬死”或“拔断”等现象，使堵头较难取出。为此，设计一种实用可靠的塞入、取出方便的堵头，以提高生产率十分必要。设计人员使用基于发散思维的相似诱导移植创新法，突破实心堵头直径在冷拔作业时不能变的思维定势，设计出了具有变径功能的新型堵头，其改造后的结构示意图如图 2.1 所示。

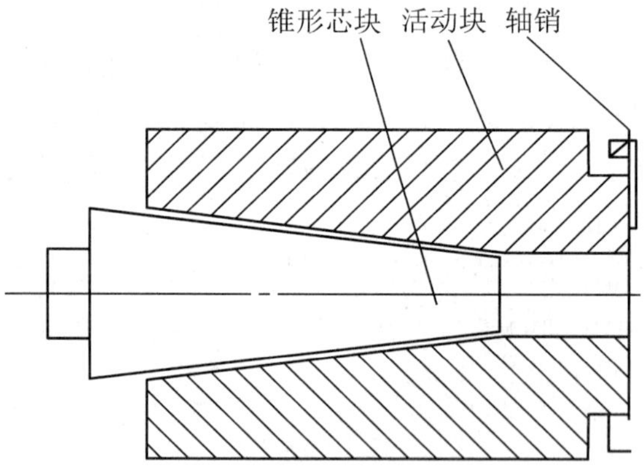

图 2.1　新型胀缩式堵头简图

由图 2.1 可知，胀缩式堵头由两瓣内侧具有楔形面、外形为非完整半圆柱面的活动块，通过轴销联接而成。其工作原理如图 2.2 所示，其过程为：冷拔前，堵头呈缩径状态，塞入钢管管端[如图 2.2(a)所示]；推压锥形芯块使堵头外径变大[如图 2.2(b)所示]；冷拔后，芯块退出，堵头外径缩小，可使堵头顺利取出[如图 2.2(c)所示]。

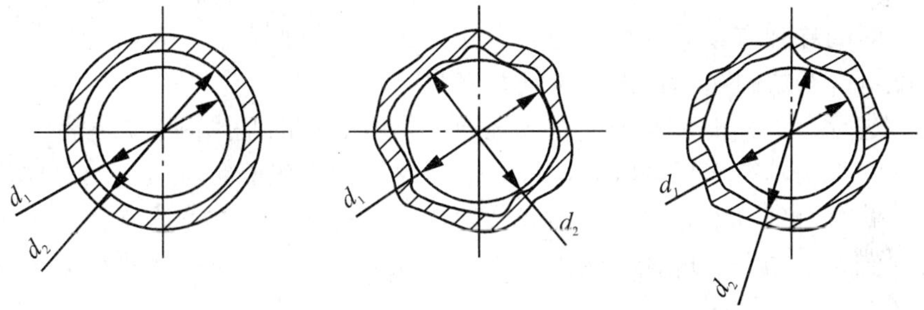

(a) 开始阶段　　(b) 胀径过程　　(c) 结束阶段

图 2.2　新型堵头和管端的 3 种位置状态

2. 收敛思维

收敛思维也叫辐轴思维、集中思维、求同思维等。它是一种寻求某种正确答案的思维形式。它以某种研究对象为中心，将众多的思路和信息汇集于这个中心点，通过比较、筛选、组合、论证，得出现存条件下解决问题的最佳方案。其着眼点是由现有信息产生直接的、独有的、为已有信息和习俗所接受的最好结果。所以，既需要有充分的信息为基础，设想多种方案，又需要对各种信息进行综合、归纳，多方案优化。收敛思维是深化思维和挑选设计方案常用的思维方法和形式。发散思维与收敛思维的有效结合组成了创新活动的一个循环过程。

一个创造性的过程通常是一个先发散后收敛的过程。可以这样说，没有发散思维，人们就无法调动各方面的知识和经验，无法冲破传统的认识领域，也就谈不上创新。而没有收敛思维，什么问题都不加节制地发散，那么就无法区分有价值和无价值的各种设想，也不可能收获任何有价值的创新成果。

形态分析创新技法即是发散思维与收敛思维有效结合的具体应用之一。它是由美国加利福尼亚洲理工学院教授兹维基首创的一种方法。兹维基是位天体物理家，对形态学方面有着精湛的研究。后来他发表了构思技巧形态分析法，形态分析法是从系统的观点看待事物，把事物看成是几个功能部分的组合，然后把系统拆成几个功能部分，分别找出能够实现每一个功能的所有方法，最后再将这些方法进行组合。形态分析法的原理是将技术课题分解为相互无关的基本参数，找出解决每个参数问题的全部可能方案，然后加以组合，得到的总方案数量是各参数方案的组合数。最后确定其中哪些方案是可行的，对所有可行的方案进行研究，找出最佳方案。

二战期间，美国情报部门探听到法西斯德国正在研制一种新型巡航导弹，他们费尽心机也难以获得有关技术情报。然而兹维基博士却在自己的研究室里，轻而易举地搜索出法西斯德国正在研制并严加保密的带脉冲发动机的巡航导弹。兹维基博士能够坐在研究室里获得技术间谍都难以弄到的技术情报，正是他成功地运用了他称之为“形态分析”的思考方法的结果。形态分析法，是一种以系统搜索观念为指导，在对问题进行系统分析和综合研究基础上，用网络方式集合各因素设想的方法。兹维基博士在运用此法时，先将导弹分解为若干相互独立的基本因素，这些基本因素的共同作用便构成任何一种导弹的效能，然后针对每种基本因素找出实现其功能要求的所有可能的技术形态。在此基础上进行排列组合，结果共得到 576 种不同的导弹方案。再经系统全面的过筛分析，在排除了已有的、不可行的和不可靠的导弹方案后，他认为只有几种新方案值得人们开发研究，在这少数的几种方案中，就包含有德国法西斯正在研制的方案。

对洗衣机进行因素分析，即确定完成洗净衣物所必备的基本因素。对洗衣机这类工业产品来说，最好是用功能来代替因素，以利于形象思考。先确定洗衣机的总体功能，再进行功能分解，就可得到若干分功能，这些分功能就是洗衣机的基本因素。如果定义洗衣机的总功能为“洗净衣物”，那么以此为目的去寻找其手段，便可得到“盛装衣物”、“洗涤去污”和“控制洗涤”这 3 项分功能。

接着，对各分功能进行形态分析，即确定实现这些功能要求的各种技术手段或功能载体。为此，发明创造者要进行信息检索，广思各种技术手段或方法。对一些新方法还可能进行实验或试验，以了解其应用的适用性和可靠性。在上述 3 种分功能中，“洗涤去污”是最核心的一项，在确定其功能载体时，要针对“分离”二字广思、深思和精思，从机、电、热等技术领域去寻找具有此功能的技术手段。

经过因素与形态分析，可建立如下的洗衣机形态分析，见表 2-1。

表 2-1　洗衣机形态分析表

功能	技术手段			
	1	2	3	4
A 盛装衣服	铝桶	塑料桶	玻璃钢桶	
B 洗涤去污	机械摩擦	电磁振荡	超声波	热胀分离
C 控制时间	人工手控	机械控制	计算机自控	

分析表 2-1 知，在对洗衣机的整体设计过程中，可进行各功能之间形态要素的排列组合，从理论上说，实现一个洗衣机的设计方案有 3×4×3＝36 种。

在对 36 种组合的分析中，可以发现组合方案 A1-B1-C2 属于普通的波轮式洗衣机。这种洗衣机的工作原理是靠电动机驱动 V 形带传动装置，使波轮旋转，从而产生水与衣物的机械式摩擦，配合洗涤剂的作用而使衣物与脏物分离。洗涤的时间由机械定时器控制。它的缺点是衣物磨损严重、耗电量大、洗涤效率低、易发生故障。为创新出不用波轮的新型洗衣机，经分析发现组合方案 A1-B2-C3、A1-B3-C2 和 A2-B4-C1 等都属于非机械摩擦式的洗衣机方案。下面对这 3 种方案作简要的分析。

(1) 由 A1-B2-C3 构成的洗衣机可以说是一种电磁振荡式自动洗衣机。它没有波轮，也不用电动机，而是利用电磁振荡可以分离物料的原理来洗涤去污。据国外科研人员试验，按此开发的洗衣机具有洗净度高，不易损害衣物的优点。此外，如果把桶内水排干，还可直接甩干衣物，具有一机两用的特点。

(2) 由 A1-B3-C2 构成的洗衣机，应该叫做超声波洗衣机，它也没有波轮和电动机。设计这种洗衣机的技术关键是要产生 20 000 Hz 以上的超声波。这种超声波能产生很强的水压，使衣物纤维振动，使洗涤剂乳化，从而使脏物与衣物分离，达到洗涤去污的作用。在结构上，这种洗衣机离不开气泵、风量调节、送风管道、空气分散器等基本部件。由技术分析和试验可知，超声波洗衣机也具有磨损轻、洗净度高、无噪声、节水、节电等优点。

(3) 由 A2-B4-C1 构成的洗衣机，是利用热水使纤维膨胀，在桶内水流的作用下使脏物脱离的原理设计，是一种简易的小型手摇洗衣机。它主要由旋转桶、支架所组成，工作时要往桶内灌装热水和洗涤剂，用手旋转洗衣桶。市面上曾出现过这种热压式洗衣机，虽然结构简单且价格低廉，但因技术相对落后，所以很快就被市场淘汰。

应用形态分析进行新品策划，具有系统求解的特点。只要能把现有科技成果提供的技术手段全部罗列，就可以把现存的可能方案“一网打尽”，这是形态分析方法的突出优点。但同时也为此法的应用带来了操作上的困难，突出的表现为如何在数目庞大的组合中筛选出可行的新品方案。如果选择不当，就可能使组合过程的辛苦付之东流。

因此，在运用形态分析方法的过程中，要注意把好技术要素分析和技术手段的确定这两道关。例如在对洗衣机的技术要素进行分析时，应着重从其应具备的基本功能入手，对次要的辅助功能暂可忽视。在寻找实现功能要求的技术手段时，要按照先进、可行的原则进行考虑，不必将那些根本不可能采用的技术手段填入形态分析表中，以避免组合表过于庞大。当然，一旦形态分析法能结合电子计算机的应用，那么从庞大的组合表中进行最佳方案的探索也是办得到的。

2.1.2　逻辑思维与非逻辑思维

1. 逻辑思维

逻辑思维又称抽象思维或理论思维，总之它是思维的一种高级形式。逻辑思维凭借科学的抽象概念对事物的本质和客观世界发展的深远过程进行反映，使人们通过认识活动获得远远超出靠感觉器官直接感知的知识。科学的抽象是在概念中反映自然界或社会物质过程内在本质的思想，它是在对事物的本质属性进行分析、综合、比较的基础上，抽取出事物的本质属性，撇开其非本质属性，使认识从感性的具体进入抽象的规定，从而形成概念的。空洞的、臆造的、不可捉摸的抽象是不科学的抽象，科学的、合乎逻辑的抽象思维是在社会实践的基础上形成的。抽象思维深刻地反映着外部世界，使人能在认识客观规律的基础上科学地预见事物和现象的发展趋势，预言“生动的直观”没有直接提供出来的，但存在于意识之外的自然现象及其特征。它对科学研究具有重要意义。

逻辑性思维的特点在于有序性和递推性，是严格遵循逻辑规则、按部就班、有条不紊进行的思维。它的主要方法是分析、归纳、综合与演绎；它是一种严密的思维方式，是人们掌握较好的一种常规思维方式。

从某种意义人们可以把“逻辑”理解为规律，所谓规律是事物之间的必然联系或事物发展的必然趋势。如果 A、B 两事物有必然联系，例如 A 必然发展为 B，那么，有 A 就有 B，承认 A 就得承认 B。人们日常的思维和理论学习、科学研究中的思维几乎都是抽象思维，也就是逻辑思维。其思维的一般过程如图 2.3 所示。

由图 2.3 可知，逻辑思维的过程其实也是一个推理的过程，其中判断是常用的手段。判断是概念间的联系，推理则是两个或几个判断的联系，例如，“是人类社会就一定要向前发展”，这种必然性的联系或趋势就是“逻辑”一词所表达的最底层的意思。在这个意义上，逻辑就是规律。在后来的演变中，“逻辑”被更多地用于思维和理论中的必然联系以及论辩中的说服力。因此，“逻辑”也被更多地用于表示思维中的规律，即思维中的某种必然联系。这种必然联系主要是指命题或判断之间的推理、推导过程中的必然性。

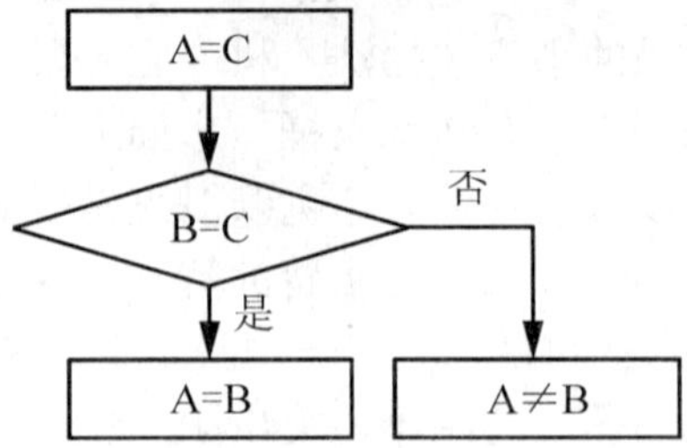

图 2.3　逻辑思维的一般过程图

逻辑思维有两个最基本的特征：抽象性和确定性。由这两个特征还派生出其他的一些特征，如形式性、精密性、简单性、理论性和分析性等。不过后者都是由抽象性和确定性所决定和制约的。所以，这里主要介绍抽象思维的抽象性特征和确定性特征。

1) 抽象性

人们透过事物的现象，认识事物的本质和变化规律，把握事物间的联系，达到真理性的认识，始终离不开理性的抽象，也就是说，人们从现象到本质的认识在思维中是通过抽象来完成的。

以数学的发展为例：古埃及人和古巴比伦人尽管掌握了关于空间和数量关系的大量知识，但这些知识主要是凭经验进行考察的结果。在所有古埃及人的著作中，法则仅能应用于为数有限的具体情况。在他们的几何学中，没有用一个三角形来代表一切三角形这种在建立演绎体系时所必需的一般化的抽象概念，抽象的数的概念还有待引进。古希腊人则不同，数学之所以会在古希腊发展起来，就是因为古希腊人依靠古埃及人和古巴比伦人的数学素材，引进了“智力革命”，从事物的多样性中辨别出共同性，并把它抽象出来加以一般化，从而导出与更广泛的经验相符合的新关系。就是由于这个缘故，古希腊人被称为是科学方法的倡导者。亚里士多德把抽象称为自然研究的路线或途径，并指出，科学从感觉上是较为易知的混乱集体(即现象)，通过抽象以达到理性上较为易知的原理(即本质)。

抽象性的实质，人们可以从 3 个方面去理解。首先，抽象就是抽取事物的共同点，抽象最主要的是对同类事物去除现象的、次要的方面，抽取它们的共同点，从而使思维从个别中把握一般，从现象中把握本质；其次，抽象就是选取事物的深入点，一个事物往往有几个特点，抽象的实质就是从这些特点中选取一个被认为在某个方面特别重要的特点，而忽视所有其他特点，这样，抽象起了限定探究范围、突出某一重点、限制其他思路，并把某一种思路引向深入，从而使人们能够深入地研究认识对象的作用；再次，抽象就是理想地复现认识对象。抽象的目的在于把事物加以理想化而再现于思维之中。因为不可能单纯地通过从可观察现象概括共同点来把握理想事物，所以必须脱离直观地运用思维的抽象力量创造出理想客体。同抽取共同点相比，理想化是更深刻的抽象。

抽象既是抽象思维的重要手段，也是抽象思维的重要特征。正是因为这个意义，这里把这种思维叫做抽象思维。

2) 确定性

确定性是抽象思维的又一基本特征。从信息论的观点看，所谓知识就是不确定性的减少。所以，认识真理的意义就在于不断减少和消除对自然界和社会认识上的不确定性。一般说来，认识中的不确定性来源于认识主体的感性活动和思辨的猜测。经验认识是人的感官对于自然现象的直觉认识，这种认识通常只是知识的准备和原料。作为“前知识”，这种认识的最主要特征是不确定性。抽象思维要获得本质，就必须以确定性去减少和消除这种根源于事物现象偶然性的不确定性。只有确定性的思维所获取的认识才称为知识。因此，可以说理论知识和日常知识之间的最重要区别就在于理论知识的命题必须具有严格的确定性，而日常知识不需要严格的规范。

命题依其确定性而表现出来的思维力量，在于能直接解释和描述个别研究对象领域中某类现象的全体，这是日常经验命题所做不到的。例如，牛顿三大定律能解释一切宏观物体机械运动中的各类现象，显示了抽象思维确定性的惊人力量。命题的确定性是建立在概念的确定性之上的。抽象思维中概念的确定性对于认识是十分重要的，因为，这里是用概念来把握事物本质的。爱因斯坦曾说过，科学的概念最初总是日常生活中所用的普通概念，但它们经过发展就完全不同了，它们已经变换过了，并失去了普通语言中所带有的含糊性质，从而获得了严格的定义，这样它们就能应用于科学的抽象思维中。例如，信息和系统原是日常生活中的普通概念，信息论和系统论对它们作了严格的定义，使之成为这两门学科中的科学概念，而信息论和系统论也正是由于引入了这两个具有确定性的概念，才奠定了这两门学科的基础。

抽象性和确定性是抽象思维的两个基本特征，二者是统一的。爱因斯坦有一句话，可以说是言简意赅地表达了抽象思维抽象性和确定性的这种统一。他说：“科学家必须在庞杂的经验事实中间抓住某些可用精密公式来表示的普遍特征，由此探求自然界的普遍原理”。这深刻地体现了抽象思维中抽象性和确定性的统一关系。

逻辑性思维在创造性的活动中虽不如非逻辑性思维那样活跃，但在创新方案的整理和可行性的判断上是必不可缺的。它在把握使创新性方案趋于既定的目标、避免思维上的混乱、保证创造性过程能有序进行方面起着十分重要的作用。

2. 非逻辑思维

非逻辑思维是一种不严格遵循逻辑规律，突破常规，是通过想象、直觉、灵感等方式进行的自由思维方式，主要用直观形象和表象解决问题的思维。其特点是具体形象性，是通过对事物形象的概括而产生的，是人脑对客观事物和现象具体形象的反映。

一般而言，非逻辑性思维是指逻辑性思维以外的各类思维模式。非逻辑性思维的最大特点是思维的随意性和跳跃性，它不受任何“秩序”的约束，表现出极大的灵活性。例如，当问如何能在不采用倾倒的方法将水杯中的水弄出来时，用非逻辑性思维可以想出很多方法：用吸管吸、用强气流吹、将其结冰后取出冰块、用吸水材料将水吸入后取出、煮沸蒸发、打破水杯等。

非逻辑性思维主要包括形象思维、发散思维、逆向思维、侧向思维、联想思维、灵感思维等思维模式。

爱因斯坦曾这样描述他的思维过程：“我思考问题时，不是用语言进行思考，而是用活动的、跳跃的形象进行思考，当这种思考完成以后，我要花很大力气把它们转换成语言。”另一位诺贝尔奖获得者李政道从 20 世纪 80 年代起，每年回国两次倡导科学与艺术的结合。他在北京召开“科学与艺术研讨会”，请黄胄、华君武、吴冠中等著名画家“画科学”。李政道的画题都是近代物理最前沿的课题，涉及量子理论、宇宙起源、低温超导等领域。

艺术家们用他们擅长的右脑形象思维的方式，以绘画的形式形象化地表现了这些深奥的物理学原理。

如建筑师设计厂房，他要把他记忆中的众多建筑式样、风格融合起来，结合一定的要求，设计出新的建筑群，这主要靠的就是形象思维。

在创造性活动中，非逻辑性思维发挥着巨大作用，人类的很多成果都来源于逻辑性思维。非逻辑性思维在选择创造目标、构思方案、开辟解决问题的途径等方面起着不可估量的作用。在创造性的活动中，谁的思维最活跃、最独特，谁就最容易获得意想不到的成功。

非逻辑思维具有灵活、新奇等特点，而抽象思维较为严密。按照现代脑科学的观点，形象思维和抽象思维是人脑不同部位对客观实体的反映活动，左半脑主要是抽象思维中枢，右半脑主要是形象思维中枢，两个半脑之间有数亿条神经纤维，每秒钟可交换传输数亿个神经冲动，共同完成思维活动。因此，逻辑思维和非逻辑思维是人类认识过程中不可分割的两个方面，它们互相联系、互相渗透，在创新过程中，应该把两者很好地结合起来，优势互补，从而完成更多的创新成果。

2.1.3　定向与非定向

1. 定向思维

定向思维基本上属于逻辑性思维一类。其思维过程总是通过寻找合乎逻辑的、成熟的或常规的方法或途径，按部就班地对事物进行详细推断。这种思维方式的优点体现为慎重、稳妥。但往往由于思路狭窄、保守而缺乏新意又显示了它的不足。但总的来说，由于定向思维的方向明确、清晰，实行“稳扎稳打、步步为营”的策略思索，因此，这种思维模式能使创造性活动沿最稳妥的方向发展，也是在创造性活动后期验证创新成果十分必要的思维方式。

例如，俄国化学家门捷列夫在为化学元素排序时曾发现一些元素的原子量跳跃较大，他根据原子量呈有规律变化这一构想预言，在跳跃的化学元素中间一定还有未被发现的新元素，新元素的原子量排列应在出现跳跃的两元素的原子量之间，新元素的密度与相邻元素相似，化学性质与所在的元素族相似。按这一确定的目标，于 1875 年 9 月法国科学家列科克发现了新元素“镓”。于 1885 年德国科学家温克勒又发现了新元素“锗”。正是由于门捷列夫的定向思维方式，大胆地提出了“元素不应该无序”、“其序是由原子量大小确定的”创造性理论，使后人能按照这一确定的目标不断探索，不断地完善门捷列夫的化学元素周期表，最终完成了科学史上一个伟大的勋业。

2. 非定向思维

非定向思维是一种反常规的思维方式，其思维方式不同于正常的思考途径。一般包括逆向思维和侧向思维两个方面的内容。

(1) 逆向思维以背逆正常思索途径来寻找解决问题的方法。思维的要点是“不择手段”。因此，这种思维方式视野开阔，没有束缚，具有难以形容的创造性与技巧性。

如参观野生动物园，对于传统的动物园，人在笼外，动物在笼中，由于笼舍活动空间狭小，动物没有了自然的野性，人的观察内容严重失真。现代的“野生动物世界”反其道而行之，将动物置于广阔的“大自然”，而将人关在“可以行走的笼中”——汽车上，使人们看到了一个真实的动物世界，达到了人们建设动物园的真正目的。

传统的破冰船必须用巨大的动力将船头抬起，用笨重的船身将冰压破，破冰前进的速度慢，能耗也大。前苏联的科学家运用逆向思维方法将船头潜入冰下，靠浮力将冰“顶”破，从而设计出了一种体积小、质量轻、破冰速度快的新型破冰船。

在创造性活动中，人们创造出不少创新技法，如“对比联想法”、“缺点列举法”等，其创造机理都源于对逆向思维的合理运用。

(2) 侧向思维又称旁通思维，是一种类似逆向思维的思维方式。当正向思维无效时，侧向思维与逆向思维一样，都摆脱直接指向目标的思考路径，另辟蹊径。但侧向思维没有逆向思维那样极端——用完全背离原思路的方式和路径来寻找问题的答案，而是将问题转换为另一个等价的问题，通过对等价问题的求解而使原问题得解。

20 世纪 40 年代，人们发明了圆珠笔，但作为笔尖的圆珠常因磨损而漏油墨，影响书写质量而难以推广。正向思维围绕提高圆珠的耐磨性进行思考，而侧向思维回避了提高圆珠耐磨性这个难题，干脆用减少圆珠笔芯的储墨量，使笔芯中的油墨在圆珠即将因磨损而快漏油前正好用尽，该办法解决了圆珠笔漏油墨的问题，这样既保证了书写的质量，又降低了成本，使圆珠笔很快得到广泛的普及。

2.1.4　动态思维和有序思维

1. 动态思维

动态思维是一种运动的、不断调整的、不断优化的思维活动。它是用运动的观点来理解和解决问题的思维方式，它的根本特点是根据不断变化的环境、条件来改变自己的思维秩序、思维方向，对事物进行调整、控制，从而达到优化的思维目标。它是人们工作和学习中经常用到的思维形式。它由联想思维方法、归谬思维方法、类比思维方法、可能性和选择思维方法等组成。

可能性和选择思维方法是美国心理学家德波诺归纳提出的一种动态思维方法，它指人在思考时，要将事物放入一个动态环境或开放系统来加以把握，分析事物在发展过程中存在的变化或可能性，以便从中选择出对自己解决问题有用的信息、材料和方案。那些在江湖上混饭吃的算命先生从反面提供了丰富的实例，他们久在社会，熟知人情世故，对事物的可能性和选择性的信息容量大，判断能力较一般人强，他们十分善于运用动态思维的技巧，往往可作出令人们易于接受的分析和判断的结果，甚至提供一些具有相对模糊性和弹性系数较大的“解决方案”、“消灾方法”等。

青霉素的发明就是一个成功利用动态思维的很好的例证。青霉素是抗菌素的一种，它是从青霉菌培养液中提制的药物，是第一种能够治疗人类疾病的抗生素。1935 年，英国牛津大学生物化学家钱恩和病理细菌学家弗罗里开始从事抗菌物质的研究。在那个时代，细菌是人类的大敌，虽然细菌学家已经发现了成为病因的种种细菌，但还没有对付细菌的有效方法。在化学药品、溶菌酵素、磺胺类药剂消灭菌研究的基础上，弗洛里联想到能否利用微生物制出抗菌物质。他细心地搜集一切有关以微生物制出抗菌物质的文献，其中有一篇论文引起他的注意，该论文发表于 1929 年，作者是细菌学家弗莱明，如图 2.4 所示。

1928 年的一天，英国圣玛利学院的细菌学讲师弗莱明在研究杀菌药物时，发现一只碟子里的培养剂长了青绿色的霉，本来准备拿去弄掉，但细心的细菌学家还是把它放到显微镜下观察一下，结果发现了一种出人意外的现象，这种霉周围的葡萄球菌都死了，这青绿色的霉就是青霉菌。于是，弗莱明动手培养这种霉，然后把青霉菌弄到种种细菌上，结果葡萄球菌、连锁球菌、肺炎球菌全都消溶了。1929 年，弗莱明把他的论文发表出来，由于种种原因，弗莱明放弃了进一步的研究。

从弗莱明发表的文章里，弗罗里受到了启发，他认为：青霉素可溶化连磺胺类药剂也无效的葡萄球菌，而且没有副作用，这正是要搜求的物质。于是，他对弗莱明的发现大感兴趣。他们分工合作，钱恩负责青霉菌的培养和青霉素的分离、提纯和强化，使其抗菌力提高了几千倍，弗罗里负责对动物的观察试验。1940 年 5 月，在动物试验上宣告成功，接着是临床试验，1941 年获得成功，1943 年开始工业生产。

由于青霉素的发现和大量生产，拯救了千百万肺炎、脑膜炎、脓肿、败血症患者的生命，及时抢救了许多的伤病员。青霉素的出现，在当时曾轰动了世界。二次世界大战促使青霉素大量生产。1943 年，已有足够的青霉素治疗伤兵；1950 年的产量可满足全世界需求。青霉素的发现与研究成功，成为医学史的一项奇迹。为表彰这一造福人类的贡献，弗莱明、钱恩、弗罗里于 1945 年共同获得诺贝尔医学和生理学奖。

青霉素发明者弗莱明

病理学家弗罗里

图 2.4　弗莱明和·弗罗里

从青霉素发明的过程可知，创造之路曲折歧异，通向某一目标的道路，也许连接着通往其他目标的道路。当你在创造的征途奋进时，应该不断地环顾四周，不要忽视探索中出现的任何一个细微变化，并能及时不误地分析这个变化同自己正在进行的创造是什么关系，这正是动态思维的特征。

2. 有序思维

有序思维是一种按一定规则和秩序进行的有目的的思维方式，它是众多创造方法的基础，如奥斯本的校核表法、5W2H 法、十二变通法、归纳法、逻辑演绎法、信息交合法、物场分析法、ABIZ 法等都是有序思维的产物。

机加工中锥孔定位问题的解决是有序思维的一个例证。在机加工中，加工中心刀具刀体部分的锥度采用 7/24，如图 2.5(a)所示。为保证加工精度及刚度，必须让刀体的锥体 b、主轴锥孔以及刀体法兰端面 a 与主轴端面同时接触，但实际上很难实现两者同时接触。或者是刀体法兰端面与主轴端面接触造成刀具径向位置无法确定；或者是刀体的锥体部分与主轴锥孔接触而刀体法兰端面与主轴端面不能接触，造成轴向刚度不足，如图 2.5(b)所示。解决该问题的方案如图 2.5(c)所示(美国的一项发明专利)，通过改变刀体圆锥面，使其与主轴锥孔不是以整个圆锥面的形式接触，面是以多数点的形式接触，用精密加工出来的具有适度刚度的小球构成刀体的圆锥面，从而实现刀体的圆锥面、法兰端面、主轴的锥孔面和端面同时实现接触。

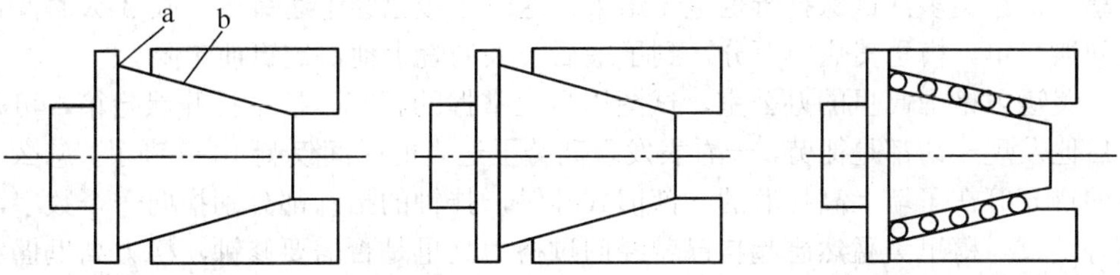

(a) 加工示意　(b) 实际接触示意　(c) 小球接触示意

图 2.5 锥孔定位问题解决的示意图

2.1.5 直觉思维和灵感思维

1. 直觉思维

爱因斯坦认为“一般可以这样说：从特殊到一般的道路是直觉性的，而从一般到特殊的道路则是逻辑性的”。直觉思维是创造性思维的一种重要形式，是在无意识状态下，从整体上迅速发现事物本质属性的一种思维方式，是依据已有的经验直接领悟事物的本质并迅速作出判断的思维。它浓缩了思维的信息加工过程，表现出对客观事物本质及规律敏锐的洞察理解和整体的判断，是一种灵感的迸发和认识的顿悟。直觉思维的主要特征是：不经详尽的逻辑过程，直接触及对象的本质，迅速得出预感性判断，并在瞬间迅速解决问题。

在科学创造性活动中，逻辑思维是最基本的思维形式，但当已有的理论不能解释新发现的事实时，直觉思维便成为创造性活动中的主角。直觉思维区别逻辑思维的重要特征在于：它不是分析性的、按部就班式的推理，而是大脑对客观事实及其关系的一种直接、迅速的识别和猜想。平常所说的“顿悟”就能很好地概括这种思维活动的特点。顿悟表现为思维的飞跃和逻辑的中断，心理学把这种思维称为无意识思维或下意识思维。下意识的主要特点是联想和不受控制。当大脑中存储的各种长期大量不用的“潜知”被下意识激活时，它们不一定按逻辑秩序进行“组合”，而可能形成一种出乎意料的崭新连接，用这种连接来补充逻辑推理中的中断和缺少的环节，往往可能产生出意想不到的创造性结果。爱因斯坦对直觉一直予以极高的评价，他认为科学发现的道路首先是直觉的而不是逻辑的。他说：“要通向这些定理，并没有逻辑的道路，只有通过对那种以经验共鸣的理解为依据的直觉，才能得到这些定理。”

事实上，绝大多数科学发现都来源于直觉的猜想。例如，诺贝尔奖获得者丁肇中教授曾写过这样一段回忆：“1972 年，我感到很可能存在许多具有光特性而又比较重的粒子，然而理论上并没有预言这些粒子的存在。我直观上感到没有理由认为重光子一定要比质子轻。后来经过实验，果然发现了震动物理界的 J 粒子。”

梅里美是一名出色的特工，靠自己的“急智”圆满地完成了一项艰难的任务，已被同行中传为佳话。有一次他接受了一项潜入某使馆获取一份间谍名单的任务，这是一个艰巨而棘手的任务，因为此名单放在一个密码保险箱内，梅里美只有想方设法获知密码，才能打开保险箱安全返回，否则任务完不成还将暴露自己。据情报透露，保险箱的密码只有老奸巨猾的格力高里知道，于是梅里美在精心的安排下进入使馆成为格力高里的秘书，他凭着自己的才智逐步获得了格力高里的信任。可是，尽管这样，格力高里始终没提过保险箱密码一事。梅里美多次试探打听也毫无结果，这时上级已经下达命令，限 3 天时间让梅里美交出间谍名单。梅里美焦急万分，到了最后一天的晚上他决定铤而走险。

梅里美进入格力高里的办公室，试图用自己掌握的解密码技术打开保险箱，可是一阵忙碌之后他发现一切都是徒劳，一看表发现离警卫巡查的时间仅剩 10 分钟了。怎么办？突然，他的目光盯在了墙上高挂着的一部旧式挂钟，挂钟的指针都分别指向一个数字，而且从来没有走过。梅里美猛然想起自己曾经问过格力高里是否需要修钟，格力高里摇头说自己年龄大了，记性不好，这样设置挂钟是为了纪念一个特殊时刻。想到这，梅里美热血沸腾，他立即按照钟面上指针指定的数字在关键的几分钟内打开保险箱拿到了名单。

众所周知的阿基米德定律就是凭直觉解决疑问的例证。阿基米德在面临“结构复杂的金冠是否用同等重量的白银掺假”问题时百思不得其解。他知道金与银的比重不同，同重的金与银体积也不同，要想知道金冠中是否含有同等重量的白银时，阿基米德很清楚解决问题的关键就是测知金冠的体积。用怎样的办法才能测出结构复杂的金冠体积呢？当他带着问题跨入浴缸时，看到浸入水中的身体与浴缸溢出的水就想到两者体积相同，即刻得出了测量金冠体积的办法：把金冠置入水中，被金冠排开的水的体积就是金冠的体积。阿基米德运用的是一种跳跃性的直觉思维，凭直觉使困扰他的疑问迎刃而解。

在人类的发明创造史上，这样的例子举不胜举，直觉在创造发明中显示了巨大作用，展现出逻辑思维可望而不可及的能动性作用。而今，科技发达的现代社会迫切需要具有创造意识和创造才能的人材。

人们要发展直觉思维，首先需要扩大知识面，积累大量的知识和丰富的经验是产生直觉的前提条件。其次，人们还要积极主动地思维，大胆地设想和猜测。此外还要注意的是：通过直觉得到的结论，一定要经过逻辑论证或试验之后方可行动，绝对不能把直觉思维和逻辑思维截然分开。

2. 灵感思维

直觉在创造活动中达到高潮时往往会产生出一种特殊的体验即灵感。灵感是指人们头脑里突然出现新思想的顿悟现象。灵感思维是一种人们自己无法控制的，创造力高度发挥的突发性的一种现象。它是可以未经逻辑推理就直接迅速地对特定的事物作出理解和结论的一种思维方式。灵感思维主要发生在潜意识，是显意识和潜意识相互交融碰撞的结果。灵感也叫顿悟，是典型的创造性思维。灵感是一种近似于无意识或潜意识的思维活动，尽管它不经过逻辑推理也能迸发出创造的火花。灵感的产生有时是在全神贯注思考问题之际，有时却是在不经意间，或是睡意朦胧之中。灵感的产生并不神秘，它是长期思考以后的突然澄清，是实践经验和知识能力积累到一定程度的创获。列宾说过：“灵感不过是顽强劳动所获得的奖赏”。但这种灵感的到来并不是空穴来风，“得之在俄顷，积之在乎日”，辛勤的劳动、艰苦的探索，善于观察、勤于思考，是灵感发生的先决条件。

灵感思维是潜藏于人们思维深处的活动形式，它的出现有着许多偶然因素，并不以人的意志为转移，但能够努力创造条件，也就是说要有意识地让灵感随时突现出来。这就需要了解和掌握灵感思维的活动规律，分析灵感思维的特点，可归纳其一些主要的基本特征如下。

1) 跳跃性

灵感没有严格的规律可循，其思维活动有跳跃式地行进的特点。它通过顿悟感知事物结构全貌的思维。但其结果有待于进一步的修改和证实。

2) 不确定性

由于灵感是人们瞬间的顿悟，没有经过严格的推理过程，来自于人脑潜意识状态中的一种下意识的活动，有一定的猜测成分，不可避免地带有一定的模糊性。

3) 新颖性

新颖性指灵感思维信息与每个人的知识、经历和思维、方式能力相关，认识问题的角度不同，灵感产生的方式和内容也不同，各有千秋。但思维活动一开始就必须首先破除思维定势，超越原有思维框架。只有打破自身思维信息层次框架的束缚，才能产生灵感。

4) 突发性

人们潜藏于心灵深处的想法经过反复思考而突然闪现出来即灵感。灵感的产生，不是无中生有，它是人们在工作、学习中遇到问题，积极思考的结果。一般需某种偶然因素激发而突然有所领悟，达到认识上的飞跃，是一种“山穷水尽疑无路，柳暗花明又一村”的境地。

米开朗基罗在创作罗马教堂壁画的过程中，为以壮观的场面表现上帝的形象，他苦思冥想，没有满意的构思。一天暴风雨过去后，他去野外散步，看到天上白云翻滚，其中状如勇士的两朵白云飘向东升的太阳，他顿时彻悟，突发灵感，立刻回去着手进行创作，绘出了气势浩大的创世纪杰作。有一次肖邦养着的一只小猫在他的钢琴键盘上跳来跳去，出现了一个跳跃的音程和许多轻快的碎音，这个现象点燃了肖邦灵感的火花，由此创作出了《F 大调圆舞曲》的后半部分旋律，据说这个曲子又有“猫的圆舞曲”的别称。这些都是艺术家抓住突然闪烁的灵感火花而创作出优秀作品的范例。

19 世纪中叶，已发现的 63 种化学元素把科学家们搞得眼花缭乱，大家很想把它们分分类、排排队，但始终无从下手，更不要说再去发现新元素了。后来，俄罗斯化学家门捷列夫一夜之间在自己爱玩的纸牌上受到启发，终于发现了元素周期律。他用原子量和化合价这两条“暗线”把众多的元素串在一起，使整个化学元素世界排列有序、浑然一体，轰动了整个世界。化学元素周期表公布后，有人问他：“你是怎样想到你的元素周期系统的呢？”他笑着回答：“这个问题我考虑了 20 年。”可见，灵感的产生从来不是一蹴而就的，只有在勤奋中才能产生，持之以恒才能抓住。

灵感思维的过程是必然性与偶然性的统一，是智力达到一个新层次的标志。通过分析、讨论直觉和灵感的内在规律，可提高人们有效地利用直觉和灵感的创造能力。尽管直觉和灵感得到的有些结论不一定可靠，但人们不能否定它们的创造性作用。

2.2 创造原理

创造是人类的一种有目的有意识主动探索的活动，创造原理产生于人们在长期创造实践的活动中，是一种理论上的归纳和总结，同时又指导人们进行创新实践。这是一个从实践到理论，又从理论指导实践相互影响的过程。在创新过程中，人们采用的创新技法，据不完全统计有数百种之多，但最常用的方法有数十种之多。仔细研究这些方法可以发现，这些方法从理论上讲均源于一定的创造原理，就是说：任何创新技法的产生均有一定的创造理论基础。而创造理论与实践结合产生出来的可操作的程式、步骤和方法，就是人们常说的创新技法。因此，创造原理是指导人们开展创新实践活动的重要理论基础，也是指导人们进行创造新技法的基本理论基础。本节将通过大量已成功应用的案例来说明创造原理在机械创新设计中的应用情况。

2.2.1 综合原理

在机构的创新设计中，综合现象十分常见，如组合机构、组合机床，但组合不是将对象各个构成要素的简单相加，而是将研究对象的各个方面、各个部分和各种因素联系起来加以考虑，按其内在的联系合理组合起来，从而从整体上把握事物的本质和规律，使组合后的整体作用产生创造性的新发现。在机械创新设计实践中，随处可发现综合创新的实例。例如，将啮合传动与摩擦带传动技术综合而产生的同步带传动，具有传动功率较大、传动准确等优点，已得到广泛应用。

综合原理是运用综合法则的创新功能去寻求新事物的一种创造方法，其基本模式如图 2.6 所示。

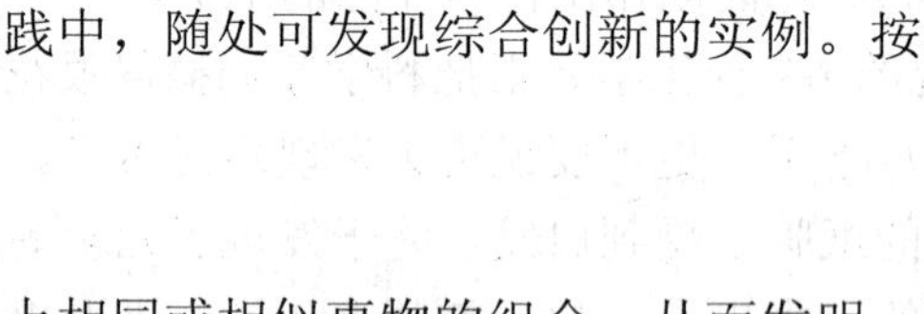

图 2.6 综合创新模式

在机械创新设计的实践中，随处可发现综合创新的实例。按综合的不同对象组合可分为以下几种类型。

1. 同类组合

它是指两个或两个以上相同或相似事物的组合，从而发明一种新事物的创造方法。古时人们乘着小船去打鱼，由于船小不稳，遇到大些的风浪便有翻船的危险。后来人们发现，把两只小船捆扎在一起，就能大大提高船的稳定性，于是就发明了双体船。现在，双体船已被广泛应用在海洋调查、科学研究、勘探、客运、军事等方面。

利用同类组合原理在机械创新设计中也是一种常用的方法。大侧压调宽轧机是热轧厂粗轧区的主要设备之一，主要用来调节连铸板坯的宽度，它与立辊定宽相比有着不可比拟的优点。利用该技术使得连铸板坯的宽度种类可由 19 种降到 5 种，同时也使热轧卷板，宽度的标准偏差和切头切尾损失量降低。该设备主要由侧压机构、同步机构和调宽机构组成。

侧压机构由曲柄滑块组成，模块固定在滑块的端部，模块在定宽过程中和板坯直接接触，完成板坯定宽，同步机构保证模块在侧压过程中和板坯的运动速度保持一致。调宽机构主要是根据不同的来料宽度和不同的定宽要求，最终调整两侧模块之间的开口度，如图 2.7 所示。

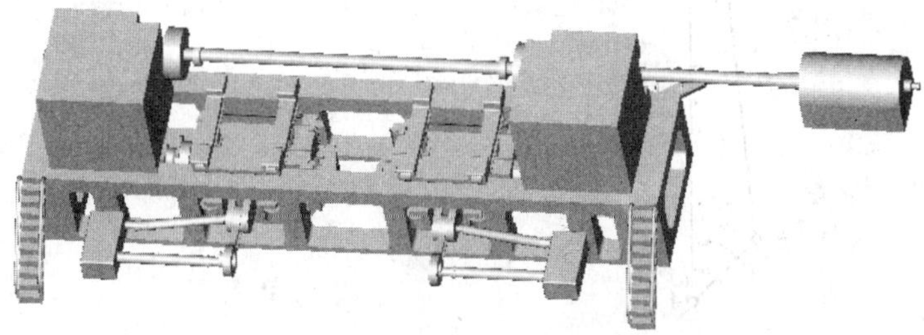

图 2.7　大侧压调宽轧机三维实体图

在对调宽机工作原理的研究过程中发现，调宽机的工作能力不但决定于关键零部件的强度、刚度，还决定于调宽机同步机构同步区间的大小，为保证板坯在匀速运动过程中其侧面的正常调宽，则必需满足同步机构和板坯速度上的同步要求。为更大地发挥该设备的潜力，在保证设备能力的前提下，应重点分析同步机构的运动。在分析中发现，利用组合原理中同类组合的原理，在原来同步机构的基础上增加一个曲柄滑块的方法可以极大地增大同步机构的匀速运动区间。同步机构改造前的机构简图如图 2.8 所示。为了分析的方便同时给出调宽机侧压机构的机构简图。

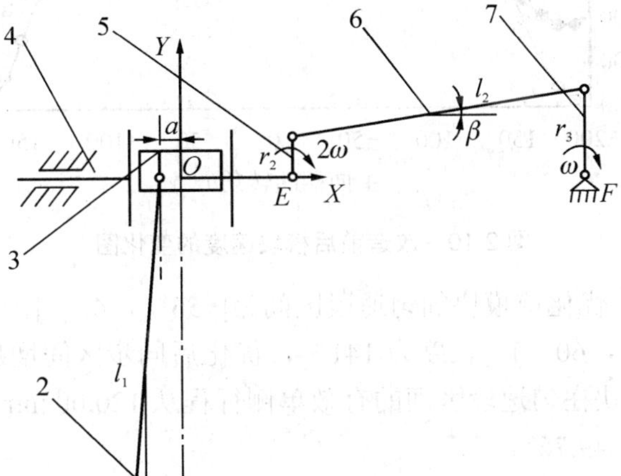

图 2.8　SP 轧机的机构简图

1—主曲柄；2—侧压连杆；3—模块；4—同步框架；5—同步小偏心；6—同步框架连杆；7—同步大偏心

同理给出，同步机构改造后的机构简图如图 2.9 所示。

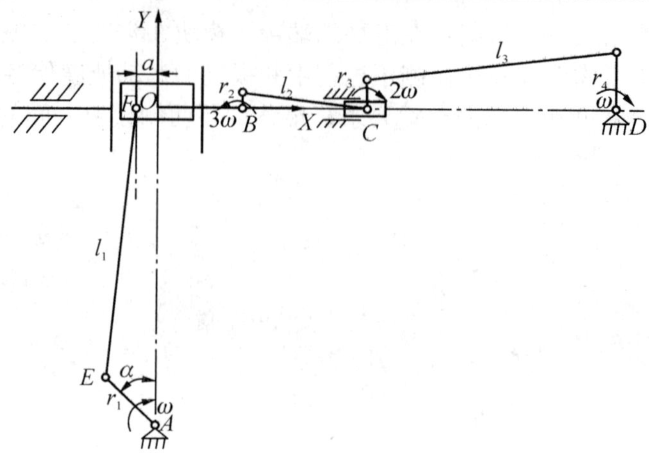

图 2.9　优化后 SP 轧机的机构简图

结合优化技术对改造后的调宽机进行运动学分析，改造前后模块速度的变化如图 2.10 所示。

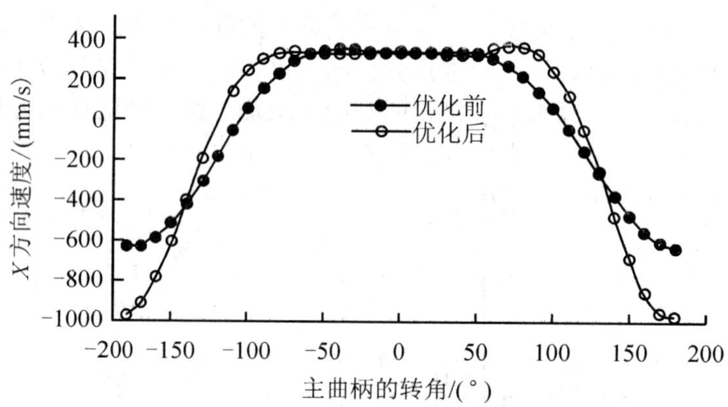

图 2.10　改造前后模块速度的变化图

分析图 2.10 可知，优化前模块的匀速段区间为[-56°，45°]，长度为 101°，优化后的匀速段区间为[-81°，60°]，长度为 141°，优化后同步区间增加了 39.6%。经过进一步的理论分析可知，模块在匀速段区间的有效单侧行程从 120.00 mm 增至 179.71mm，模块的最大有效行程增加了 49.76%。

在对调宽机增大同步机构匀速段区间的设计分析过程中，成功地运用了机构的组合原理，利用同类组合的手段，在原来五杆机构的基础上增加了一个曲柄滑块机构，极大地提高了同步机构的匀速运动区间和模块的有效行程，达到了预期的设计目的。

2. 异类组合

异类组合创新法指两种或两种以上不同类事物组合在一起，以获得新事物的创新方法。异类组合创新法不是让人们主观地、任意地将不相干的事物进行拼凑，而是使组合的不同事物之间有机、和谐地融合。异类组合创新法也是创造发明中常用的方法，效率最高，效果最好。

异类组合创新法具有一些本身的特点：

(1) 组合对象(设想和物品)来自不同的方面，一般无明显的主次关系。

(2) 在组合过程中，参与组合的对象从意义、原理、构造、成分、功能等方面可以互补和相互渗透，可产生 1+1>2 的价值，整体变化显著。

(3) 异类组合是异类求同，因此创造性较强，可许多专家称此法是创造的源泉。

电子黑板是异类组合成功的例证。电子黑板是在集思广益的基础上产生的，其思路是：在课堂或其他会议上，听讲者总要一个字一个字地对着黑板抄笔记，比较麻烦，如果把黑板和复印机组合在一起就好了。于是，创造者就将两者组合起来，发明了“电子黑板”。在这种黑板上写的内容，只要按一下右方的电钮，便全部复印成一页页，发给听讲者作为笔记，极为方便，马上成为市场上的畅销产品。

当然异类组合在日常现实生活中的例子较多。普通的 X 射线和计算机都无法对人脑内部的疾病作出诊断，豪斯菲德尔将二者组合，设计出了 CT 扫描仪。人们利用这种新设备解决了大量的诊断难题，取得了前所未有的成果，同时也极大地促使医学诊断技术产生了飞跃性的发展。当然还有如电视和电话的组合也发展成了“电视电话”，带游戏机的手机，由发动机、离合器和传动装置等各种不同机件组合而成的汽车，飞机与火箭组合而成的航天飞机等，这些都是异类组合的结晶。

3. 附加组合

以一事物为主体，再添加另一附属事物，以实现组合创造的技法叫做附加组合。附加组合是一种创造性较弱的组合，人们只要稍加动脑和动手就能实现，但只要附加物选择得当，同样可以产生巨大的效益。

杯子是日常生活用品，其基本用途就是用来盛水、饮水。一位工程师用附加组合的方法发明了磁化杯，在杯底及杯盖上各加一块磁铁，当旋转杯盖时，两磁块产生相对运动，使磁场发生变化，经磁化处理过的水，其溶解度和溶解氧均有所提高。这种微小的物理变化，造成水与其他物质的浸润性和渗透性加强。当人饮用磁化水后，有利于体内各循环系统障碍物的溶解和排出，促成人体新陈代谢，从而具有保健功能。

主体附加的运用，首先要确定主体附加的目的，可以通过缺点列举法全面分析主体的缺点，然后用希望点列举法列出种种希望，再确定某种希望作为附加的目的。其次，根据附加目的确定附加物。主体附加法的创造性在很大程度上取决于附加物的选择是否别开生面，是否使主体产生新的功能和价值，以增加其实用性，从而增加其竞争力。

现代建筑领域对混凝土的要求越来越高，不仅要求强度高，还要求质轻、流动性好、扩散性强以及成形后表面质量优。如何选择附加物来实现上述附加目的是研究的主要内容，国外有两家公司采用以合成聚合物为基本原料的碳纤维，共同开发出碳纤维增强型混凝土(CFRC)，若与 1%～2%的砂浆混合，则抗张强度与挠度将增加 2～5 倍，用 CFRC 制隔墙，比普通混凝土薄 1/3～1/2，重量轻 1/3～1/2，还加快了施工速度。

4. 重组组合

将一个事物在不同的层次上分解以后，可以看做由若干要素构成的整体。各组成要素之间的有序结合，是确保事物整体功能和性能实现的必要条件。如果有目的地改变事物内部结构要素的次序，并按照新的方式进行重新组合，以促使事物的功能和性能发生变革，这就是重组组合。

重组组合成功地应用在飞机设计上。自从螺旋桨飞机发明以来，螺旋桨都是设计在机首，两翼从机身伸出，尾部安装稳定翼。美国著名的飞机设计专家卡里格·卡图按照空气的浮力和气流推动原理，将螺旋桨放在了机尾，即像轮船一样推动飞机前进，把稳定翼放在机头处，设计出了世界上第一架头尾倒换的飞机。重组后的飞机，有尖端悬浮系统，更趋合理化的流线型机体形状，不仅提高了飞行速度，而且排除了失速和旋冲的可能性，提高了安全性。可见，重组组合也能创造出杰出的成果。

在进行重组组合时，首先要分析研究对象的现有结构特点。其次，要列举现有结构的缺点，考虑能否通过重组克服这些缺点。最后，确定选择什么样的重组方式，包括变位重组、变形重组、模块重组等。

战国时代田忌赛马的故事是一个利用重组组合取胜的经典例子。大将田忌与齐威王赛马，要求每次各出上、中、下三等级中的一匹马进行速度对抗赛，齐王每个级别的马均比田忌的强，所以田忌屡战屡败。后来军事家孙膑给田忌出了个主意：以下等马对齐王的上等马，以中等马对齐王的下等马，以上等马对齐王的中等马。结果，田忌终以一负二胜的成绩战胜了齐威王。

5. 综合组合

综合组合是一种分析、归纳的创造性过程。综合组合不是简单的叠加，而是在将研究对象进行分析的基础上，有选择地进行重组。

激光是综合近代光学与电子学的产物，它是一种具有优异特性的新光源，是 20 世纪 60 年代出现的重大科技成就之一，它具有高亮度、高方向性、高单色性、高相干性等特点，已得到广泛应用。和其他重大发明一样，激光器的产生是在基本原理指导下实践的结果。早在 1916 年，爱因斯坦就在关于黑体辐射的研究中提出了“受激辐射”的存在。大家知道，原子是由原子核和电子构成的，电子围绕着原子核不停地运动，并且电子运动具有一定的轨道，各轨道有特定的能量，当电子从高能级轨道跃迁到低能级轨道时，多余的能量就以光的形式释放出来。如果一个原子处在激发状态，它的电子就会自发地由高能级跳到较低能级，同时产生光子，这种发光过程就叫“自发辐射”，自发辐射是普通光的发光原理。如果有一个光子打到一个处于激发态的原子上，这个光子就会强迫原子发光，这种发光方式就叫“受激辐射”。受激辐射的特点是所发出的光在频率、相位、偏振和传播方向上都是一致的。爱因斯坦提出的“受激辐射”概念受到了当时技术条件和传统科学观念的束缚，很长时间都没有引起人们足够的重视。因为按照经典物理学理论，在通常条件下，高能态的粒子数少于低能态的粒子数，这样，受激态原子在受激发射中所产生的光子还没有来得及辐射出去就已被低能态原子吸收了，受激发射被吸收过程掩没。这就是在通常情况下看不到受激辐射的重要原因。要实现受激辐射，首要条件就是高能态粒子数要多于低能态粒子数，也就是要实现“粒子数反转”，从当时的经典物理学的观点来看，这是不可思议的。

1951 年卡斯持提出了用“抽运”方法实现粒子数反转的设想，珀塞耳、庞德在核感应实验中实现了粒子束反转。在 1954 年，汤斯和他的助手，制成了第一台氨分子束微波激射器——脉射(Maser)，虽然它产生的微波功率很小，但它综合并证实了受激辐射、粒子数反转、电磁波放大等概念，是激光器发明中的一个重要转折点。

1955 年巴索夫、普罗霍洛夫和布洛姆伯根研究并设计了微波量子放大器，人们开始考虑把它从厘米波推广到更短的毫米、亚毫米甚至光波波段。1957 年 9 月，汤斯又构思了一个希望运行在光波波段的第一台“光学脉塞”(后来称为莱塞——laser，即激光器)的设计方案。但经过分析，该方案不是非常理想，这个系统产生出来的光，其震荡可能会在各种模式之间来回跳动，在此关键时刻，波谱学家肖洛加入了汤斯的研究，肖洛从光学的角度，提出了一个关键性的建议：除了谐振腔两端的界面以外，把其余的壁面全部去掉，也就是用两块法布里——珀罗干涉仪作为谐振腔，这就衰减了系统中的大多数模式，从而保证系统仅仅在一个模式中震荡。计算表明：这种设想使汤斯面临的困难得到了解决，经过这两位科学家的综合，1958 年，肖洛和汤斯对他们提出的在光波波段工作的量子放大器的设计方案进行了详细的理论分析，讨论了谐波腔、工作物质和抽运方式等一系列问题。1960 年 7 月，休斯研究所的梅曼按照肖洛和汤斯的设想，用一种简单的装置，成功地制造并运转了世界上第一台激光器，其工作物质用人造红宝石，激源是强的脉冲氙灯，它获得了波长为 0.6943 μm 的红色脉冲激光。从此，科幻小说家们所幻想的“死光”，在科学理论的指导下，终于奇迹般地出现了。

爱因斯坦综合了万有引力定理和狭义相对论中的有关理论，提出了广义相对论。解析几何乃是综合了几何学和代数学的相关理论而产生的。同样，生物力学、生物化学都不是生物学和力学或化学的简单叠加，而是两门学科有关内容的有机结合。不论是哪种形式和内容的组合，大量的创新成果表明：随着科技的迅猛发展，组合型的创新成果占全部创新成果的比例越来越大，由综合原理产生出来的组合性的创新技法已成为当今创新活动的主要技术方法。

6. 信息交合

信息交合法是华夏研究院思维技能研究所所长许国泰副教授于 1986 年首创的。信息交合法是一种在信息交合中进行创新的技巧，即把事物(物体)的总体信息分解成若干要素，然后把这种事物(物体)与人类各种实践活动相关的用途进行要素分解，把两种信息要素用坐标法连成信息标 X 轴与 Y 轴，两轴垂直相交，构成“信息反应场”，每个轴上各点的信息可以依次与另一轴上的信息交合，从而产生新的信息。信息交合法是建立在信息交合论基础上的一种组合创造技法。它一般借助于形式思维工具——信息标和信息反应场来启发思路，使思维突破旧的格局。信息交合论有 3 个原则：第一，整体分解按序列得出要素；第二，信息交合，各轴每个要素逐一与别轴的相交合；第三，结晶筛选原则，找出更好的方案。

例如回形针，一般人认为它仅有几种或几十种用途。而应用信息交合法，将它的总体信息分解成材质、重量、体积、长度、截面、韧性、弹性等众多要素，连接成横信息标(横轴)；再将与回形针有关的人类实践活动进行要素分解，连接成纵信息标(纵轴)，两轴相交并垂直延伸形成信息反应场，这样便可推出一系列用途。如将它制作成数字和运算符号，其算式的数学变化可超过万次、亿次，将它连接起来，可设计成各种导电电路，也可以用作物理上的各种实验器具等。这样，它的应用便可接近无穷人。

信息交合的原理，能使人们的思想从无序状态转入有序状态，使思维从抽象状态改进为用图表直观表达，可帮助人们突破旧的思维定势，推出新构思、新设计、新产品、新选题，进行极有效的创造性思维等。

在运用综合原理时，思维的分析与综合起着关键作用。不论是哪种形式、内容和性能的组合，大量的创新成果表明：随着科技的迅猛发展，组合型的创新成果占全部创新成果的比例越来越大，由综合原理产生出来的组合型的创新技法已成为当今创新活动的主要技术方法。科学的组合是在深入分析的基础上再择优进行组合。

2.2.2　移植原理

移植原理从广义上说，是把某一门学科的范畴、原理、方法移植到另一门学科，运用已有的知识和经验，将已知的概念、原理、机构、方法等内容直接或稍加改造后移植到其他领域可实现创新。

从另一个角度说，世界上的万事万物不是相互隔绝，而是普遍联系的，如果能巧妙利用这种内在联系或直观联系，将其他事物的特长和功能合理地移植到另一个事物，则可达到创造的目的。把甲事物中的优势移植到乙事物中去，同时进行对照、借鉴、取长补短或吸取教训，加以改进，形成新的优势，从而可以找到解决问题的方法。

移植原理模式可用图 2.11 所示。

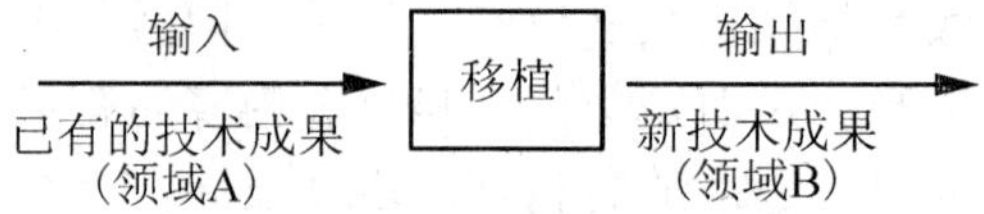

图 2.11　移植原理模式

科学研究发现，经常会运用其他学科的概念、理论和方法来研究本学科存在的问题。《文汇报》曾刊登了一则新闻，哈尔滨某农民用 1 万元买了 50g 抗寒番茄种子。据说这种抗寒番茄种子大有来头，它是哈尔滨生物科学所运用基因移植技术而产生的一项新成果。科技人员将北美一种抗寒鱼的抗寒基因移植到番茄之中，使其抗寒能力大为提高，产量也显著增加。从上例中不难发现，这项科技成果之所以如此成功，主要是因为科技人员运用了移植借鉴法，认清了番茄在抗寒能力上的不足，并发现了抗寒鱼在抗寒方面的优势，通过移植借鉴把此抗寒鱼的优势转变为番茄的优势，最终得到抗寒番茄。移植借鉴他人优势并代为自己优势是这一成果成功的关键。

移植原理是一种应用广泛的创新思路。分析研究移植原理其应用的方式可划分为两类，即抽象事物的间接移植和具体事物的直接移植。

(1) 抽象事物的间接移植。借鉴思想、转变思想是一个复杂的过程，要成功地实现其转变，一方面必须要有敢于变革的精神，只有这样才能吸取到精华。思想上的借鉴和发展是一项艰苦的探索历程，但是人们必须要有迈出第一步的勇气，就像鲁迅先生所说的那样，世上本没有路，走的人多了便成了路。另一方面还要善于借鉴他人思想，但要有选择性，不能不加选择地接受，应取其精华，去其糟粕，采用扬弃的辩证哲学思想，这是借鉴的根本宗旨。就拿马克思主义的形成来说，马克思是借鉴了法国空想社会主义、英国古典政治经济学、德国政治经济学等思想的精华，除去这些思想虚无、落后的一面，才逐步形成马克思主义理论基本框架的。

(2) 具体事物的直接移植。移植不仅是思想家孕育新思想、新观念的重要手段，同时也是科学家进行发明创造的重要工具。近几十年来发展起来的仿生学就是一个最好的例子。

仿生学，就是研究借鉴生物系统的结构、功能等，用来模仿改进相关技术系统的科学。它是科学领域运用移植借鉴法的典范，正因为运用了移植借鉴法才使得仿生学有了很大的发展。

二进制计数原理已在电子领域内得到了广泛应用，将其推广到机械领域，创造出二进制式的新型机械产品，许多科技工作者为此做了不懈的努力和探索，在移植原理这方面取得了丰硕的研究成果。图 2.12 所示为工件传送系统中常用的工位识别器，它的数码识别原理与弹子锁相似。“钥匙”1 随工件传送器(载件器)运动，在各个工位有“锁”2。钥匙以突出部分代表数码 1，无突起则为数码 0。4 个数码 a8a4a2a1=1011，每个锁也有 4 个数位 A8A4A2A1，可以是一组电开关或机械装置。钥匙在运动中与各工位的锁接触，当某工位的锁也是 1011 结构时，锁被“打开”，使传送系统作出某种反应(如“卸工件”)。四位结构的识别器，可以标识 4×4＝16 种不同对象(工位或工件)。

此外，人们利用移植二进制原理，开发设计出了新的连杆机构、凸轮机构及气动机构。这些二进制式的机构可以将二进制数码转换为机械位移，位移量与数码的值成正比。这类机构广泛应用于各种自动机构中。

磁性轴承是机械设计中常见的机械零件。为减少轴承摩擦，提高其旋转精度、机械效率和使用寿命，科技工作人员进行了不断的研究和探索。但正常思路都是按照改变轴承元件形状、优化结构参数或采用减摩材料等模式延伸，都没有产生重大的突破。后来，有人偏离常规的直线思维，将思路横向移入新的磁学原理，开发出了磁性轴承，这种轴承的工作原理如图 2.13 所示。

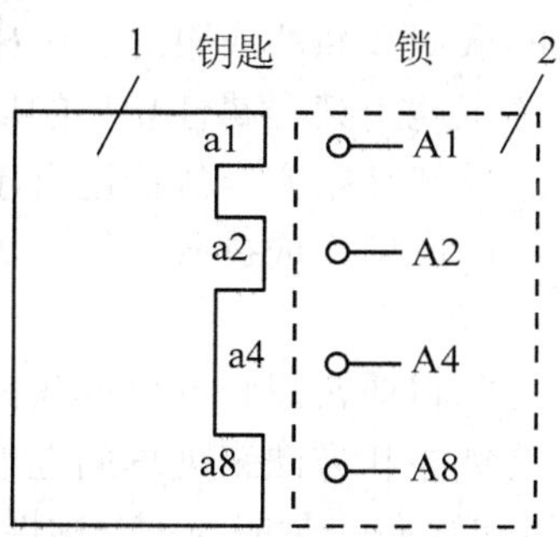

图 2.12　工位识别器

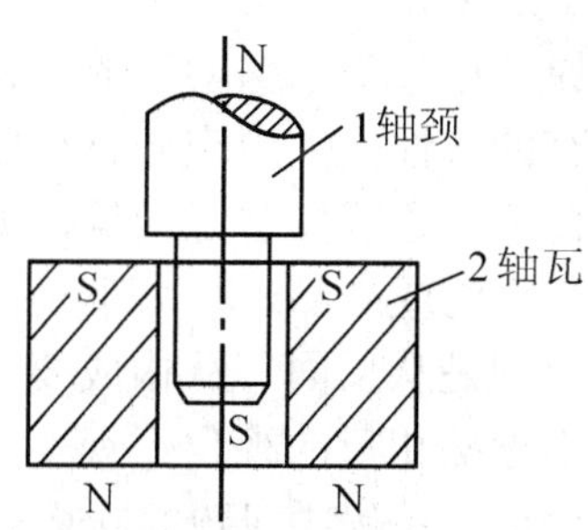

2.13　磁性轴承的工作原理

设计时使用磁性材料制造的轴颈 1 与轴瓦 2 具有相同的磁性。由于磁性同性相斥，轴颈与轴瓦互不接触而呈悬浮状态，由于在旋转过程中摩擦阻力很小，极大地提高了轴承的寿命和品质。

人们不断地设计新型的高效节能发动机，最近，人们开发出了陶瓷发动机，它以高温陶瓷制成燃气涡轮的叶片、燃烧室等部件，或以陶瓷部件取代传统发动机中的汽缸内衬、活塞帽、预燃室、增压器等。陶瓷发动机具有耐腐蚀、耐高温性能，可以采用廉价照料，可以省去传统的水冷系统，减轻了发动机的自重，因而大幅度地节省能耗、降低成木，增大了功效，是动力机械和汽车工业的重大突破。

19 世纪中期，法国巴黎有个花匠叫莫里哀，他培育的花草远近闻名，前来观赏的游客络绎不绝，但经常有游人碰坏花坛，他尝试用围栏围住花坛四周，用告示牌请游客注意不要踏踩花坛，但无济于事。怎样才能使人们不踏碎花坛成为莫里哀经常思考的问题。

首先他想用更耐久的水泥，但水泥硬而脆，多次试制，效果不理想。有一次，他将一盆木本的花移种，不小心将花盘打碎了，突然他发现由于花的根须纵横穿插，交织成网状结构，竟把松软的泥土箍得非常坚固，用拳头去捣，将其摔到地上，都没有破碎。观察到这种现象后，莫里哀想到“仿照花木的根系用铁丝织成网状结构，再与水泥砂石浇在一起，砌成花坛，应该会坚固一些。”于是他便按照自己的设想，砌起了一个带铁丝网骨架的花坛。果然，这个花坛非常坚固，一直没有被人踏碎。莫里哀的发明于1867年获得专利。这样，将花草根系的网状结构移植到建材领域，便产生了至今仍广泛采用的钢筋混凝土结构。

“模拟实验”的基本原理也是移植。研究人员常把自然界难以再生的现象或把需要创造的大型工程人为地模拟缩小到实验室内进行研究，把实验室的研究成果再移植到有待研究的事物环境之中。例如，有关生命起源的模拟实验，就是将史前生命起源的长期过程人为地移植到实验室中进行的。

通过大量运用移植成功的案例可发现，移植原理需要联想，还需以类比为前提。已知对象用作类比的属性越接近研究对象的本质，移植成功的可能性就越大。因此，在运用移植原理实施创新时，思维的联想与类比起着关键作用。

2.2.3　逆反原理

逆反创造原理：与一般的做法和想法完全相反的做法和想法，亦常常能够促进新颖性的结果而引发创造。逆反原理又可分为原理逆反、属性逆反、方向逆反和大小逆反。原理逆反是指将事物的基本原理如机械的工作原理、自然现象规律、事物发展变化的顺序等有意识地颠倒过来，往往会产生新的原理、新的方法、新的认识和新的成果。如电梯就是将“人动”原理逆反为“梯动”的结果。属性逆反就是有意识地用某一属性相反的属性去尝试取代已有的属性，如用空心材料取代实心材料。方向逆反就是指完全颠倒已有事物的构成顺序、排列位置或安装方向等，如自上而下的盖楼法、电风扇变成排气扇等。大小逆反是指对现有事物或产品进行大小尺寸上的扩大和缩小。

逆反原理是从反面、从构成要素中对立的另一面思考，将通常思考问题的思路反转过来，有意识地按相反的视角去观察事物，是用完全颠倒的顺序和方法来处理问题的一种创造原理。它是寻找解决问题的新途径、新方法，按照事物间存在的对应性、对称性去构想，以实现创新意图。这种思维方法改变了人们通常只从正面去探求、创造的习惯，容易产生“柳暗花明”的效果，达到意想不到的创新。创造的逆反原理与创新思维中的逆向思维和非定向思维密切相关，逆向创新法亦称为反向探求法。

司马光砸缸的故事可谓家喻户晓，这其实就是成功利用逆向原理的一个极佳例证。司马光不是采用将小孩拉出来的常规思维方法，而是采用砸破水缸让水流走的逆向思维原理，最终成功地将人救出。

纪晓岚在他的《阅微草堂笔记》里，记载了“河中石兽何处觅”的故事，这也提供了很好的例证。故事讲的是，以前河北沧州河边有座古庙，因年久失修，山门倒塌，门口的两蹲石狮滚落河中。10年后，和尚们打算重建山门，他们想找回原来的那两个石狮。他们的想法是经过了10年石狮子肯定被冲到河下游较远的地方了。于是他们就雇了几条小船，带上打捞工具，从倒塌处一直沿下游找去，寻了十余里，一无所获。后来又请人在沉落处挖掘，仍无踪影。这时有位老河工路过此处，他看到这般情形，问明石狮沉河的经过，便让和尚往上游去找。和尚们十分惊讶，半信半疑地试着去上游寻找。果然在上游几里外的地方找到了那两个石狮子。故事中的老船工其实利用的正是这种逆反原理。

由于受传统思维的影响，一般都认为数学的特点就是“精确”，它对客观规律的数学描述不能模棱两可，必须有严格的精确性。但在 1965 年，美国数学家查德却离开传统数学的精确方法，而专门研究其相反的模糊性，创立了一门新兴学科——模糊数学，在精确方法无能为力的领域，模糊数学显示了无限的生命力。例如在人类识别、疾病诊断、智能化机器、计算机自动化等方面的应用已卓有成效。

近代地质学于 18 世纪末兴起于欧洲，研究者采用化石对比法和将今论古法，使地质学从神学中解放出来，成为一门科学。在此后的 100 多年里，它主要描述地质构造形态和认识构造现象，而未能揭示地质构造的本质、联系和起源。20 世纪 20 年代，李四光着手创建新的地质力学。他认为地质构造现象都是地壳运动的产物，在地壳运动中，由于地应力的作用，使岩石发生形变，因而可以反过来根据地质构造现象来研究力的作用方式，进而探索地壳运动的方向和起源，这种方法被称为“反序法”。由于他运用了这种从现象到本质、从结果追索到原因的反向探求研究方法，所以取得了重大成果。

李四光在 1926 年，首次发表地球自转速率的变化是地球表面形象变化的主要原因的论文，因为与传统认识不同，而且中国当时科技相当落后，论文受到了外国权威轻率的否定和嘲讽。在中国有没有石油矿产的问题上，美国权威早已得出“陆相无油”、“中国贫油”的结论，但李四光一反陈说，对这个问题作出了明确的回答。这些都体现了他敢于创新和科学的求实精神。他认为是否存在有矿，关键不在于“海相”、“陆相”，而在于有没有生油和储油条件。他根据地质力学的基本理论分析我国地质构造，指出东部新华夏构造体系的 3 个巨大沉降带具有良好的生油和储油条件，他主持东北和华北的石油地质勘探工作，通过大庆油田的发现和开采，我国终于摘掉了“贫油”的帽子，极大地振奋了我国人民的民族精神。

因此在创新活动中，摆脱常规思路的制约，提出同事物常理相悖的想法，悖中寻理创新是逆向原理的精髓。

2.2.4　变异原理

人们一般习惯于从一个固定的角度或方向思考和处理问题。然而，如果有意识地改变方向思考和处理问题，常常会获得意想不到的成功，产生出未曾见过的新事物。变异原理是指在创新活动中，把研究对象的顺序、原理、属性、结构、大小等因素通过改变常规思考和处理方向，从而引发变性创造原理。

变性原理指对事物非对称的属性如形状、尺寸、结构、材料等进行变化，从而实现产生新机构、新事物的目的。

如容器上的刻度器通常是沿容器高度方向水平倒制的，但倾倒液体时难以掌握容器中液体的倒出量。将刻度改成以倾泻口作射线方向刻制如图 2.14 所示，倾倒液体时液面与刻度基本保持平行，就能比较准确地把握好倒出液体的量。火车车轮在铁轨上滚动时，在铁轨的接缝处会产生冲击，发生强烈刺耳的噪声。国外的一项无声铁轨的专利技术只是把接缝的形状稍作改变，如图 2.14(b)所示，从而使得列车行驶的噪声大大降低。

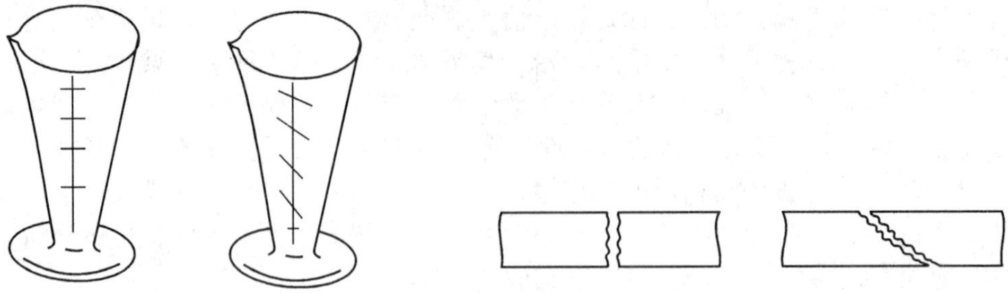

(a) 容量指示刻度的变化　　(b) 铁轨接缝形状的变化

图 2.14　变性原理示例

2.2.5　还原原理

还原创造原理指从一个事物的某一创造起点按人们的创造方向进行反向追索到其创造原点，再以原点为中心进行各个方向上的发散并寻找其他的创造方向，这种先还原到原点、再从原点出发解决创造的问题，往往能取得较大成功。创造的原点是指某一创造发明的根本出发点，它往往体现该创造发明的本质所在，而创造的起点则是指创造发明活动的直接出发点，它一般只反映该创造发明的一些现象所在。

设计洗衣机开始时的创造起点是模仿人的动作，用搓、揉的方法洗衣，但要设计能完成搓揉动作的机械装置，并要求它能适应不同大小的衣物，能对不同部位进行搓揉显然是十分困难的。如果改用刷的方法，则要处处刷到也很难实现。如果用捶打的方法，动作虽简单，但容易损坏衣物或钮扣之类的东西。采用还原原理，跳出原来考虑问题的起点，从思考洗衣的方法还原到洗衣这一问题的创造原点。

又例如，水泵在抽水时，泵和驱动电动机一般置于水面上某个干燥的位置，但如果水面离泵的垂直距离超过 10m(如深井)，那么泵将无法将水抽起，于是人们想到将泵沉入水中。但带来的问题是水将浸入驱动电动机，于是设计人员考虑采用各种密封圈来防水。但实际上密封圈也很难挡住水压将水压入电动机，于是设计人员就采用耐水塑料导线来统制电动机。这样一来不但电动机的体积增大、电磁转换率低，而且定子与转子之间常有泥沙嵌入，严重地影响了泵的正常工作。随后设计人员重新把电动机置于水面上，采用传动机构或装置来驱动水泵的多种办法，都因体积太大，成效率太低而最终失败。分析这些失败的原因，发现这些创造的思维均是以“水要进入，将水隔离”的想法作为创造起点的。如果回到问题的原点，即水为什么会进入进行详细地分析后，发现电动机沉入水中后，由于水中的压力大于电动机内空气的压力，且电动机工作产生的热量使其内部空气膨胀，从而将气体压出。当温度降低时，电动机内部空气的压力减小，不可避免地使水浸入电动机中。电动机渗水的原因弄清楚以后，设计者在电动机内装上气体发生器、吸湿剂和压力平衡检测器，电动机在水下工作时，其内部能产生一定压力的气体与水压时时保持相等，使水不能浸入电动机，于是成功地发明了一种既经济，效率又高的全干式潜水泵。

又如船舶通常用锚将自己定位在水面上，过去设计人员也创造很多形式的锚，但不管什么锚都是沿着“用重物的重力拉住船只”的思考方向进行创造的。根据创造的还原原理，设计人员发现锚的创造原点是“能够将船舶定位在水面上的一切物质和方法”，于是成功地研制了完全新颖的冷冻锚。冷冻锚是用一特殊铁板，该铁板在通电后迅速冻结在海底上，达到固定船只的目的。起锚时只要通电，很快便可使铁板解冻。因此，冷冻锚成为现代远洋船舶的一种新型锚。

人们在研究食品的保鲜问题时，一直以来都是这样的一种思维，就是冷冻可以使食品保鲜，沿着这样的思维方式，人们将主要的精力放在，什么物质可以制冷？什么现象有冷冻作用？还有什么冷冻原理？按照还原原理，对于食品保鲜应首先考虑食品保鲜问题的原点是什么？冷冻食品可以长期贮存，其原因在于冷冻可以有效地杀灭和抑制微生物、酶类的生长。因此，凡具有这种功能的方法、装置都可以用来保鲜食品。从这一创新原理出发，瑞典发明家斯坦斯特雷姆大胆地采用微波加热的方法，开发出微波灭菌保鲜装置。经过此法处理的食品，不仅能保持原有形态、味道，而且鲜度比冷冻更好，可使食品在常温下保存数月。除了微波灭菌外，人们还采用静电保鲜方法，开发出了电子保鲜装置。

分析还原原理不难发现，还原创造的本质是使思路回到事物的基本功能上去。因为从创造原点出发，设计者的思维才不会受已有事物具体形态结构的束缚，能够从最基本的原理方面去思考标新立异的方案。在运用还原原理进行创新活动的过程中，分析思维和发散思维起着关键作用，即首先要善于从起点追溯(还原)到事物的原点(本质)上，然后再进行多个方向上的发散性思考。

2.2.6　群体原理

群体创造原理，一定规模的群体思维有利于创造目标的实现。利用人才“共生效应”以提高自己的创造力是群体创造原理的具体应用。但群体创造原理并不意味着一个研究课题组的人越多越好，群体数量与课题内容一起决定了一个最佳的群体数量和结构问题。

人们常说的“三个臭皮匠，顶个诸葛亮”这一句俗语正是显示了集体思维的重要作用。在集体中，智力会产生相干效应。思想与思想碰撞最易激发创新的火花。控制论的创始人维纳说得好，由个人完成重大发明的时代已经一去不复返了。美国在 1942 年研制原子弹时曾动员了 15 万人；1960 年完成登月计划中，则动员了 42 万科技人员、2 万家公司和 120 所大学，所有这些高水平的创造发明都是庞大的知识群体共同努力的结果。

创造效率很高的课题组人数应尽量控制在小规模内，这样做有利于发挥每个组员的创造才能。人数过多往往会使一些人处于从属地位和被动地位，出现“人浮于事”的现象，而使集体的创造力降低。苏联学者 E.A.米宁的研究表明：在一定条件下，科研人员增加到原来人数的 n 倍，其创造效率仅增加 $\sqrt{n}$ 倍。由此可见，创造群体有一个最佳人数和最佳知识结构的组成问题。

2.2.7　完满原理

完满创造原理可称为完全充分利用原理。人们总希望能在时间和空间上充分而完满地利用某一事物或产品的一切属性。由此而论，凡是在理论上看来未被充分利用的物品，都可以成为人们创造的目标。希望点列举法和缺点列举法都是源于完满创造原理的创造技法。利用完满创造原理对事物进行分析可以从整体和部分两个层次入手，引导人们对于某一事物或产品的整体属性加以系统的分析。从各个方面检查还有哪些属性可以被再利用，引导人们从某种事物和产品中获取最大、最多的用途，充分提高它们的利用率。因此完满创造原理追求的最终目标，也是创造的起点。

设计人员在创造过程中，通过对产品的结构、功能分析，往往只是加强其中某一方面的性能进行创新分析。因此有时候并没有充分利用事物或产品的部分属性的一种完满创造原理。通过对每一个事物或产品按一定的层次分解为各个部分，对研究对象分解之后对其各部分进行完满充分的利用分析。如果要充分利用某一产品的全部功能，只有在其各部分的利用率大致相当的情况下，才能尽量保证功能的充分利用。从理想的情况看，一个事物或产品整体中各部分的消耗、磨损或老化应当是同步的或者说是全寿命设计。例如，鞋子可分为鞋底和鞋帮，在使用中一般鞋底容易磨损。为此，人们可采取提高鞋底质量、或及时更换鞋帮、或降低鞋帮质量等方式以保证鞋子整体的充分利用。对鞋底进一步分析会发现，其前、后利用率也不一样，一般后部因磨损较快而利用率较高，因而，人们便发明了可插入的榫头式鞋跟，这种鞋跟磨损后拔出来可再换一个。

在运用完满原理时，需要思维的批判性、广阔性与合理性。创新学中常见的“列出某某事物尽可能多的缺点”、“列出某某事物尽可能多的用途”等训练，就是基于对事物进行属性完满充分利用分析的一种方式。

2.2.8 迂回原理

创新活动并不是一帆风顺的，人们经常都会遇到难题或阻力。为取得创新成功，一方面应鼓励人们知难而进、勇于探索，另一方面又主张灵活应变、迂回前进，迂回创造原理就是基于这种情况被提出的。一般来说，迂回原理指在创造活动中受阻，必要时不妨暂且停止在该问题上的僵局，或转入下一步行动或从事另外的活动，带着未知问题继续前进，或者试着改变一下观点，不在该问题上钻牛角尖，而注意下一个或另一个与该问题有关的另一个侧面，待其他问题解决以后，该难题或许就迎刃而解了。

海王星的发现就是迂回原理运用的典型例子。人们根据种种迹象判断，在天王星之外一定还有一颗行星，全世界天文学家进行了长期观察和探寻一直没有发现。后来，科学家们暂时避开直接搜寻，转入该未知行星的轨道计算，根据求得的轨道参数反推，很快便找到了这颗新星。又如，为开发利用核聚变的能量，需要氢原子之间剧烈撞击，而要产生这种撞击，一般认为需要靠惊人的压力将氢原子封闭在小室之中，这是一个非常大的技术难题。为此，各国专家奋战了近 20 年，均因费时、费钱而未成功。而美国一家小企业根据迂回原理，放弃了“利用高压封闭小室”的正面进攻，试着采用激光技术，激光比较容易地使氢原子发生了剧烈撞击。

在运用迂回原理时，需要思维的灵活性和广阔性。当研究某个专业问题的时候，应当从更广阔的角度进行考察。科学实践表明：越是能带来重大突破的关键问题，越是需要借助于从其他知识领域汲取的“外来思想”加以解决。当创新活动处于困境时，创新者应当善于在困境中迂回。在不能直接达到目标的条件下可以适当做“战略转移”甚至“战略退却”，以便在迂回中发挥自己的优势、得到有益的启发、创造有利的条件，从而逐步接近目标，取得最终成功。

2.2.9 价值工程原理

价值工程是由美国工程师麦尔斯首创的，它是建立在价值分析或价值工程技术基础上的一种创造技法。它以降低成本为主要目的，综合技术与经济为一体的、有组织的系统方法，该法可带来显著的经济效益。它是对所研究对象的功能与成本进行系统分析，不断创新，旨在提高所研究对象价值的思想方法和管理技术。在设计、研制新产品时，如果设计研制所需的成本为 C，其功能或者说使用价值为 F，则产品的价值 V 可表示为式(2-1)。

$$V = \frac{F}{C} \tag{2-1}$$

分析式(2-1)可知，价值工程实际是运用价值(V)、功能(F)和成本(C)三者之间的关系，其根本的目的就是寻求以最低的总成本使某种产品具有能够满足用户需求的功能，其核心思维是对产品的功能成本分析即价值分析，使得产品设计在保证产品整体功能或者提高产品功能的前提下，尽可能地降低成本，以达到提高产品价值的目的。

价值工程具有以下一些特点。

(1) 以使用者的功能需求为出发点。

(2) 对所研究对象进行功能分析，并系统研究功能与成本之间的关系。

(3) 致力于提高价值的创造性活动。

(4) 有组织、有计划、有步骤地开展工作。

价值工程的一般工作程序，见表 2-2。

表 2-2　价值工程的一般工作程序表

过　程	步　骤	回答的问题
准备阶段	对象选择	对象
	组成价值工程小组	
	制定工作计划	
分析阶段	搜集并整理信息	对象的用途 成本和价值
	功能系统分析	
	功能评价	
创新阶段	方案创新	是否有替代方案 新方案的成本 能否满足要求
	方案评价	
	提案编写	
	审批	
实施阶段	实施与检查	
	成果鉴定	

价值工程原理的创新结果并不一定使得每项性能指标都达到最佳，但一般来说可寻求出一个综合考虑功能因素、技术特点、经济的承受力、使用情况等因素都满意的系统。虽然有些从局部来看不是最优，但从整体上来看却是相对最优的。

2.2.10　分离原理

分离原理与综合原理相反，它是通过对已知事物进行分解、离散而产生新的事物，本质上是基于分析的思考方法。把某一创造对象进行科学的分解或离散，使主要问题从复杂现象中暴露出来，从而理清创造者的思路，以便于人们抓住主要矛盾，这种原理被称为分离原理。

从分离原理的描述过程可看出，在利用分离原理进行创新设计的过程中，提倡将事物打破并分解。分析综合原理的特征不难看出，分离原理是与综合原理思路相反的另一个创造原理。

接头 V 形带的设计是成功利用分离原理的一个案例。在机构的传动过程中，人们广泛使用 V 形带传动，但普通 V 形带传动只能适用传动中心距不能调整的场合。为扩大 V 形带传动的适应性，人们对其进行分离创造，发明出了如图 2.15 所示的接头 V 形带传动，它可以根据需要截取一定长度的普通 V 形带，然后用专用接头连接而成环形带，也可以是由多层挂胶帆布贴合，经硫化并冲团成小片，逐步搭叠后用螺栓连接而成。

(a) 环形接头　　(b) 螺栓搭接头

图 2.15　接头 V 形带

在进行创新设计的活动中，要成功地运用分离原理，则应在所研究的对象结构、性能等基础上，找出其主要矛盾，理清思路。只要运用得当，同样可获得许多创新设计成果。

小　　结

本章介绍了常用思维的基本概念和特点，并通过实例说明上述各种思维在人们从事创造性活动中发挥着各自的特定作用。创造性思维与本能思维不同，是人类从事创造活动的基础，是创造原理的源泉。创造原理产生于人们长期的创造性实践活动，是一种理论上的归纳和总结，同时又指导人们进行创新实践。掌握这些原理有助于人们自觉的创造性活动，从而实现创造性目的。

习　　题

2-1　创造性思维是在什么基础上产生的？与本能思维有什么区别？

2-2　试举例说明什么是逻辑思维、非逻辑思维。

2-3　试举例说明什么是灵感思维和直觉思维。

2-4　机械创新设计实践中经常利用综合原理，同步带传动是哪两种传动的综合？

2-5　试举出同类组合、异类组合的实例。

2-6　如何认识群体创造原理？如何理解团对精神？在机械创新设计中如何发挥团对作用？

第3章 创新技法

教学提示：创新技法是人们在创造发明、创造性解决问题的实践活动中总结、提炼出来的技巧，不同的创新技法，适用于不同的特定领域，创新技法的掌握可以达到促进创新思维的作用。

教学要求：了解智力激励法、类比联系法、设问探求和要素组合法的具体步骤和特点，重点掌握各种创新方法的实质，针对不同的设计内容选择适合的方法。

如果把创新活动比喻成过河的话，那么方法和技法就是过河的途径或者工具。方法和技巧可以说比内容和事实更重要。法国著名的生理学家贝尔纳曾说过："良好的方法能使我们更好地发挥天赋的才能，而笨拙的方法则可能阻碍才能的发挥。"笛卡儿认为：最有用的知识是关于方法的知识。

在 20 世纪 50 年代期间，受苏联发射世界上第一颗人造卫星的刺激，在美国引发了开发创造性的高潮。1957 年美国海军特殊设计局开发了"计划评审技法"，美国陆军开发了"5W2H 法"，1964 年美国兰德公司开发出"德尔菲法"，以后陆续积累了上百种创造技法。

从 1946 年起，苏联学者阿利特舒列夫和他的同事一起从大量的发明专利中精选了一大批高水平的专利文献，并进行详细的研究分析，最终概括总结出了具有普遍性、有效性的方法，并得到了技术体系的发明和改造本质上就是其物质结构的形成和改造。基于这种认识，他们创立了举世闻名的"物场分析理论与方法"。

德国将美国的创造技法引入国内后，又进行了德国式的改造，如他们把头脑风暴法改成默写式头脑风暴法，开会时让与会者把新设想写在卡片上，相互传递，启发思路，符合德国人长于沉思的性格。20 世纪 60 年代，加拿大蒙特利尔大学的 H.塞里埃制定了利用睡眠时潜意识的"睡眠思考法"，蒙特利尔大学和魁北克大学都开设了创造性技法和创造性解决问题的训练。

在中国台湾地区自 20 世纪 60 年代起便开始了创造工程和创造技法的引进，一些国外创造技法术语的翻译，如脑力激荡法(头脑风暴法)、形态分析法、综摄法(提喻法)等，都是由台湾地区传开的。台湾地区学者在引进西方和日本创造技法的同时，结合中国的特点和需要，对其进行充实和发展，如陈树勋的《创造力发展方法论》、纪经绍的《价值革新与创造力启发》等。

我国一些学者在吸收国内外先进理论和经验的同时，陆续地有创造性地提出了一些具有中国特色的创新技法，如许国泰总结文学创作和产品开发的思路，提出"信息交合法"；刘仲林总结科技创造的思维规律和特点，从审美逻辑的角度，提出了"臻美法"，并系统地阐述了臻美系列技法；1984 年袁张度在《创造与技法》一书中提出"集思广益法"，赵惠田总结辽宁科协创造力开发的培训经验，于 1988 年出版了《发明创造学教程》，详细阐释了这一技法。

创造技法就是人们通过长期研究与总结得出创造发明活动的规律，经过提炼而成的程序化的创造技巧和科学方法。目前全世界已经研究出的创造设计技法有上百种以上，成为创造学中不可缺少的重要内容之一。

创新方法的基本出发点是打破传统思维的习惯，克服思维定势和阻碍创造性设想产生的各种消极的心理状态，应用创新设计方法以帮助人们在设计和开发产品时得到创造性的解。创新设计方法有很多种，下面介绍智力激励技法、类比联想技法、设问探求技法和要素组合技法等。

3.1 智力激励技法

现代科学技术的发展史表明：一项技术革新或科技成果，大都先有一个创造性设想，一般说来，创造性设想越多，发明也越容易获得成功。中国有句俗语叫集思广益，在创造发明活动中，应用集思广益的例子是屡见不鲜的。

为中国的原子物理事业作出了杰出贡献的“三钱”，即钱学森、钱三强、钱伟长。他们的合作一直被人们传为美谈，正是由于他们的集思广益，加快了我国试制原子弹的进度。我国核事业的发展速度是整个世界都为之震惊的，甚至于当时对中国原子物理研究能力的底细较清楚的美国也感到不可理解。而其中很重要的一点，除这 3 位强者每人都有自己高超的研究能力外，与他们的通力合作也是分不开的。

谚语是人民群众实践和智慧的结晶，也有不少这方面的论述，例如说“人多主意好，柴多火焰高”、“一人一个脑，做事没商讨；十人十个脑，办法一大套”、“星多天空亮，人多智慧广”，这些都说明了“人多智多胜诸葛”的道理。但前提条件是“合作”，它是为了使众人的合作更有效地进行，并想出大量的点子来。

智力激励技法又称集智法、头脑风暴法。智力激励技法就是为产生较多较好的新设想、新方案，通过一定的会议形式，创设能够相互启发、引起联想、发生“共振”的条件和机会，以激励人们智力的一种方法。大多是通过集会让设计人员用口头或书面交流的方法畅所欲言、互相启发进行集智或激智，从而引起创造性思维的连锁反应。其起源可追溯到 1938 年，被誉为创造工程之父的纽约 BBDO 广告公司副经理奥斯本制定了“头脑风暴法”，并将其用于工作实践中，取得了很大的成功。为了普及这种创造力开发技法，奥斯本撰写了一系列著作，建立了系统的理论基础，并且深入到学院、社会团体和工厂车间，组织大家运用这些方法，在美国形成了一个开发创造力的热潮。布法罗大学、麻省理工学院、美国空军、通用电气公司等先后采用奥斯本的理论讲课或办训练班，以后又向各类大学、联邦政府、产业界普及。这一成功打破了那种认为创造才能的“天赋决定论”和“遗传决定论”，为群众性的创造普及活动打开了局面。奥斯本成了创造工程的奠基人。

关于奥斯本还有这样一个小故事。他在 21 岁那年失业了，有一天，他到一家报社去应征，主考人问他：“你从事写作有多少年经验？”奥斯本回答说：“只有 3 个月。不过请先看看我的一篇文章。”主考人看完后说：“你的经验不足，写作缺乏技巧，文句也不太通顺，但内容富有创造性。本报社有一人请长期病假，急需人才，你先代理试一试。”奥斯本由此受到启发，领悟到“创造性”的可贵，决心“日行一创”。后来，他成了拥有 2700 名员工的广告公司总经理。

3.1.1 奥斯本智力激励法

奥斯本智力激励法的施行一般是通过一种特殊会议的方式，使参加的人员相互启发、相互激励，达到取长补短、填补知识空隙，从而引起创造性设想的连锁反应，产生众多的创造性设想。

智力激励会议的具体组织方法是：参加会议的人数不超过 10 个，这是因为人数过多反而会影响效率。会议的时间一般在 20min～1h 之间。每次会议的目标必须要明确，与会人员也必须围绕议题可以任意自由不受任何约束地发表自己的想法和建议。为了使会议的参加者都能充分表达和发挥自己的设想和看法，还必须作如下几项规定：①决不允许批评别人提出的设想；②提倡海阔天空式的任意自由思考；③任何人不对其他人的建议作任何的判断和结论；④鼓励多提建议，设想越多越好；⑤发表看法的过程应集中注意力，针对目标，不可跑题；⑥参加会议的人员采用圆桌会议的方式，没有权威，没有上下级，一律平等；⑦不允许私下交谈，以免干扰别人的思维活动；⑧不允许用集体提出的意见来阻碍个人的创造性思维；⑨各种设想不分好坏，一律记录下来。

在智力激励会议上，每个人都可以充分利用别人的设想来激发自己的灵感或者结合几个人的设想产生新的设想，所以要比单独思考更容易得到数量众多的、有价值的设想。一般说来讨论 1h 可产生数十至几百个设想。

某一个生产搅拌机的工厂，虽然其搅拌机的使用性能较先进，但成本较高，不利于市场竞争。经过科研人员的初步分析，发现该搅拌机的许多部件使用了不锈钢，而不锈钢的价格是比较昂贵的。为解决降低搅拌机成本问题，厂里决定采用奥斯本智力激励法。第一步组织了一个 5 人小组，召开了一次智力激励法的会议，会上宣布严格遵守智力激励法会议的原则，随后大家围绕降低搅拌机成本这个议题展开了发言。经过分析与会者的发言，发现与会者主要的想法体现在：

① 用塑料来代替不锈钢；
② 用橡胶代替不锈钢；
③ 用木制材料代替不锈钢；
④ 用普通钢板代替不锈钢；
⑤ 采用玻璃钢代替不锈钢；
⑥ 用玻璃代替不锈钢；
⑦ 用石头代替不锈钢；
⑧ 采用组合材料代替不锈钢；
⑨ 将目前的搅拌机制成行星摇摆式。

第二步对与会者大量的设想进行了科学的论证，并经过认真细致的研究，大家都认为切实可行的是第 4 条，即用普通钢材代替不锈钢。理由是铅粉投入搅拌机后，在搅拌机的壳内壁附上一层铅粉，铅粉对搅拌机的金属壳壁起到了保护的作用，使得搅拌机不会受到酸的腐蚀。最后通过对讨论方案的确定，厂里新制造了一台搅拌机，经过一年的使用和市场的检验，证明这一技改是成功的。

专门清除电线积雪的小型直升机的诞生也是智力激励技法的成功运用。在美国的北部，冬季多雪且严寒，野外输电线上的积雪常常压断电线，造成重大事故，为了解决这个问题，电力公司决定采用智力激励技法。于是他们专门开了一个会议，与会者提出了许多各式各样的提案，其中有一个提出了一个近似疯狂的想法：乘坐直升机去扫雪。与会的一个工程师听到后，并没有嘲笑那个提出想法的人，而是从中受到了很大启发，马上想到了利用直升机螺旋桨产生的高速下降气流扇落积雪的方案，经过进一步的分析和修改，最终选择了用改进直升机扇雪的方案，使问题得到了圆满的解决。

智力激励法是世界上最早付诸实用的创造技法，它由美国创造学家奥斯本首先提出，以后各国的创造学家又做了发展，先后提出了默写式智力激励法、卡片式智力激励法等。智力激励法的应用非常广泛，不仅可以应用于创造发明，而且还可以应用于企业管理。

3.1.2 默写式智力激励法

默写式智力激励法是在奥斯本的智力激励法传入西德后，德国人鲁尔已赫根据德意志民族习惯于沉思的性格提出来的。它与头脑风暴法在原则上相同，其不同点是把设想记在卡片上。头脑风暴法虽规定严禁评判，自由奔放地提出设想，但有的人对于当众说出见解犹豫不决，有的人不善于口述，有的人见别人已发表与自己的设想相同的意见就不发言了，而默写式智力激励法可弥补这种缺点，其具体做法如下。

默写式智力激励法规定：每次会议由 6 个人参加，每人在 5min 内提出 3 个设想，所以它又称“635 法”。在举行“635 法”会议时，由会议主持人宣布议题，即创造发明的目标，并对到会者提出的疑问进行解释。之后，每人发几张设想卡片，在每张设想卡片上标出 1、2、3 等编号，在两个设想方案之间要留一定的时间作为思考时间，可让其他人填写新的设想。在第一个 5min 内，每人针对议题在卡片上填写 3 个设想，然后将设想卡片传给右邻的到会者。在第二个 5min 内，每个人从别人的 3 个设想中得到新的启发，再在卡上填写 3 个新的设想，然后将设想卡片再传给右邻的到会者。这样，半个小时可以传递 6 次，一共可产生 108 个设想。

635 激励法的原理如图 3.1 所示。

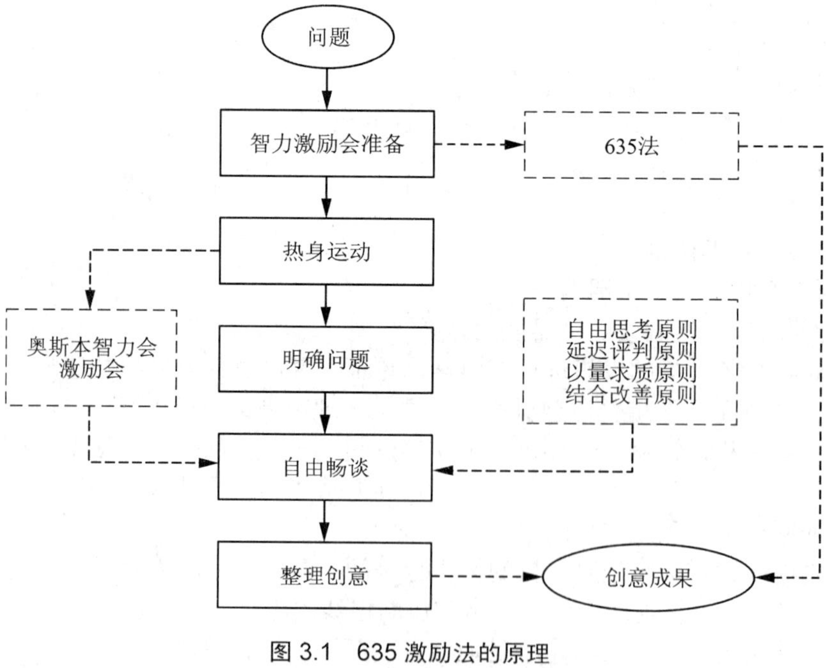

图 3.1 635 激励法的原理

默写式智力激励法可避免出现由于数人争着发言而使设想遗漏的情况。

3.1.3　卡片式智力激励法

这种方法又可分为 CBS 法和 MBS 法两种。

1. CBS 法

CBS 法是在会前明确会议主题，每次会议由 3～8 人参加，每人持 50 张名片大小的卡片，桌上另放 200 张卡片备用。会议大约举行 1h。最初 10min 为“独奏”阶段，由到会者各自在卡片上填写设想，每张卡片写一个设想。在接下来的 30min，由到会者按座位次序轮流发表自己的设想，每次只能宣读一张卡片，宣读时将卡片放在桌子中间，让到会者都能看清楚。在宣读后，其他人可以提出质询，也可以将启发出来的新设想填入备用的卡片中，余下的 20min，让到会者相互交流和探讨各自提出的设想，从中再诱发出新的设想。

2. MBS 法

奥斯本的智力激励法虽然能产生大量的设想，但由于它严禁批评，这样就难于对设想进行评价和集中，于是出现了一种新的智力激励法即 MBS 法。

MBS 法的具体做法是：第一步提出主题；第二步由参加会议的人各自在纸上填写设想，时间为 10min；第三步个人轮流发表自己的设想，每人限 1～5 个，由会议主持者记下每人发表的设想，别人也可根据宣读者提出的设想，填写新的设想；第四步将设想写成提案，并进行详细说明；第五步相互质询，进一步修订提案；第六步由会议主持者将个人的提案用图解的方式写在黑板上，让到会者进一步讨论，以便获得最佳方案。

以上介绍的几种智力激励法的共同点是：首先要设定好主题，在会议的过程中，所有的议题都必须围绕主题进行讨论；其次是时间上都做了限制，在紧张的气氛下，使参加者的大脑处于高度兴奋状态，有利于激励出新的设想；最后就是参加会议的人数不可过多，由于人数过多，将消耗较多时间，不利于提高效率。

智力激励技法通过与会者之间的相互激励，同时又相互补充和启发，使得参加者的创造性思维产生共振和连锁反应，并激发出更多的联想。该方法通过大量方案的分析和研究，只要其中有一个或几个有新颖价值的设想，就达到了与会者的目的。

发明创造的大量实践已经表明：真正有天资的发明家，他们的创造性思维能力远较平常人要优越得多。但对于天资平常的人，如果能相互激励，相互补充，引起思维“共振”，也会产生出不同凡响的新创意或新方案。奥斯本头脑风暴法的“中国式”译义，即集思广益，该方法虽然没有高深的道理，但问题在于如何去做到这点。开会是一种集思广益的办法，但并不是所有形式的会都能达到让人敞开思想、畅所欲言的效果。奥斯本的贡献就在于找到了一种能有效实现信息刺激和信息增值的操作规程。难怪奥斯本在 20 世纪 30 年代发明这种集思广益的创造技法后，马上在美国得到推广，并得到了世人的认可。

随着发明创造活动的复杂化和课题涉及技术的多元化，单枪匹马式的冥思苦想将变得软弱无力，而“群起而攻之”的发明创造战术则显示出攻无不克的威力。

3.2 类比与联想技法

类比联想技法包含了两个方面的内容，即类比技法和联想技法，两者之间相互关联、密不可分，该方法的本质是通过对研究的事务进行比较，借助已有的成熟知识，在异中求同，在同中存异的一种创造技法。

3.2.1 类比技法

它是确定两个以上事物间同异关系的思维过程和方法。首先要选择一定的类比标准，将相联系的几个事物，当然这些事务之间既可是同类事物，也可是不同类事物，然后对此加以对照，把握住事物的内在联系进行创造。类比创造技法的关键是寻找恰当的类比对象，这里需要直觉、想象、灵感、潜意识等多种心理因素。以两个不同事物的类比作为主导的创意方法系列，“它山之石，可以攻玉”就是这种方法的生动写照。

类比技法的一个显著特点是以大量的联想为基础，以不同事物之间的相同或类似点为纽带，充分调动想象、直觉、灵感诸功能，巧妙地借助其他事物找出创意的突破口。

类比方法在人们的日常生活中也是常常运用到的。例如，为了买一样称心如意的商品，常要跑几个超市，从商品的性价比、使用价值和经久耐用的程度等方面进行比较，然后确定是否买下。但这只是一种类比的方法，因它只是在同类产品中挑选好一点的，与类比发明法是完全不同的，这里论述的是在类比创造中，要有新的创造。

著名的瑞士科学家皮卡尔是位研究大气平流层的专家，它不仅在平流层理论方面很有建树，而且还是一位非凡的工程师，他设计的平流层气球可飞到 1.5 万米的高空，后来他又把兴趣转到了海洋，研究起深潜器来了。

尽管海和天是两个完全不同的世界，然而海和空气都是流体，因此皮卡尔在研究深潜器时，首先想到利用平流层气球的原理来改进深潜器。在此前，深潜器都是靠钢缆吊入水中的，它既不能在海底自由行动，也受钢缆强度的限制，由于潜水深度越深钢缆越长，自身重量越大，从而也容易断裂，所以它一直无法突破 2 万米的大关。阿・皮卡尔想到在高空时，平流层气球由两部分组成：充满比空气轻的气体的气球和吊在气球下面的载人舱。利用气球的浮力，可使载人舱升上高空。如果在深潜器上加一只浮筒，不也像一只“气球”一样可以在海水中自行上浮了吗？根据这个思路，皮卡尔和他的儿子小皮卡尔设计了一只由钢制潜水球和外形像船一样的浮筒组成的深潜器，在浮筒中充满比海水轻的汽油，为深潜器提供浮力；同时，又在潜水球中放入铁砂作为压舱物，使深潜器沉入海底。如果深潜器要浮上来，只要将压舱的铁砂抛入海中，就可借助浮筒的浮力升至海上。再给深潜器配上动力，它就可以在任何深度的海洋中自由行动，再也不需要拖上一根钢缆了。

皮卡尔父子的这一设计获得了巨大的成功。第一次试验，就下潜到 1 千多米深的海底，后来又下到 4 千多米深的海底。他们设计的另一艘深潜器“的里雅斯特号”下潜到世界上最深的洋底——10.9 万米，成为世界上潜得最深的深潜器。

皮卡尔的这种创造发明方法叫做类比法。通过比较，找出事物间的类似之处，然后再据此推出它们在其他地方的类似处。例如，气球和深潜器本来是两个完全不同的东西，一个升空，一个入海，但是它们都可以利用浮力原理，因此气球的飞行原理同样可以应用到深潜器中去。类比发明法是一种富有创造性的发明方法，有利于发挥人的想象力，从异中求同，从同中见异，产生新的知识，得到创造性成果。

类比的方法很多，除了有直接类比法、间接类比法、幻想类比法外，还有仿生类比法、拟人类比法、因果类比法等。

1. 直接类比法

该方法是从自然界或者已有的成果中找寻与创造对象相类似的现象或事物，从而发明设计出新的发明项目，这就叫做直接类比法。

采用直接类比法的例子古今中外比比皆是。例如，我国战国时期墨子制造的“竹鹊”、三国时期诸葛亮设计的“木牛流马”、唐代韩志和创造的飞行器等，都是仿生学上的直接类比。鲁班设计的锯子也是直接类比法的实现。听诊器的发明，也是典型的直接类比法的思维的产物，拉哀纳克医生很想发明一种能够诊断胸腔里健康状况的听诊设备，一天他到公园散步，看到两个小孩在玩翘翘板，一个小孩在一头轻轻地敲翘翘板，还有一个小孩在另一头贴耳听，虽然敲者用力轻，可是听者却听得非常清晰。他把要创造的听诊器与这一现象类比，终于获得创意设计听诊器的方案，世界上的听诊器就这样诞生了。

工程师布鲁内尔为解决水下施工大伤脑筋，有一次他观察到小虫进入木材的方法，即造一个管子作为他前进的通道。于是通过类比，他想出了用空心钢柱打入河底，以此为“构盾”，边掘进边延伸，在构盾的保护下施工，这就是著名的“构盾施工法”，这可以说是类比法的重大成果。现在市场上紧俏的电瓶脚踏车，其动力系统就是通过与电瓶车动力系统的直接类比制成的。

在科学领域里：惠更斯提出的光的波动说，就是与水的波动、声的波动类比而发现的；欧姆将其对电的研究和傅里叶关于热的研究加以直接类比，把电势比作温度，把电流总量比作一定的热量，建立了著名的欧姆定律；库伦定律也是通过类比发现的，劳厄谈此问题时曾说过“库伦假设两个电荷之间的作用力与电量成正比，与它们之间的距离平方成反比，这纯粹是牛顿定律的一种类比”；基本粒子学的弦模型、袋模型等也是类比推理的结果。

2. 间接类比法

间接类比法是用非同一类产品类比，产生创造。在现实生活中，有些创造缺乏可以比较的同类对象，这就可以运用间接类比法。例如空气中存在的负离子，可以使人延年益寿、消除疲劳，还可辅助治疗哮喘、支气管炎、高血压、心血管病等，但负离子只有在高山、森林、海滩湖畔较多。后来通过间接类比法，创造了水冲击法产生负离子，后吸取冲击原理，又成功创造了电子冲击法，这就是现在市场上销售的空气负离子发生器。

采用间接类比法可以扩大类比范围，使许多非同一性、非同类的行业，也可由此得到启发、开拓新的创造活力。

3. 幻想类比法

幻想类比法是在创意思维中用超现实的理想、梦幻或完美的事物类比创意对象的创意思维法。发明者在发明创造中，通过幻想类比进行一步步的分析，从中找出合理的部分，从而逐步达到发明的目的，设计出新的发明项目，这就叫做幻想类比法。戈登就该法指出：

“当问题在头脑中出现时，有效的做法是，想象最好的可能事物，即一个有帮助的世界，让最能满意的可能见解来引导最漂亮的可能解法。”

人们普遍认为艺术家利用幻想类比机制较易，而科技工作者利用它则较难，因为后者常受“已知”世界秩序和形式逻辑的束缚，易屈服于传统思维习惯，闲置幻想羽翼。戈登认为科技工作者：“应当而且必须给予自己和艺术家同样的自由。他必须恰当地想象关于问题的最好(幻想)解法，而暂时忽视由他的解法的结论所确定的定律。只有以这种方式他才能够构造出理想的图像。”

爱因斯坦年轻时在构思相对论问题时曾想：如果以光速追随一条光线运动，会发生什么情况呢？这条光线就会像一个在空间中振荡着而停滞不前的电磁场，正是这一类幻想类比，打开了“相对论”的大门。科学中的“理想实验”都包含着许多幻想类比因素，甚至古今中外先进思想家关于人类社会种种“理想模式”的理想，也包含着许多幻想类比因素。

1834 年，英国发明家巴贝治绘制出通用数字计算机图样。1942 年，美国的阿塔纳索夫教授和他的学生贝利，运用幻想类比法，发明设计出计算机，并制成了阿塔纳索夫-贝利计算机(世界上第一台计算机)。

4. 仿生类比法

设计者在创意、创造活动中，常将生物的某些特性运用到创意、创造上，并模仿生物的结构和功能，创作出新的发明项目，这种创新技法叫做仿生类比法。

模仿鸟类展翅飞翔，造出了具有机翼的飞机；同样，发现了鸟类可直接腾空起飞，不需要跑道，又发明了直升机；当发现蜻蜓的翅膀能承受超过其自重好多倍的重量时，就采用仿生类比，试制出超轻的高强度材料，用于航空、航海、车辆以及房屋建筑等。

5. 拟人类比法

拟人类比法是设计者在进行创造活动时，人们常常将创造的对象加以“拟人化”，就是使创意对象“拟人化”，也称亲身类比、自身类比或人格类比。这种类比就是创意者使自己与创意对象的某种要素认同、一致，自我进入“角色”，体现问题，产生共鸣，以获得创意。

(1) 科学上，拟人类比的例子也是不胜枚举。化学家法拉第自己与电解质认同，发现了电解定律；凯库勒在梦见一条蛇咬住自己的尾巴，提出了苯分子环状结构理论。

(2) 工业设计上也经常应用拟人类比。例如著名的薄壳建筑罗马体育馆的设计，设计师将体育馆的屋顶与人脑头盖骨的结构性能进行了类比，头盖骨由数块骨片组成，形薄、体轻，但却极坚固，那么体育馆的屋顶是否可做成头盖骨状呢？这种创意获得了巨大成功，于是薄壳建筑风行起来。

(3) 在设计机械装置时，常把机械看做人体的某一部分，进行拟人类比，从而获得意外的成效。例如挖土机的设计，就是模仿人的手臂动作：它向前伸出的主杆，如人的胳臂可以上下左右自由转动；它的挖土斗，好比人的手掌，可以张开，合起；装土斗边的齿形，好似人的手指，可以插入土中。在挖土时，手指插入土中，再合拢、举起，移至卸土处，松开手让泥土落下。这是局部的拟人类比，各种机械手的设计也是如此；整体的拟人类比就是各种机器人的设计。

(4) 这种拟人类比还常用于科学管理中，例如把某工厂的厂办比作人脑，把各车间比为人的四肢，把广播室比作嘴巴，把仓库比作内脏等，从而按人体的正常活动管理全厂。这样就能及早发现问题，实现协调有序的管理。

6. 因果类比法

两个事物的各个事物之间可能存在着同一种因果关系，因此可根据一个事物的因果关系，推测出另一事物的因果关系。例如，蚌内有砂，砂被黏液包围而形成珍珠，有人据此因果关系，把异物放进牛的胆囊内，人工培植了牛黄。有人根据往面粉里加入发酵粉可以发面做出蓬松的馒头这个因果关系，在橡胶中加入发泡剂，制成了海绵橡胶。在合成树脂中加入发泡剂，得到质轻、隔热和隔音性能良好的泡沫塑料，于是有人就用这种因果关系，在水泥中加入一种发泡剂，发明了既质轻又隔热、隔音的气泡混凝土。以上这些创意方法，就称为因果类比法。

3.2.2 联想技法

心理学上认为：联想就是由一事物想到另一事物的心理现象。这种心理现象不仅在人的心理活动中占据重要地位，而且在回忆、推理、创造的过程中也起着十分重要的作用。许多新的创造都来自于人们的联想。通过联想可以把不同事物联系在一起，它是创造性思维的基础，是从一种概念想到其他概念，从一种事物想到其他事物的一种心理活动或思维方式。联想思维由此及彼、由表及里，形象生动、无穷无尽。联想犹如心理中介，通过事物之间的关联、比较、联系，逐步引导思维趋向深度和广度，从而产生思维突变，获得创造性联想。同时联想不是想入非非、漫无目的的乱想，而是在已有的知识、经验之上产生的，它是对输入头脑中的各种信息进行加工、置换、联结、输出的一种思维活动。

联想类比法是通过联想类比，把一般看来完全不相干的物品或技术联系起来，组合在一起研制出有价值的发明。通过相似、相近、对比几种联想的交叉使用以及在比较之中找出同中之异、异中之同，从而产生创造性思维和创新的方案，如虎和猫时而奔跑如飞、时而突然止步，人们从它们的脚掌结构得到启发，发明出带钉子的跑鞋；从蜘蛛在两棵树之间结网，联想发明出横跨峡谷的吊桥；蝙蝠在黑夜中能自由飞翔从不会撞到障碍物，借助对蝙蝠的研究人们发明了超声波探测仪，可以用来测量海洋深度、探测鱼群、追踪潜艇、诊断疾病、工业探伤等。

根据联想的特性可将联想技法分为不同的类别。

1. 接近联想

发明者在时间、空间上联想到比较接近的事物，从而设计新的发明项目，这就叫做接近联想法。接近联想是因两个以上的事物在空间或时间上的相关而引起的。例如，看到汽车就想到汽油、交通岗、红绿灯，也都是接近联想。

2. 相似联想

相似联想又可称类似联想，它是因两个以上事物在外表、形式、性质等方面的相似而引起的。例如，看到水就想到河。相似联想反映的是事物间的相似和共同性，这种联想也可运用到创造发明过程中来，进行创造发明。1957 年 10 月 4 日，苏联运用相似联想法，成功地发射了世界上第一颗人造地球通信卫星，这颗卫星就是世界上第一艘太空船。

3. 对比联想

对比联想由某一事物的感知和回忆引起和它具有相反特点的事物的回忆叫做对比联想法。对比联想是因两个以上的事物具有相反的特点、性质所引起。据物理学中的相对运动原理，将“运动”与“静止”进行对比联想并相互转换，常能产生出情理之中、意料之外的效果。如图 3.2 所示的制袋充填封口机中，卷筒薄膜 1 经导辊至薄膜对折器 2 后，被纵向对折，然后由等速回转的纵封轴 4 加压热合呈连续圆筒状，并被牵引连续向下。物料经料斗 3 进入已出横封机构 5 封底的筒状袋内。横封机构 5 既可完成前一袋的封门，也可完成后一袋的封底。裁切机构 6 切开连续的物料袋，物料袋靠自重落入回收部。此机构中，薄膜对折器固定不动，而卷筒薄膜连续运动，这种相对运动原理的应用，使制袋机构大为简化，工作可靠性大大提高，其广泛应用于包装机械中。

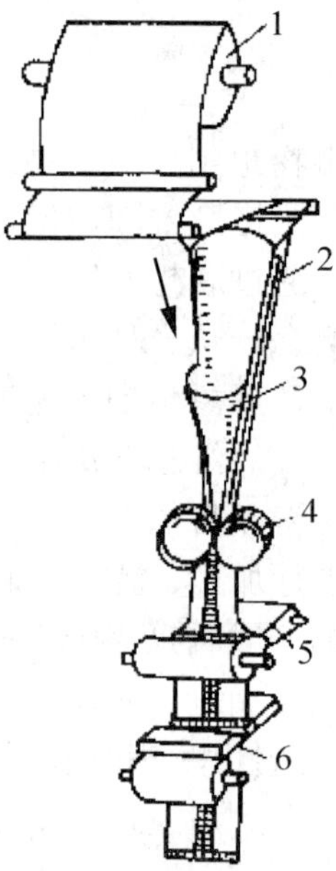

图 3.2　制袋充填封口机

1—卷筒薄膜；2—对折器；3—料斗；4—纵封轴；5—横封机构；6—裁切机构

4. 关系联想

关系联想即由于事物的某种关系(如整体与部分、原因与结果、结构与功能等关系)而形成的联想。例如，看到客人带的雨伞，你会想到外面正在下雨；看到夜鸟惊飞，你会想到林中夜行人。

创新事实表明：知识积累越多，经验越丰富，联想能力就越强，联想范围就越广阔。对于要解决的问题，不妨从它的正、反面以及与它相似、相近的关联事物和经验中，多角度地进行考察分析，找到解决问题的线索，从而获得有益的创新观念。

在贝尔发明电话以前，虽然已有人在研究电话了，但声音不清楚无法使用。贝尔决心致力于电话研究，使电话成为可以使用的通信工具。一次实验中，贝尔发现把音叉的端部放在带铁芯的线圈面前，如果使音叉振动，线圈中会产生感应电流，通过电线把这电流送至另一只同样线圈，线圈前的音叉也会振动，发出跟那边音叉振动一样的声音。他由此联想到能像音叉一样发生振动的金属簧片，如果用金属簧片代替音叉，线圈也应能产生感应电流，使簧片振动发声，这样金属簧片就能“说话”了。通过反复试制和完善，贝尔发明了世界上的第一架电话。显然贝尔是应用了联想法才发明电话的。

联想的方法是很多的，还可以从对象的因果联系上去进行联想，也可依据事物的同类原则去进行联想，还可以从事物之间的相关特性去进行联想。各种各样的联想方法都是可以产生出创造性设想的，从而可获得创造的成功。这里关键不是运用哪一种联想方法，而关键在于要解决什么问题？需要进行什么创造？要达到怎样的目的？或者什么样的预期目的都没有，只是想有所创造发明。那么就应根据各自的不同要求和想法，有意或无意地去进行联想，从联想产生的设想中去获得创造成功。

3.3　设问探求技法

设问探求技法是通过提问，发现事物的症结所在，进行创造发明的技法。如奥斯本检核表法、“5W2H”法等，即为什么、做什么、谁去做、何时做、何处做、怎样做、做多少。

3.3.1　奥斯本检核表法

奥斯本是美国教育基金会的创始人，是世界上第一个创造发明技法“智力激励技法”的发明者。他在《创造性想象》一书中指出：“一个国家的经济增长和经济实力，与其人民的发明创造能力和把这些发明转化为有用产品的能力紧密相关。”他在《发挥独创力》一书中介绍了许多创意技巧。美国麻省理工学院创造工程研究所从书中选出 9 项，编制成了《新创意检核表》，就成了人们现在常提到的奥斯本检核表。运用这个表提出问题，寻求有价值的创造性设想的方法，这就是奥斯本检核表法。

没有目的的思考往往提不出好的设想，但是提问却能促进思考深入。有目的的诱导性提问，可产生好的创意。其实富有创意的提问本身就是一种创造，好的提问往往就意味着问题已经解决了一半。设问探求法就是针对创造目标从各个方面提出一系列相关的问题，设计者针对提问进行分析和思考，通过思维的发散和收敛逐步找到问题的理想答案。设问探求法由多种创造原理构成，在创造发明领域内，被公认为是“创造技法之母”。设问探求法的种类很多，最有代表性的是美国创造学家奥斯本的“检核表法”。

奥斯本检核表是根据需要解决的问题或者需要创造发明的对象，以提问表格的形式，根据提问要点，逐个审核、讨论，使创造发明者全面、系统地考虑各种解决问题的方法，其列出 9 个方面有关的问题，然后逐一审核讨论，是促进创新活动深入进行的一种创造技法。特点是用制式提问表，以防止思考疏漏，适合任何创造发明或创新活动，有“创造技法之母”的美誉。

奥斯本检核表提问要点的内容有 9 个方面，针对某一产品或事物介绍如下。

(1) 能否它用？可提问：现有事物有无其他用途？稍加改进能否扩大用途？

例如尼龙最初只用于军事领域，主要用来制造降落伞、舰用缆绳等，因而销量很少，为此，人们开始寻找它的新用途。最终人们发现了它的许多新用途，如做袜子、雨衣、雨伞，在工业生产中用来制作齿轮、轴承、各种形状和强度要求较高的零件等。

(2) 能否借用？可提问：能否借用别的经验？模仿别的东西？

振荡可以增强散乱堆积颗粒物的聚合效果。压路机的工作原理通过滚轮靠自重将路面的沙石压实，现在的压路机在其滚轮上加上振荡装置就形成了振荡压路机，这样就可以显著地增强压路机的碾压效果。踩在香蕉皮上比其他水果皮上更容易使人摔跤，原因在于香蕉皮由几百个薄层构成，且层间结构松弛，富含水分，借用这个原理，人们发明了具有层状结构性能优良的润滑材料——二硫化钼。同样的道理，乌贼靠喷水前进，前进迅速而灵活，模仿这一原理，人们发明了"喷水船"，这种喷水船先将水吸入，再将水从船尾猛烈喷出，靠水的反作用力使船体迅速行驶。

(3) 能否改变？可提问：能否在意义、声音、味道、形状、式样、花色、品种等方面改变？

为了提高产品的生产效率，一般加工螺钉都用车削或用丝扳加工，使得生产效率较低。当采用滚压方法对螺纹进行控丝加工的方式时，其效率得到了极大的提高，这种加工螺钉的方法，现在已经被标准件工厂广泛的采用，其工作原理图如图 3.3 所示。

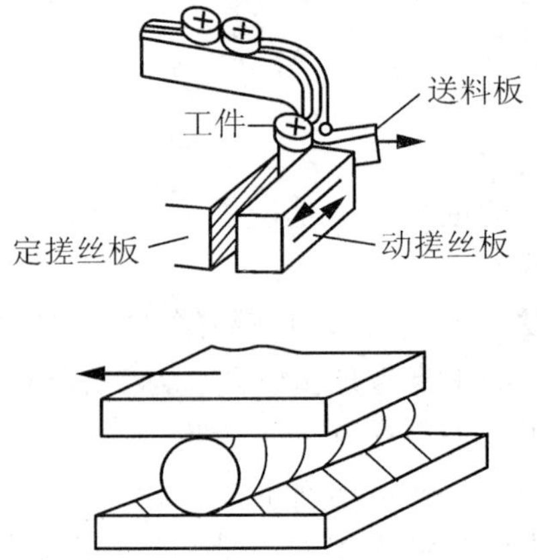

图 3.3　搓丝工作原理图

(4) 能否扩大？可提问：能否扩大使用范围、增加功能、添加零部件、增加高度、强度、价值、延长使用寿命？

扩大的目的是为了增加数量，形成规模效应，缩小是为了减少体积，便于使用，提高速度。大小是相对的，不是绝对的，更大、更小都是发展的必然趋势。在两块玻璃中加入某些材料可制成防震或防弹玻璃；在铝材中加入塑料做成防腐防锈、强度很高的水管管材和门窗中使用的型材；在润滑剂中添加某些材料可大大提高润滑剂的润滑效果，提高机车的使用寿命。

(5) 能否缩小？可提问：能否减少、缩小、减轻、浓缩、微型、分割？

随着社会的进步和生活水平的不断提高，产品在降低成本、不减少功能、便于携带和便于操作的要求下，必然会出现由大变小、由重变轻、由繁变简的趋势。如袖珍收录机、折叠伞、笔记本计算机、可视手机、甲壳虫式小轿车、超薄计算机显示屏、低底盘的火车或汽车，计算机或电话上的功能键、重拨键将多种功能集中于一键，不仅简化了产品的结构，而且方便了操作者使用。以缩小、简化为目标的创造发明往往具有独特的优势，在自我发问的创新技巧中，可产生出大量的创新构想。

(6) 能否代用？可提问：能否用其他材料、元件、原理、方法、结构、动力、结构、工艺、设备？

人造大理石、人造丝是取而代之的很好范例。用表面活性剂代替汽油清洗油污，不仅效果好，而且节约能源。用液压传动代替机械传动，更适合远距离操纵控制。用水或空气代替润滑油做成的水压轴承或空气轴承，无污染，效率高。用天燃气或酒精代替汽油燃料，可使汽车的尾气污染大大降低。数字相机用数据存储图像，省去了胶卷及胶卷的冲印过程，而且图像更清晰，在各种光线条件下可以拍摄很好的相片。

(7) 能否调整？可提问：能否调整布局、程序、日程、计划、规格、因果关系？

飞机的螺旋桨一般在头部，有的也放在尾部，如果放在顶部就成了直升机，如果螺旋桨的轴线方向可调，就成了可垂直升降的飞机。汽车的喇叭按钮原来设计在方向盘的中心，不便于操作且有一定的危险性，将按钮设计在方向盘圆盘下面的半个圆周上就可以很好地解决潜在的威胁问题。根据常识可知自行车在高速前进时，采用前轮制动容易发生事故，于是有人就设计了无论用左手或右手捏住制动器，自行车都将按“先后再前”的顺序制动，从而可以大大降低事故的发生率。

(8) 能否颠倒？可提问：能否方向相反、变肯定为否定、变否定为肯定、位置颠倒、作用颠倒？

将电动机反过来用就发明了发电机；将电扇反装就成了排风扇；从石油中提炼原油需要把油、水分离，但为了从地下获得更多的原油，可以先向地下的油中注水；单向透光玻璃装在审讯室里，公安人员可看见犯罪嫌疑人的一举一动，而犯罪嫌疑人却无法看见公安人员。反之，将这种玻璃反过来装在公共场所，人们既可以从里观赏外面的美景，又能防止强烈的太阳光直接射入。

(9) 能否组合？可提问：能否事物组合、原理组合、方案组合、材料组合、形状组合、功能组合？

两个电极在水中高压放电时会产生“电力液压效应”，产生的巨大冲击力可将宝石击碎；而在一个椭球面焦点上发出的声波，经反射后可在另一个焦点汇集。一位德国科学家将这两种科学现象组合起来，设计出医用肾结石治疗仪。他让患者躺在水槽中，使患者的结石位于椭球面的一个焦点上，把一个电极置于椭球面的另一个焦点上，经过1min左右不断地放电，通过人体的冲击波能把大部分结石粉碎，而后逐渐排出体外，达到治疗的目的。大学本科机械类学习的机械原理课程中，组合机构就是将几种机构有目的的组合起来，完成基本机构难以完成的设计任务要求。

根据奥斯本检核表法，以玻璃杯为例来说明奥斯本检核表法的应用情况，其改进所用的图标见表3-1。

表3-1 玻璃杯的改进过程

序号	检核项目	发散性设想	初选方案
1	能否它用	当做灯罩、可食用、当做量具、当做装饰、当做火罐、当做乐器	装饰品
2	能否借用	自热杯、磁疗杯、保温杯、电热杯、防爆杯、音乐杯	自热磁疗杯
3	能否改变	塔形杯、动物杯、防溢杯、自洁杯、香味杯、密码杯	香味幻影杯

续表

序号	检核项目	发散性设想	初选方案
4	能否扩大	不倒杯、防碎杯、消防杯、报警杯、过滤杯、多层杯	多层杯
5	能否缩小	微型杯、超薄型杯、可伸缩杯、扁平杯、勺形杯	伸缩杯
6	能否代用	纸杯、一次性杯、竹木制杯、塑料杯、可食质杯	可食质杯
7	能否调整	系列装饰杯、系列牙杯、口杯、酒杯、咔啡杯	系列高脚杯
8	能否颠倒	透明—不透明、雕花—非雕花、有嘴—无嘴	彩雕杯
9	能否组合	与温度计组合、与中草药组合、与加热器组合	与加热器组合

奥斯本检核表法是一种具有较强启发创新思维的方法。它的作用体现在多方面，是因为它强制人去思考，有利于突破一些人不愿提问题或不善于提问题的心理障碍，还可以克服“不能利用多种观点看问题”的困难，尤其是提出有创见的新问题本身就是一种创新。它又是一种多向发散的思考，使人的思维角度、思维目标更丰富，另外检核思考提供了创新活动最基本的思路，可以使创新者尽快集中精力，朝提示的目标方向去构想、创造、创新。该法比较适用于解决单一小问题，还需要结合技术手段才能产生出解决问题的综合方案。

3.3.2 “5W2H”法

“5W2H”法由美国陆军部提出，即通过连续提 7 个问题，构成设想方案的制约条件，设法满足这些条件，便可获得创新方案。

当上级对下级分配任务、制订计划、出台解决方案时，是不是有时候自己觉得已经想得非常周到了，可事后才发现遗漏了很多关键环节，使得工作不得不重新开始或反复？例如，上级交给下级一个任务，下级领命而去，等他走了以后上级才发现没有规定他什么时候完成，然后不得不再联系一下。

“5W2H”思路可以从以下这 7 个方面先计划或规定好，以便少走弯路。

Why：为什么需要革新？这样干的必要性是什么？有没有更好的办法？告诉下级事情的重要性可以使他更负责任或受到激励。

What：什么是革新的对象？什么事？要做什么？

Where：从什么地方着手？在哪里干？从哪里开始？哪里结束？

Who：什么人来承担革新任务？由谁来执行？由谁来负责？

When：什么时候开始？什么时候结束？什么时候检查？

How：怎样实施这个课题？怎样省力？怎样最快？怎样做效率最高？怎样改进？怎样得到？怎样避免失败？怎样求发展？怎样增加销路？怎样达到效率？怎样才能使产品更加美观大方？怎样使产品用起来方便？

How much：达到怎样的水平？功能指标达到多少？销售多少？成本多少？输出功率多少？效率多高？尺寸多少？重量多少？做多少？做到什么程度为好？有时上级也要告诉下级，做少了不利于任务的完成，做多了又浪费。例如，上级让下属写一篇稿子，没有告诉他写多少，他可能无从下笔，或必须再向上级请示，或随便写一篇，这样一来效率低，一件简单的事情也要多次反复才能完成。

以某商店改变生意清淡的方法来说明该方法的使用情况，见表 3-2。

表 3-2 “5W2H”法在商店改变生意清淡的使用表

序号	提问项目	提问内容	情况原因	改进措施
1	为什么	此处设这个店行不行	有需求	应保留
2	做什么	批发零售？百货专营？维修服务搞不搞	本处适合零售	零售为主增加服务项目
3	何地	店设何处？离车站近，离居民区也近	为旅客服务	增加旅客上车前后的所需商品
4	何时	购物	旅客寄存行李后	无处寄存，办理托运，特别是晚上
5	何人	谁是顾客？旅客？居民？	未把旅客当作主要顾客	增加为旅客服务的项目
6	怎样	怎样招来更多旅客？	此店不醒目	增设路标购物指示牌
7	多少	改进需多少投入？能得多少效益	本店有投资能力	装修扩大需 1.5 万，预计增长 20%

3.3.3 7 步法

这是奥斯本提出的一套设问方法，它包括以下内容。

(1) 确定革新的方针。

(2) 收集有关资料作准备。

(3) 对收集的资料进行分析。

(4) 进行自由思考，一一记录并构思革新方案。

(5) 提出实现方案的各种设想。

(6) 综合有用的数据资料。

(7) 评价各种方案，筛选出切实可行的设想。

3.3.4 行停法

这是美国著名的创造学家奥斯本研究总结出来的一套设问方法。他通过“行”(go)——发散思维(提出创造性设想)与“停”(stop)——收束思维(对创造性设想进行冷静的分析)的反复交叉进行，逐步接近所需解决的问题。行停法的操作步骤如下。

(1)“行”(go)——想出与所需要解决的问题相关联的地方。

(2)“停”(stop)——对此进行详细的分析和比较。

(3)“行”(go)——对解决问题有哪些可能用得上的资料。

(4)“停”(stop)——如何方便地得到这些资料。

(5)“行”(go)——提出解决问题的所有关键处。

(6)“停”(stop)——决定最好的解决方法。

(7)“行”(go)——尽量找出试验的方法。

(8)“停”(stop)——选择最佳试验方法。

重复以上步骤直到发明成功为止。例如人工养珍珠，先通过“行”，提出与人工养珍珠的一系列问题，“如何启开蚌贝壳？”“用何种物质代替沙粒作为珠心？”“把珠心投置于蚌贝内哪一处？”“含着珠心的蚌贝如何饲养？”然后，搜集有关资料，进行冷静的分析，并提出实验的方法，这个过程就是“停”——收束思维的过程。在实验中，通过“行”提出许多疑问，然后再经冷静分析(即“停”)来解决自己提出的疑问，最后终于发明了人工养珠的方法。

此外，类似的方法还有缺点列举法，即有意识地列举现有事物的缺点，通过改进缺点获得新方案的方法；希望点列举法则积极地提出希望来形成创新方案。与缺点法比较，希望点列举法常常可以得到更好的方案，因为没有缺点不完全等于设计者所希望的最理想的结果。

3.4　要素组合技法

组合创新是很重要的创新方法。有一部分创造学研究者甚至认为，所谓创新就是人们认为不能组合在一起的东西组合到一起。日本创造学家菊池诚博士说过：“我认为搞发明有两条路，第一条是全新的发现，第二条是把已知其原理的事实进行组合。”近年来也有人曾经预言，“组合”代表着技术发展的趋势。

总的来说，组合是任意的，各种各样的事物要素都可以进行组合。例如，不同的功能或目的可以进行组合；不同的组织或系统可以进行组合；不同的机构或结构可以进行组合；不同的物品可以进行组合；不同的材料可以进行组合；不同的技术或原理可以进行组合；不同的方法或步骤可以进行组合；不同的颜色、形状、声音或味道可以进行组合；不同的状态可以进行组合；不同领域、不同性能的东西也可以进行组合；两种事物可以进行组合，多种事物也可以进行组合；可以是简单的联合、结合或混合，也可以是综合或化合等。

1. 成对组合

成对组合是组合法中最基本的类型，它是将两种不同的技术因素组合在一起的发明方法。依组合的因素不同，可分成材料组合、用品组合、机器组合、技术原理组合等多种形式。用品或机器组合常将两个用品组合成一个用品，使之具有两个用品的功能，使用方便，如保温杯、带电子表的圆珠笔、带收音机的应急灯、有起罐头功能的水果刀等，这种机器的组合常是把完成一项工作同时需要的两种机器或完成前后相接两道工序的两台设备结合在一起，以便减少设备的数量、提高效率。还有的组合是以某一特定对象为主体，通过置换或插入其他技术导致发明或革新的方法，如在音响设备上加上麦克风的功能就出现了卡拉 OK 机，彩电设备中加上录放装置就产生了录像机，洗衣机中插入了甩干装置，就出现了全自动漂洗与甩干的功能等，也有人把这种组合叫做内插式组合。

2. 辐射组合

辐射组合是以一种新技术或令人感兴趣的技术为中心，同多方面的传统技术结合起来，形成技术辐射，从而导致多种技术创新的发明创造方法。

这种辐射组合的中心点是新技术，若把这个中心点改为一项具有明显优点，具有人们所喜爱的特征，也可以考虑用辐射组合来开发产品。例如闪光技术、小电机等也有许多辐射组合的新产品。以家用电器为例，由于电进入家庭，由电的辐射组合，现已发展了众多的家用电器，如电视机、电冰箱、全自动洗衣机、空调机、电炉、电饭煲、洗碗机、电热毯、抽油烟机、电烤箱、电取暖器、电子游戏机、电吹风等。此外还有一种类似辐射组合的方法，即某事物寻求改进或创新，把此事物作为中心点和一些与改进事物毫不相干的甚至风马牛不相及的事物强行组合，形式上与辐射组合相似，这种组合大多数可能是无意义的、荒唐的，但往往也可以从中找到有价值的方案，对于这种组合有人又叫它为焦点组合法。该法实质上是焦点法和强制联想法的结合。

3. 形态分析组合

形态分析组合也称形态分析法，它是瑞典的天文物理学家卜茨维基于 1942 年提出的，其基本理论是：一个事物的新颖程度与相关程度成反比，事物(观念、要素)越不相关，创造性程度就越高，即易产生更新的事物。该法的做法是：将发明课题分解为若干相互独立的基本因素，找出实现每个因素功能所要求的可能的技术手段或形态，然后加以排列组合得到多种解决问题的方案，最后筛选出最优方案。

例如，要设计一种火车站运货的机动车，根据对此车的功能要求和现有的技术条件，可以把问题分解为驱动方式、制动方式和轮子数量 3 个基本因素。对每个因素列出几种可能的形态，如驱动方式有柴油机、蓄电池，制动方式有电磁制动、脚踏制动、手控制动，轮子数量有三轮、四轮、六轮，那么组合后得到的总方案数为 2×3×3＝18 种。然后筛选出可行方案或最佳方案。

3.5　输入/输出法

机械创新设计的技法很多，如输入/输出法，这种方法又称为“黑匣”或“黑箱”法。这种方法把期望的结果作为输出，把能产生此输出的一切可以利用的条件作为输入，从输入到输出经历由联想提出设想，再运用限制条件反复评价、筛选这些设想的反复、交替的过程，最后得出理想输出，其原理图如图 3.4 所示。

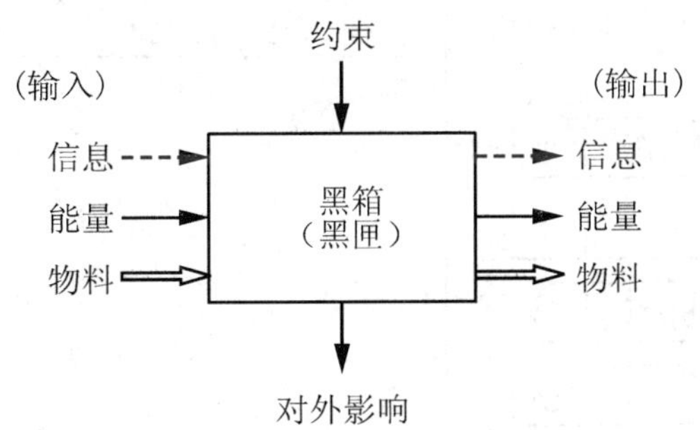

图 3.4　输入/输出法原理图

输入/输出法有如下特点。

(1) 输入/输出法是以输入、输出的具体内容为思考的出发点，它要求所有的创造性构思必须满足输入条件、约束条件和输出的具体结果。因此，这种分析方法的创新思维过程基本上属于定向思维，从而保证了能通过探索逐步找到合乎逻辑的、成熟的，并且与创新目标一致的途径，从而达到创造新方案的目的。

(2) 输入/输出法是构思与评价同时进行的设计方法。分析过程是由外向内、由已知到未知，一层层地向黑匣内部深入。每当深入一步，设计者必须对每一构思的“输入”与“输出”状态，按设计约束条件和外部影响对构思作出判断和评价，通过判断和评价，剔除那些不满意的或不符合条件的构思，从而保证分析能向黑匣内部不断深入，当最后的输入与输出能按因果关系连接起来时，黑匣之谜就算被完全揭开了，方案构思的具体内容就基本确定了。

(3) 输入/输出法的思考路径和方向具有双向性，即发散和收敛思维是按“输入”和“输出”两个方向向黑匣内部内容逐步深入的。因此，这种方法既能保证方案能同时满足“输入”与“输出”两方面的要求，又能高效地构思出方案的具体内容。

下面以构思一种机械零件去毛刺机床为例来说明运用黑匣分析法进行方案构思的步骤与过程。

(1) 根据产品的用途确定黑匣的输入与输出内容。

目前，去毛刺技术主要是采用直接的机械方法或开发专用的去毛刺设备。对于生产批量较大的机械零件(如齿轮)，如果采用直接的机械方法去毛刺，则费工、费时、劳动强度大，并且只能靠目测和感觉操作，去毛刺的质量难以保证，生产效率低。

对于机械零件去毛刺机床而言，带毛刺的零件是已知条件，因此其输入内容是“带毛刺的零件”；而不带毛刺的零件是该产品的目的，故输出内容是“不带毛刺的零件”。

设计约束条件可以确定为去毛刺的能力，加工对零件尺寸、材料的影响，使用成本，加工成本和加工范围等，具体内容可以根据实际情况增加。

(2) 黑匣建立好以后，便可以从输入与输出端两个方向去构思黑匣内的具体内容，得到黑匣内的第一层分析内容，如图 3.5 所示。通过加工方法的比较与评价，选择 3 种加工方法进入第二层。

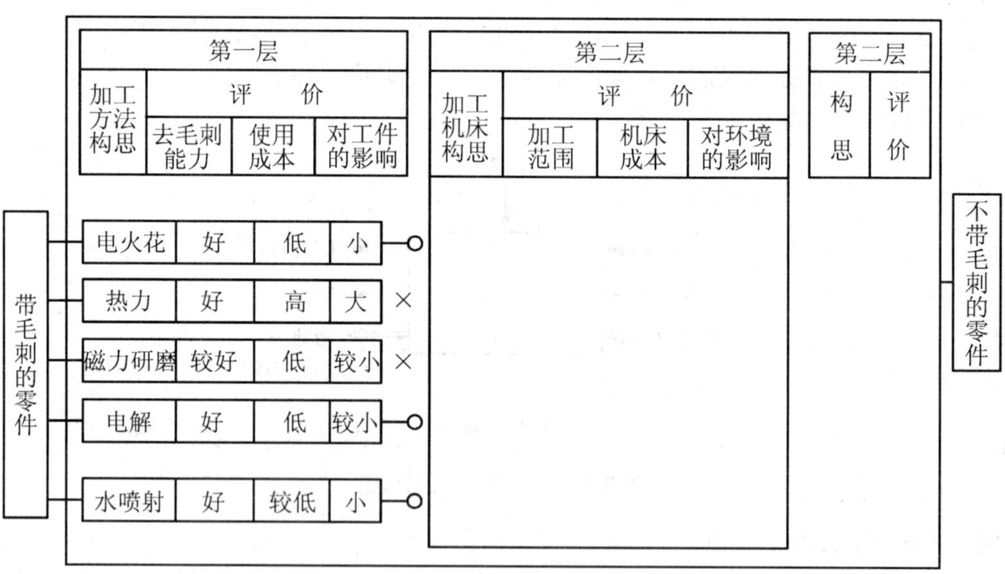

图 3.5　机械零件去毛刺的方法构思

(3) 根据黑匣中构思出来的第一层内容进行第二层方案内容的构思，如图 3.6 所示。

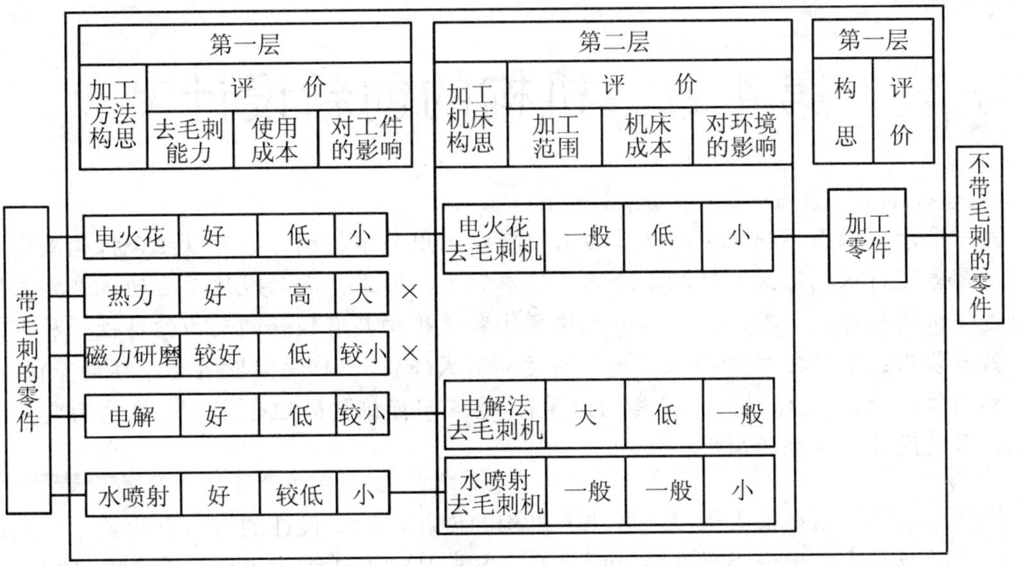

图 3.6　机械零件去毛刺机床的方案构思

通过几种机床的分析可知，电火花去毛刺工艺简单、效果好、使用成本低，对工件环境没有什么影响，另外比较重要的是：电火花去电刺还可产生一层表面强化层，明显地提高了齿轮的强度、硬度、耐磨性、耐腐蚀性和耐热性，因此应当广泛推广。

小　　结

创造技法是人们利用有关创造心理过程的研究成果和专业领域自身的规律性，从各种创造性思维方法中演变过来的有效提高发明创造能力的各种方法的总和，其具有操作性，能够激发创新灵感、拓展思维空间、培养创新素质、提高创新能力。

习　　题

3-1 试用智力激励法设计一种理想的健身器材。

3-2 试用设问探求技法设计适合残疾人用的自行车。

3-3 试分析现有家用电器的功能，设想哪些家用电器将会被组合在一起由计算机统一管理。

3-4 试用输入/输出法设计防盗报警锁。

第 4 章　机构的创新设计

教学提示：根据不同机械的工作要求，可以采用简单机构，也可以组合机构或变异机构，但是当进行机构形式选择时，除满足基本的运动形式、运动规律或运动轨迹要求外，还应遵循机构尽可能简单、尽量缩小机构尺寸和使机构具有较好的动力学特性等原则。

教学要求：了解各种机构执行构件的运动形式(回转、单向间歇运动、摆动等)以及执行机构的传动功能(变传动比、定传动比等)，重点掌握机构的组合方式、机构的变异方法和机构形式设计应遵循的原则。

机械系统的创新在很大程度上取决于机构的创新，创新设计的方法有两类：一类是指首创、突破及发明；另一类是选择常用机构，并按某种方式进行组合，综合出可实现相同或相近功能的众多机构，为创新设计开辟了切实可行的途径。

4.1　常用机构的选择

常用机构既包括简单机构，如齿轮机构、凸轮机构、连杆机构、槽轮机构和棘轮机构等，也包括组合机构，如齿轮连杆机构、凸轮连杆机构等。常用机构在技术上比较成熟，应用范围比较广，人们对其性能与优缺点比较了解，在设计与制造上比较有经验。优先选用常用机构，有利于提高设计的可靠性。

由于机械的功能是千差万别的，其执行机构的运动形式和运动规律也是多种多样的，而实现同一功能的机构又有许多种，所以机构的选型是一个复杂问题，通常需要综合考虑执行构件的运动形式(回转、单向间歇运动、摆动等)以及执行机构的传动功能(变传动比、定传动比等)。表 4-1、表 4-2 对常用机构的运动特性及其基本功能作了概括性的分析与比较，以供选型时参考。

表 4-1　变传动比常用机构的特点与应用

类　型	特　　点	应　　用
连杆机构	结构简单，制造容易，工作可靠，传动距离较远，传递载荷较大，可实现急回运动规律，但不易获得匀速运动或其他任意运动规律，传动不平稳，冲击与振动较大	用于从动件行程较大或承受重载的工作场合，可以实现移动、摆动等复杂的运动规律或运动轨迹
凸轮机构	结构紧凑，工作可靠，调整方便，可获得任意运动规律，但动载荷较大，传动效率较低	用于从动件行程较小和载荷不大以及要求特定运动规律的场合
非圆齿轮机构	结构简单，工作可靠，从动件可实现任意转动规律，但齿轮制造较困难	用于从动件作连续转动和要求有特殊运动规律的场合
棘轮间歇机构	结构简单，从动件可获得较小角度的可调间歇转动，但传动不平稳，冲击很大	多用于进给系统，以实现送进、转位、分度、超越等

续表

类　型	特　　点	应　　用
槽轮间歇机构	结构简单，从动件转位较平稳，而且可实现任意等时的单向间歇转动，但当拨盘转速较高时，动载荷较大	常用作自动转位机构，特别适用于转位角度在 45°以上的低速传动
凸轮式间歇机构	结构较简单，传动平稳，动载荷较小，从动件可实现任何预期的单向间歇转动，但凸轮制造困难	用作高速分度机构或自动转位机构
不完全齿轮机构	结构简单，制造容易，从动件可实现较大范围的单向间歇传动，但啮合开始和终止时有冲击，传动不平稳	多用作轻工机械的间歇传动机构

表 4-2　定传动比常用机构的特点与应用

类　型	特　　点	应　　用
螺旋机构	传动平稳无噪声，减速比大；可实现转动与直线移动，传动平稳无噪声，互换；滑动螺旋可做成自锁螺旋机构；工作速度一般很低，只适用于小功率传动	多用于要求微动或增力的场合，如机床夹具以及仪器、仪表，还用于将螺母的回转运动转变为螺杆的直线运动的装置
摩擦轮机构	有过载保护作用；轴和轴承受力较大，工作表面有滑动，而且磨损较快；高速传动时寿命较低	用于仪器及手动装置以传递回转运动
圆柱齿轮机构	载荷和速度的许用范围大，传动比恒定，外廓尺寸小，工作可靠，效率高；制造和安装精度要求较高，精度低时传动噪声较大，无过载保护作用；斜齿圆柱齿轮机构运动平稳，承载能力强，但在传动中会产生轴向力，在使用时必须安装推力轴承或角接触轴承	广泛应用于各种传动系统，传递回转运动，实现减速或增速、变速以及换向等
齿轮齿条机构	结构简单，成本低，传动效率高，易于实现较长的运动行程；当运动速度较高或为提高运动平稳性时，可采用斜齿或人字齿条机构	广泛应用于各种机器的传动系统，变速操纵装置，自动机的输送、转向、进给机构以及直动与转动的运动转换装置
圆锥齿轮机构	用来传递两相交轴的运动；直齿圆锥齿轮传递的圆周速度较低，曲齿用于圆周速度较高的场合	用于减速、转换轴线方向以及反向的场合，如汽车、拖拉机、机床等
螺旋齿轮机构	常用于传递既不平行又不相交的两轴之间的运动，但其齿面间为点啮合，且沿齿高和齿长方向均有滑动，容易磨损，因此只宜用于轻载传动	用于传递空间交错轴之间的运动
蜗轮蜗杆机构	传动平稳无噪声，结构紧凑，传动比大，可做成自锁蜗杆；自锁蜗杆传动的效率很低，低速传动时磨损严重，中高速传动的蜗轮齿圈需贵重的减摩材料(如青铜)，制造精度要求较高，刀具费用昂贵	用于大传动比减速装置(但功率不宜过大)、增速装置、分度机构、起重装置、微调进给装置、省力的传动装置
行星齿轮机构	传动比大，结构紧凑，工作可靠，制造和安装精度要求高，其他特点同普通齿轮传动；主要有渐开线齿轮、摆线针轮、谐波齿轮 3 种齿形的行星传动	常作为大速比的减速装置、增速装置、变速装置，还可实现运动的合成与分解
带传动机构	轴间距离较大，工作平稳无噪声，能缓冲吸振，摩擦式带传动有过载保护作用；结构简单，安装要求不高，外廓尺寸较大；摩擦式带传动有弹性滑动，不能用于分度系统；摩擦易起电，不宜用于易燃易爆的场合；轴和轴承受力较大，传动带寿命较短	用于传递较远距离的两轴的回转运动或动力

续表

类　型	特　　点	应　　用
链传动机构	轴向距离较大，平均传动比为常数，链条元件间形成的油膜有吸振能力，对恶劣环境有较强的适应能力，工作可靠，轴上载荷较小；瞬时运转速度不均匀，高速时不如带传动平稳；链条工作时因磨损伸长后容易引起共振，一般需增设张紧和减振装置	用于传递较远距离的两轴的回转运动或动力

4.2 机构的组合与实例分析

常用的基本机构如齿轮机构、凸轮机构、四杆机构和间歇机构等，可以胜任一般性的设计要求，随着生产的发展，以及机械化、自动化程度的提高，对其运动规律和动力特性都提出了更高的要求。这些常用的基本机构往往不能满足要求。为解决这些问题，可以将两种以上的基本机构进行组合，充分利用各自的良好性能，改善其不良特性，创造出能够满足原理方案要求的、具有良好运动和动力特性的新型机构。

机构的组合原理是指将几个基本机构按一定的原则或规律组合成一个复杂的机构，这个复杂的机构一般有两种形式，一种是几种基本机构融合，成为性能更加完善、运动形式更加多样化的新机构，被称为组合机构；另一种则是几种基本机构组合在一起，组合体的各基本机构还保持各自特征，但需要各个机构的运动和动作协调配合，以实现组合的目的，这种形式被称作为机构的组合。

机构的组合方式可划分为以下 4 种：串联式机构组合、并联式机构组合、复合式机构组合、叠加式机构组合。

4.2.1 串联式机构组合

串联式机构组合是由两个以上的基本机构依次串联而成的，前一机构的输出构件和输出运动为后一机构的输入构件和输入运动，从而成为得到满足工作要求的机构。连接点可以设在前置机构中作简单运动的连架杆上，称其为Ⅰ型串联；连接点也可以设在前置机构中作复杂运动的连杆上，称其为Ⅱ型串联，如图 4.1 所示。

(a) Ⅰ型串联　　(b) Ⅱ型串联

图 4.1　串联式机构组合

Ⅰ型串联式组合，将后一机构的主动件固接在前一级机构的一个连架杆上。图 4.2 所示是钢锭热锯机机构，其将曲柄摇杆机构 1-2-3-4 的输出件 4 与曲柄滑块(或摇杆滑块机构) 4′-5-6-1 的输入件 4′ 固接在一起，从而使没有急回运动特性的输出件 6 有了急回特性。

Ⅱ型串联的组合中，后一级机构串接在前置机构中作复杂运动的连杆上某一点相连的组合方式。图 4.3 所示是具有运动停歇的六杆机构，在铰链四杆机构 *OABD* 中，连杆 *E* 点的轨迹上有一段近似直线，以 *F* 点为转动中心的导杆，在图示位置，其导向槽与 *E* 点轨迹的近似直线段重合，当 *E* 点沿直线部分运动时导杆停歇。

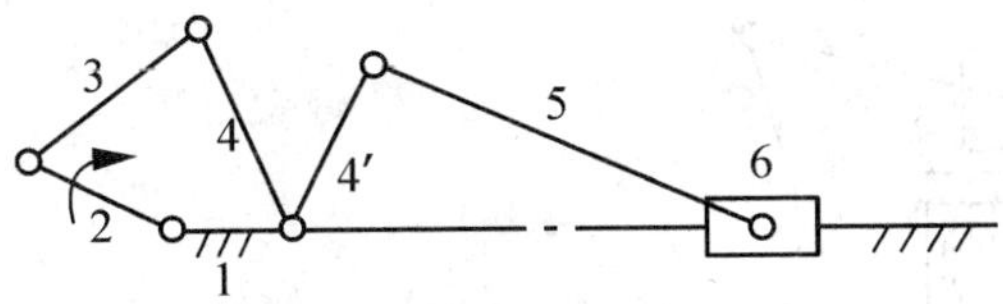

图 4.2　钢锭热锯机机构

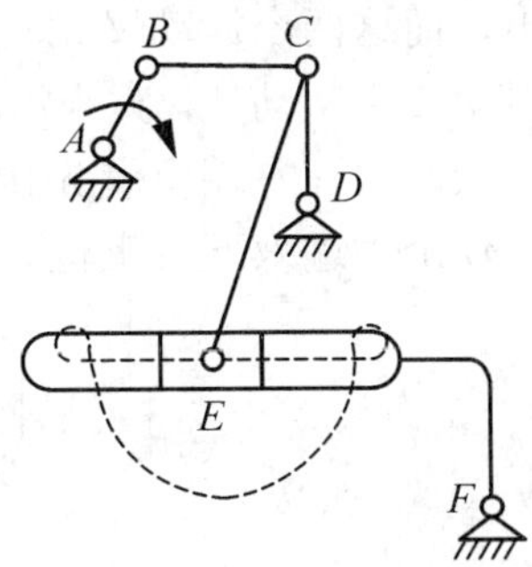

图 4.3　具有运动停歇的六杆机构

4.2.2　并联式机构组合

两个或多个基本机构并列布置，称为机构并联式组合。每个基本机构具有各自的输入构件，而共有一个输出构件，称Ⅰ型并联；各个基本机构有共用的输入和输出构件，称Ⅱ型并联；各个机构有共同的输入构件，但却有各自的输出构件，称Ⅲ型并联(如图 4.4 所示)。

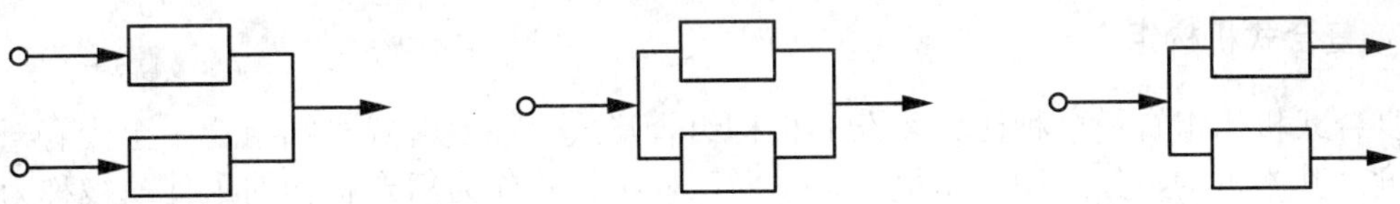

(a)　Ⅰ型并联　　(b)　Ⅱ型并联　　(c)　Ⅲ型并联

图 4.4　并联式机构组合

并联式机构组合的特点是，各分支机构间没有任何严格的运动协调配合关系的并联组合。一种机构的并联组合相当于运动的合成，其主要功能是对输出构件运动形式的补充、加强和改善。设计时要求两个并联机构运动要协调，以满足所要求的输出运动。如图 4.5 所示的刻字、成形机构，两个凸轮机构的凸轮为两个原动件，当凸轮转动时，推杆 2、4 推动双移动副构件 3 上的 M 点走出图中的轨迹。

图 4.6 所示为棘轮机构，由两个曲柄滑块机构并联组合，通过两个棘爪驱动一个四齿棘轮实现间歇运动。

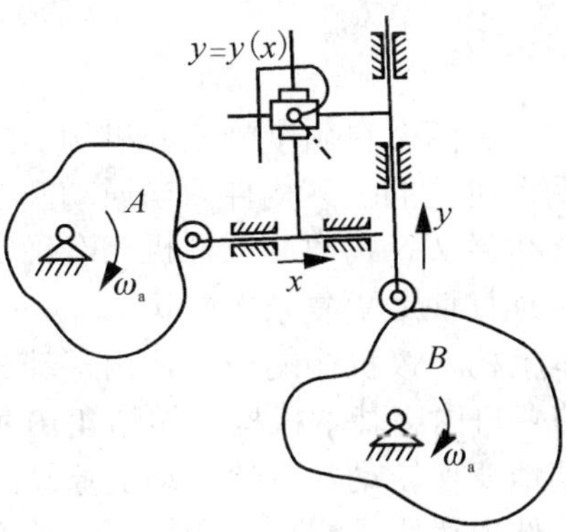

图 4.5　刻字、成形机构

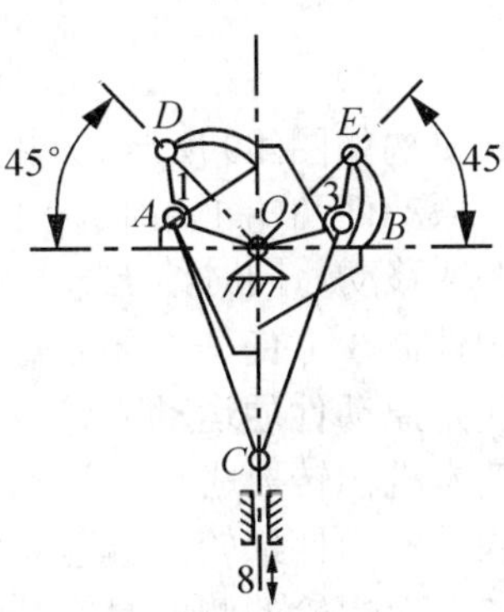

图 4.6　棘轮机构

图 4.7 所示的冲压机，是将一个输入运动分解为两个输出运动。其主要功能是实现两

个运动输出，而这两个运动又相互配合，完成较复杂的工艺动作。构件 1 为原动件，大滑块 2 和小滑块 4 为从动件，大小滑块具有不同的运动规律。此机构一般用于工件输送装置，在工作时，大滑块在右端位置先接受来自送料机构的工件，然后向左运送，再由小滑块将工件推出，使工件进入下一工位。

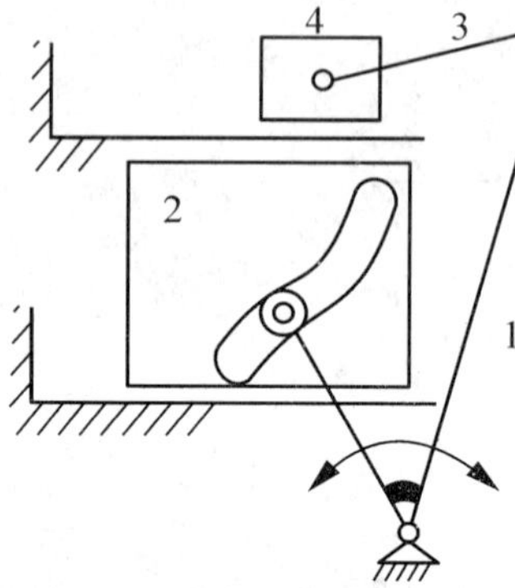

图 4.7　冲压机机构

4.2.3　复合式机构组合

复合式机构组合是一种比较复杂的机构组合形式。在复合式机构组合中至少有一个两自由度的基本机构，如差动轮系机构、平面五杆机构等作为组合机构的主体，被称为基础机构 A，除了基本机构外，还有一些用来封闭或约束基础机构，其自由度为 1 的基本机构，称为附加机构 B。

并接式复合如图 4.8(a)所示，它是将原动件的运动一方面传给一个单自由度的基本机构，转换成另一运动后，再传给一两自由度的基本机构，同时原动件又将其运动直接传给该两自由度基本机构，而后者将输入的两个运动合成为一个运动输出。

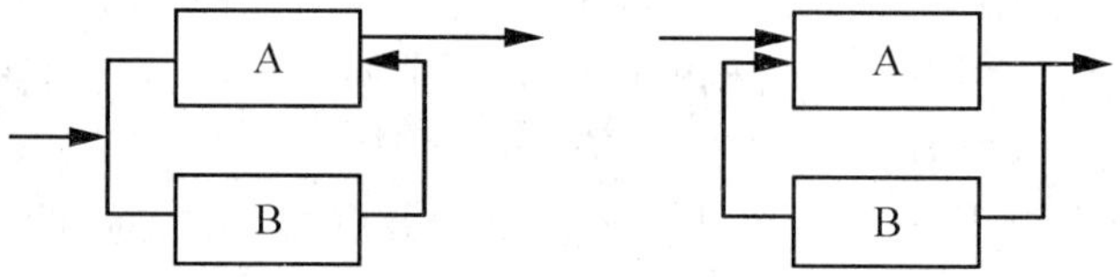

(a) 构件并接式　　(b) 机构反馈式

图 4.8　复合式机构组合

并接式机构如图 4.9 所示，该机构由凸轮机构 1′ -4-5 和两个自由度的五杆机构 1-2-3-4-5 组合而成。原动件凸轮 1′ 和曲柄 1 固结，构件 4 为两个机构的公共构件，当原动凸轮转动时，从动件 4 移动，同时给五杆机构输入一个转角 Φ_1 和移动 S_4，故此五杆机构有确定的运动，这时构件或 3 上任一点如 C 便能实现比四杆机构连杆曲线更复杂的轨迹 C_x。

反馈式是原动件的运动先输入给多自由度的基本机构，该机构的一个输出运动经过一单自由度基本机构转换成另一运动后又反馈给原来的多自由度基本机构，如图 4.10 所示。

该机构为输出件蜗轮，其能按一定运动规律周期地变速转动，等速转动的原动蜗杆 1 带动蜗轮 2，而蜗轮的侧面具有一条凸轮槽，其从动件为滑块。蜗杆与滑架的轴承不能作相对移动。当推动滑块时，蜗杆轴亦随之移动，故蜗杆具有两个自由度：一个转动和一个移动。

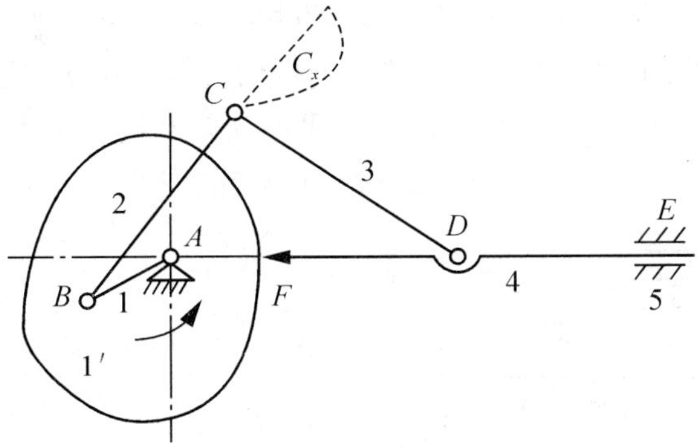

图 4.9　凸轮-连杆组合机构

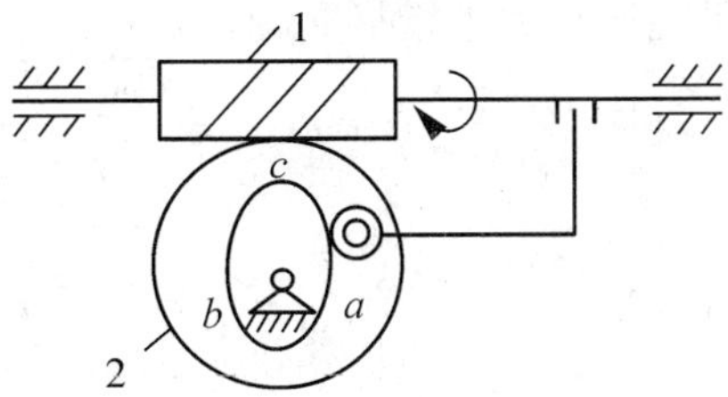

图 4. 10　传动误差补偿机构

4.2.4　叠加式机构组合

叠加机构的方法之一是在最简单的机构上叠加上一个二杆组($3n-2p_l=0$)，如图 4.11 所示，将两构件 5、6 叠加在 3、4 上。图 4.12 所示机构的特点是叠加的机构两构件与被叠加的机构固结在一起，共用构件 4，但并不共用机架。

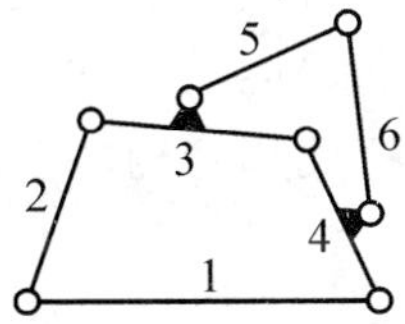

图 4.11　叠加上二杆组

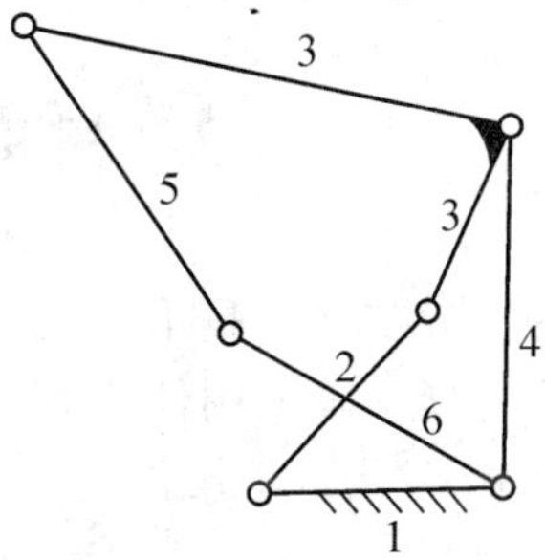

图 4.12　机构的叠联

图 4.13 所示是一种电动玩具马的传动机构，其由曲柄摇块机构安装在两杆机构的转动构件 4 上组合而成。当机构工作时分别由转动构件 4 和曲柄 1 输入转动，从而使马的运动轨迹是旋转运动和平面运动的叠加，产生了一种飞奔向前的动态效果。

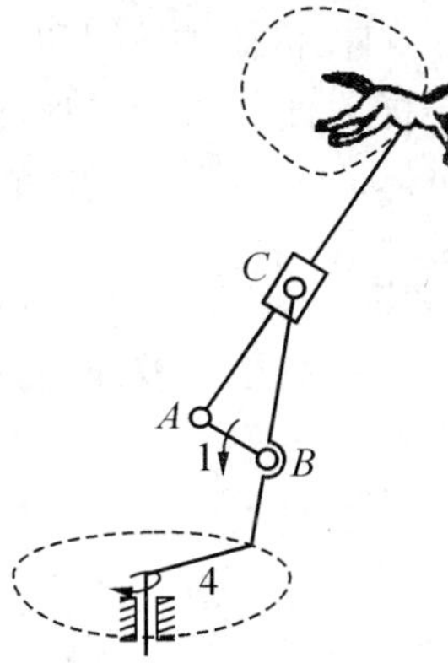

图 4.13　电动玩具马

图 4.14 所示为工业机械手。工业机械手的手指 A 为一开式运动链机构，安装在水平移动的气缸 B 上，而气缸 B 叠加在链传动机构的回转链轮 C 上，链传动机构又叠加在 X 形连杆机构 D 的连杆上，使机械手的终端实现上下移动、回转运动、水平移动以及机械手本身的手腕转动和手指抓取的多自由度、多方位的动作效果，以适应各种场合的作业要求。

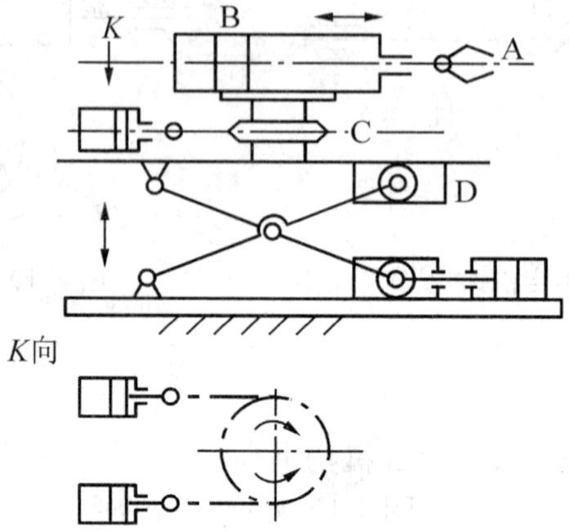

图 4.14　工业机械手

4.3　机构的变异与演化及实例分析

机构的变异与演化是指用改变机构中某些构件的结构形状、运动尺寸，用不同构件为机架或原动件增加辅助构件等方法，使机构获得新的功能、特性和结构，以满足设计要求的方法。

4.3.1　连杆机构的变异演化

1. 改变运动副的尺寸

转动副的扩大主要指转动副的销轴和销轴孔在直径尺寸上的增大，但各构件之间的相对运动关系并没有发生改变，这种变异机构常用于泵和压缩机等机械装置中。

图 4.15 所示是一个变异后活塞泵的机构简图。可以看出，变异后的机构与原机构在组成上完全相同，只是构件的形状不一样。偏心盘和圆形连杆组成的转动副使连杆紧贴固定的内壁运动，形成一个不断变化的腔体，这有利于流体的吸入和压出。

2. 改变构件的形状和尺寸

机构是经过局部结构改变以后的导杆机构，普通的摆动导杆机构在两极限位置只作瞬时的停歇，而图示的导杆机构可以在左边极限位置作长时间的停歇，原因是当曲柄上的滚子在圆弧槽中运动时，导杆停歇不动，如图 4.16 所示。

4.3.2　凸轮机构的变异演化

图 4.17 所示为一普通的摆动从动件盘形凸轮机构，若将凸轮固定为机架，原机架为作

回转运动的原动件，再将各构件的运动尺寸作适当的改变，就变异为用于异型罐头的封口机构。

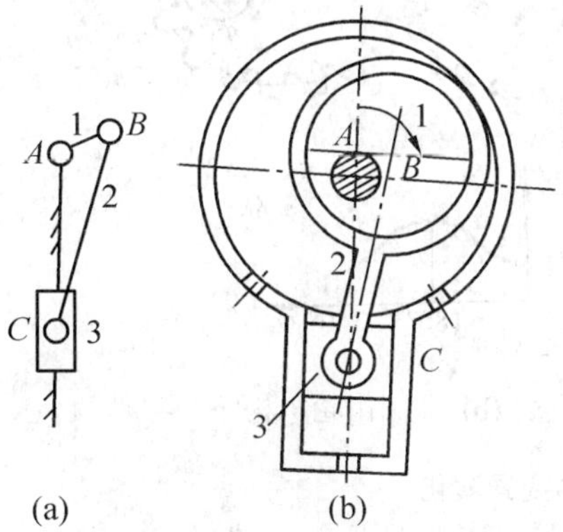

图 4.15　活塞泵机构

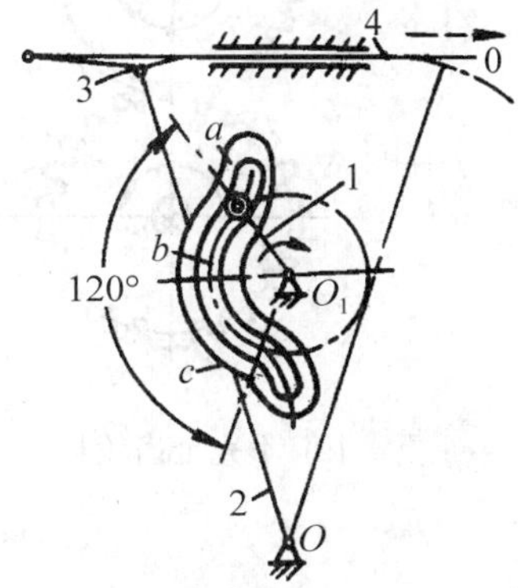

图 4.16　导杆机构

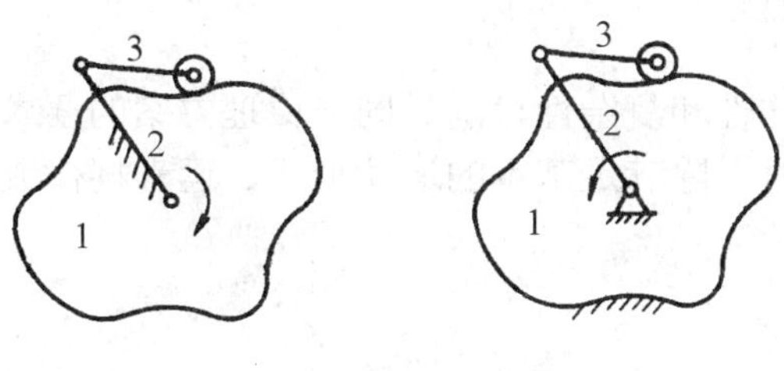

图 4.17　异型罐头的封口机构

如图 4.18 所示，若将直线廓形的移动凸轮 1 外包在圆柱体上，凸轮廓线就成为圆柱面上的螺旋线，于是演变成螺旋机构，如图 4.19 所示。

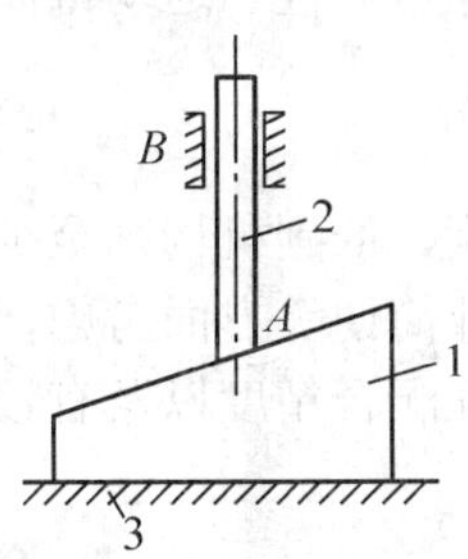

图 4.18　移动凸轮机构

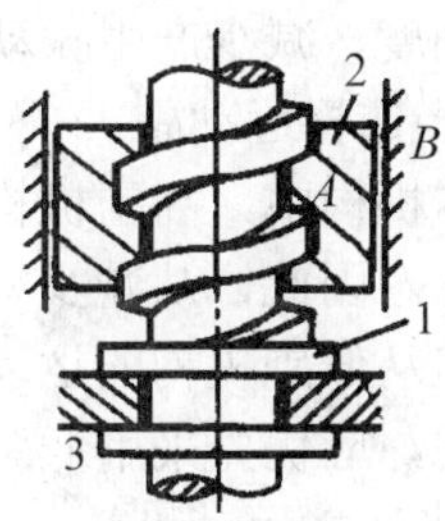

图 4.19　螺旋机构

4.3.3　齿轮机构的变异演化

齿轮也可以认为是由多条相同的凸轮廓线形成的，相应的从动轮则是由多个相同的从动件固联而成，两轮形成一齿接一齿的传动，这就是齿轮机构。若其中一个齿轮上仅存留部分轮齿，那么就是不完全齿轮机构，它的从动轮可完成单向间歇运动，如图 4.20(a)所示。若齿轮中作纯滚动的节线为非圆，则成为非圆齿轮机构，如图 4.20(b)所示，其从动轮作非匀速运动。

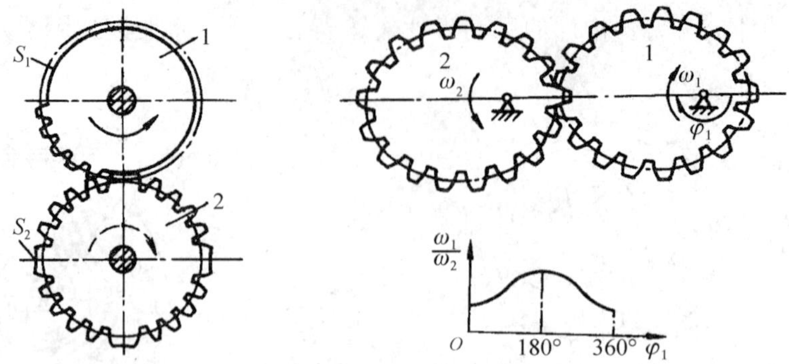

(a) 不完全齿轮机构　　(b) 非圆齿轮机构

图 4.20　齿轮机构的变异演化

4.4　机构形式设计的原则

机构形式设计具有多样性和复杂性，满足同一原理方案的要求，可采用不同的机构类型。在进行机构形式设计时，除满足基本的运动形式、运动规律或运动轨迹要求外，还应遵循以下几项原则。

1. 机构尽可能简单

1) 机构运动链尽量简短

完成同样的运动要求，应优先选用构件数和运动副数最少的机构，这样可以简化机器的构造，从而减轻重量、降低成本。此外也可减少由于零件的制造误差而形成的运动链的累积误差，从而提高零件的加工工艺性和增强机构的工作可靠性。运动链简短也有利于提高机构的刚度、减少产生振动的环节。

2) 适当选择运动副

在基本机构中，高副机构只有 3 个构件和 3 个运动副，低副机构则至少有 4 个构件和 4 个运动副。因此，从减少构件数和运动副数，以及设计简便等方面考虑，应优先采用高副机构。但从低副机构的运动副元素加工方便、容易保证配合精度以及有较高的承载能力等方面考虑，应优先采用低副机构。

3) 适当选择原动机

执行机构的形式与原动机的形式密切相关，不要仅局限于选择传统的电动机驱动形式。在只要求执行构件实现简单工作位置变换的机构中，采用气压或液压缸作为原动机同采用电动机驱动相比，可省去一些减速传动机构和运动变换机构，从而可缩短运动链，简化结构，且具有传动平稳、操作方便、易于调速等优点。

4) 选用广义机构

不要仅限于刚性机构，还可选用柔性机构，以及利用光、电、磁和利用摩擦、重力、惯性等原理工作的广义机构，许多场合可使机构更加简单、实用。

2. 尽量缩小机构尺寸

机械的尺寸和重量随所选用的机构类型不同而有很大差别。众所周知，在相同的传动比情况下，周转轮系减速器的尺寸和重量比普通的定轴轮系减速器要小得多。在从动件要求作较大行程直线移动的条件下，齿轮齿条机构比凸轮机构更容易实现体积小、质量轻的目标。但如果要求原动件做匀速转动、从动件作较大行程的往复直线运动，那么齿轮齿条构件需增加换向机构，从而增加了结构的复杂程度，这时采用连杆机构可能更为合适。

3. 应使机构具有较好的动力学特性

机构在机械系统中不仅传递运动，而且还要起到传递和承受力(或力矩)的作用，因此要选择有较好动力学特性的机构。

1) 采用传动角较大的机构

要尽可能选择传动角较大的机构，以提高机器的传力效益，减少功耗。尤其是对于传力大的机构，这一点更为重要。如在可获得执行构件为往复摆动的连杆机构中，摆动导杆机构最为理想，其压力角始终为零。从减小运动副摩擦、防止机构出现自锁现象考虑，应尽可能采用全由转动副组成的连杆机构，因为转动副制造方便、摩擦小，机构传动灵活。

2) 采用增力机构

对于执行构件行程不大，而短时克服工作阻力很大的机构(如冲压机械中的主机构)，应采用“增力”的方法，即瞬时有较大机械增益的机构。

4.5　组合机构的尺寸综合

组合机构的尺寸综合，是综合与机构运动有关的尺寸，如构件上各运动副之间相对位置的尺寸等。组合机构尺寸综合的思路大致有两类。一类是按机构的组合方式导出已定组合机构的运动方程式，然后将它逼近给定的函数，解出组合机构中各未知参数，一般称其为分析综合。这种综合的方法，优点是思路明确，理论上可以使用在各类组合机构的综合。缺点是对于各个不同的组合机构，均要导出其运动方程式，对于基本机构和简单的组合机构来说，这是可能的。但一般情况下，导出的运动方程式很复杂，难于综合。另一类综合方法是根据给定的要求，按组合方式，选定一些基本机构，再综合另一些基本机构，一般称为直接综合。由于这种综合方法，不必预先导出整个机构的运动方程式，因而简化了综合过程。但是，先选什么基本机构，按什么原则综合另一些基本机构的决策过程，在很大程度上要依赖于设计者的理论知识和实践经验。在实际的综合中，为取得更好的综合效果，往往两种方法兼用，互相取长补短。

4.5.1　串联式机构组合尺寸综合

串联式机构组合的 I 型串联是由两个以上的基本机构依次串联而成的；II 型串联轨迹点的串联，连接点也可以设在前置机构中做复杂运动的连杆上。下面分别进行这两种类型的机构设计。

1. 有急回特性对心曲柄滑块机构设计

曲柄连杆机构与曲柄滑块机构的串联组合机构使心曲柄滑块机构有急回特性。如图 4.21 所示，已知滑块 6 的行程 H、许用传动角$[\gamma]$、摇杆的长度 l_3、摇杆 3′ 的起始角 φ'、行程速比系数 K 以及 3 与 3′ 的固结角 β，求曲柄 1、摇杆 3′ 、连杆 5 和 2 以及机架的长度l_1、l_2、$l_{3'}$、l_5及$l_{4'}$。

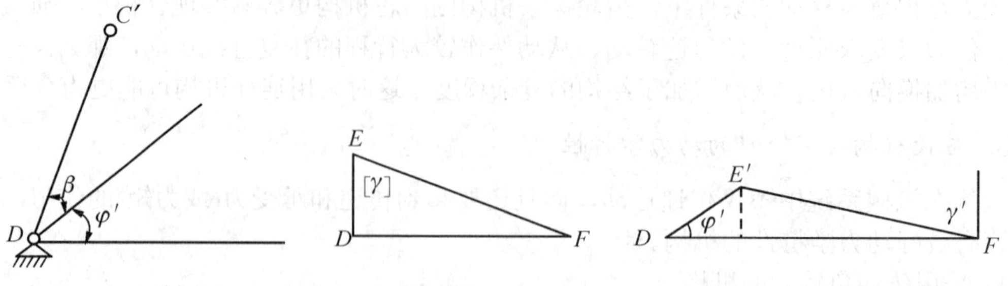

图 4.21 初始条件

解：在图 4.21(b)中，当$DE \perp DF$时，该摇杆滑块机构的传动角达到最小值，因此，为保证摇杆滑块机构的传动角等于或大于[γ]，则应取：

$$l_{3'} = l_5 \cos[\gamma] \tag{4-1}$$

在图 4.21(c)中，根据总体布置，选定摇杆 3′ 的起始位置时，D、F′之间的距离$l_{DF'}$，则得：

$$l_{3'} \sin\varphi' = l_5 \cos\gamma' \tag{4-2}$$

$$l_{DF'} = l_{3'} \cos\varphi' + l_5 \sin\gamma' \tag{4-3}$$

由式(4-1)、式(4-2)得：

$$\gamma' = \arccos(\sin\varphi' \cos[\gamma]) \tag{4-4}$$

由式(4-3)、式(4-4)得：

$$l_{3'} = \frac{l_{DF'} \cos\gamma'}{\cos(\gamma' - \varphi')} \tag{4-5}$$

由式(4-1)得：

$$l_5 = \frac{L_{3'}}{\cos[\gamma']} \tag{4-6}$$

当l_5、$l_{3'}$求出后，作摇杆滑快机构的起始位置$DE'F'$。量取$F'F'' = H$的点F''，以F''为圆心、以l_5为半径画弧，与点E运动的圆弧交于点E''，则$\angle E''DE' = \psi$(摆角)。量取$\angle C''DC' = \psi$得摇杆 3 的左极限位置(如图 4.22 所示)。按机械原理中的方法可以求出其他杆长(如图 4.23 所示)。

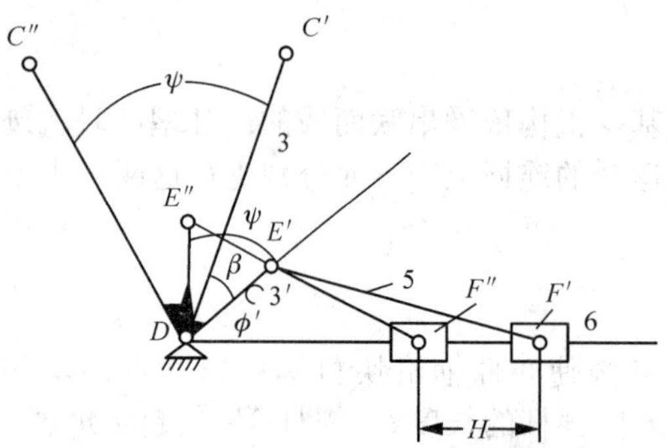

图 4.22 摇杆 3 的左极限位置设计

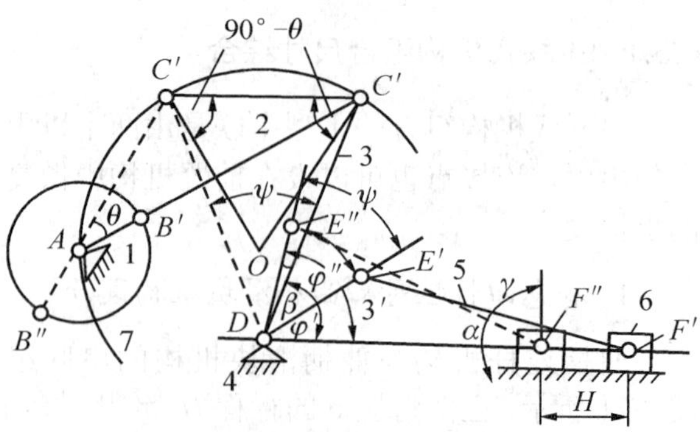

图 4.23 有急回特性对心曲柄滑块机构设计

2. 轨迹点的串联

设计织布机开口机构，要求从动件 5 作单向间歇转动，每转过 180° 后停歇一次，停歇时间约占 1/3.6 周期(如图 4.24 所示)。对于这种运动要求，一般难于用基本机构实现，通常可利用轨迹上的圆弧或直线段来实现从动件的停歇要求。

如图 4.24(a)所示，从动构件 5 上有一滑块 4，若 4 上的一点 M 能走点划线所示轨迹，则构件 5 就能实现转后停歇一次的要求。于是问题就归结为设计这样一个机构，其连杆上的 M 点能走图示轨迹，且 M 点在直线段动的时间约为 1/3.6 周期(相应主动件转过的角度为 100°)。有不少机构，其作平面运动构件上的点具有近线段的轨迹。如图 4.24(b)所示，由曲柄滑块机构来实现本例所提要求，则 M 点的轨迹方程式为：

$$r\cos\varphi+(l+b)\cos\theta=x_M \tag{4-7}$$

$$b\sin\theta=y_M \tag{4-8}$$

$$x_M=r\cos\varphi+\frac{l+b}{l}\sqrt{l^2-r^2\sin^2\varphi} \tag{4-9}$$

$$y_M=\frac{br}{l}\sin\varphi$$

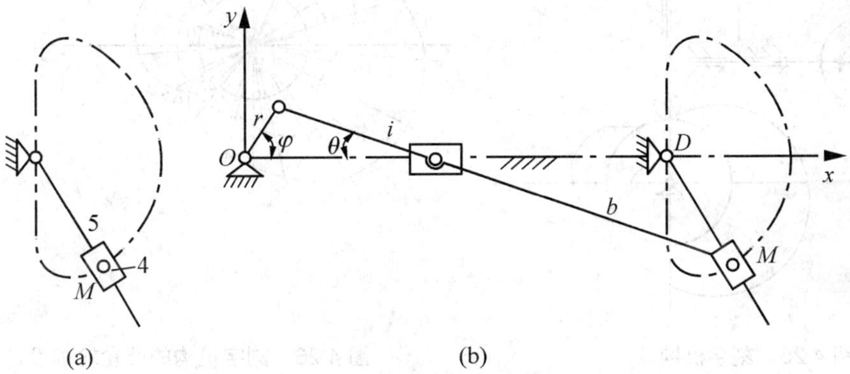

图 4.24　织布机开口机构

因图示机构具有对称轨迹，所以可只在 φ=130° ～180° 间选 3 点形成近似直线段，令选：φ=130° 时，$x_M=59.9$；φ=150° 时，$x_M=59.8$；φ=180° 时，$x_M=60.0$。代入上式得 3 个方程，联立解得：

$$r=9.979,\ l=23.938,\ b=46.041$$

所设计机构系统的运动简图如图 4.24(b)所示。

4.5.2　并联式机构组合尺寸综合

实现一条平面曲线，需要两个独立变量，所以首先选定组合机构中两自由度基础机构的形式，然后将给定轨迹分解成两个位移函数(位移线图)，最后按此函数(或线图)设计组合机构。在许多设备中，为实现预定的运动轨迹，常采用由两个凸轮机构组成的联动凸轮组合机构。

【例】 设计一并联组合机构实现“R”轨迹的刻字机构。

若选用两自由度滑块机构作为基础机构，用两个凸轮机构作输入附加机构，两凸轮以同速转动(如图 4.25 所示)，则刻字机构可按下述顺序进行设计。

将轨迹分解为两个位移线图；按拟定的描绘路线先确定凸轮的单位转角数目 n 和单位转角 $\Delta\varphi$ 的大小。图 4.26 中 n=30，故两凸轮的单位转角均为：

$$\Delta\varphi=\frac{360^\circ}{n}=\frac{360^\circ}{30}=12^\circ$$

再按拟定的描绘路线先确定凸轮机构的位移——转角线图 $x=x(\varphi_A)$ 及 $y=y(\varphi_A)$。最后，可按位移线图画出凸轮 1、2 的轮廓线(理论轮廓线如图 4.26 所示)。

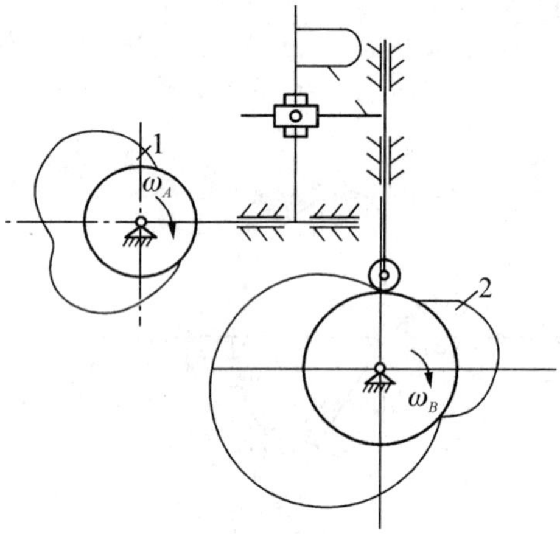

图 4.25　刻字机构

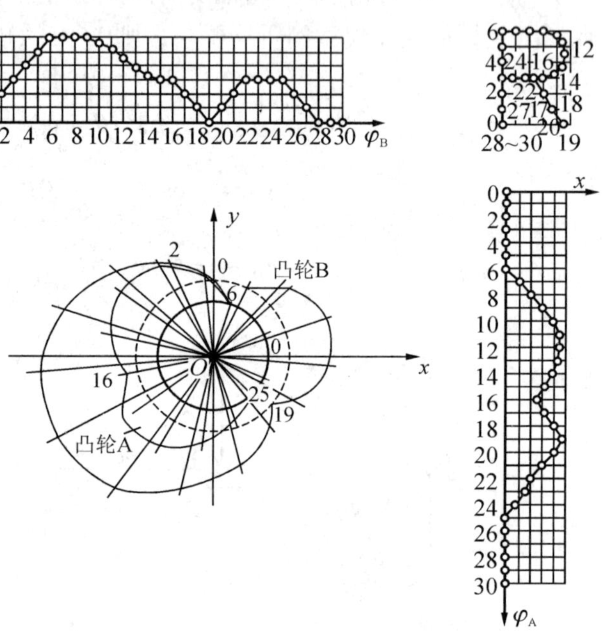

图 4.26　刻字机构的凸轮轮廓设计

4.5.3　复合式机构组合尺寸综合

设计给定运动轨迹 8 的凸轮——连杆组合机构如图 4.27(a)所示，若选定图示 1-2-3-4 五杆机构作基础机构，以 1 作曲柄，等速输入，杆 4 由凸轮机构输入，凸轮与曲柄固连在一起转动。则先选定五杆机构尺寸：按机器的总体布置或其他条件选定曲柄轴心 A 的位置，然后找出且与轨迹之间的最近点 c' 及最远点 c'' 如图 4.27(b)所示，从而确定构件 1 及 2 的尺寸，即

$$l_1=\frac{1}{2}(l_{AC''}-l_{AC'}) \tag{4-10}$$

$$l_2=\frac{1}{2}(l_{AC'}+l_{AC''}) \tag{4-11}$$

同时，在曲线 S 上找出与构件 4 移动导线之间的最远距离 h_{max}，从而选定构件 3 的尺寸，使 $l_3>h_{max}$。

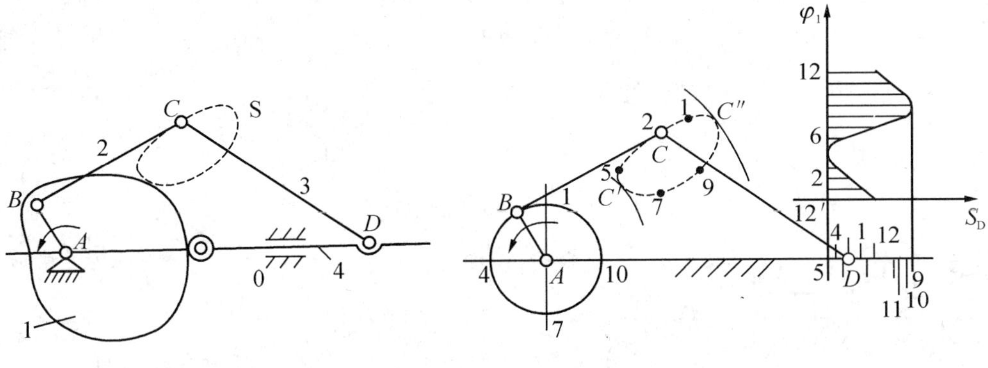

(a)　　(b)

图 4.27　实现给定轨迹 S 的机构

五杆机构的尺寸确定后，将曲柄圆分为几等分(图中 n=12)，并用作图法找出 C 、D 两点对应于 B 点的各个位置，即可绘出构件 4 相对于构件 1 的位移曲线 $s_D=(\varphi_1)$，如图 4.27(b)所示，最后，按位移曲线即可设计出凸轮廓线。

4.5.4　机构的叠加综合设计

叠加组合机构的特点是参加组合的各个机构各自完成自己的任务，然后按叠加关系叠合成总的运动。而这类机构系统在综合时，可根据其组合的特点，首先分析对系统所提出的运动要求；研究此要求是否可按运动叠加原理进行分解。若能，则按“各司其职”的原则，设计完成各自运动或动作的机构，最后根据其分解的关系叠加起来。

【例】 如图 4.13 所示机构为叠加组合机构，马飞奔前进的运动形态可由 3 个运动参数合成，即马的俯仰运动(参数 θ)、马的高低位置变化(参数 h)、马的前进运动(参数 s)，根据运动分解后的参数，可分别设计完成 θ 、h 、s 运动的机构，使三参数有以下的配合关系，在爬高过程中 h 增大，仰角 θ 增加；在下降过程中 h 减小，俯角(θ)变大。而在整个过程中，马重心 M 的绝对位移应是正向位移(或正向速度 V_M，3 个运动叠加，就可看到马飞奔向前的运动形态。

4.5.5　机构的时序组合设计

完成各自动作(运动)的机构按动作(运动)协调的时间顺序分支、并列，称时序式组合。

图 4.28 所示为粉料压片机的机构系统，压片工艺动作顺序如图 4.29 所示。

(1) 如图 4.29(a)所示，移动料斗 3，将粉料送至模具 II 的型腔上方待装料，并将上一循环已成形的工件 10 推出(卸料)。

(2) 如图 4.29(b)所示，料斗振动，将粉料筛入型腔。

(3) 如图 4.29(c)所示，下冲头 5 下沉一定深度，以防止上冲头 9 向下压制时将粉料扑出。

(4) 如图 4.29(d)所示，上冲头向下，下冲头向上加压，并保压一定时间。

(5) 如图 4.29(e)所示，上冲头快速退出，下冲头随着将成形工件推出型腔。

图 4.28 所示中凸轮连杆机构 1-3(I)完成工艺动作(a)、(b)；凸轮机构 6-5(I)完成动作(c)；串联连杆机构 7-9(III)及凸轮机构 4-5(IV)配合完成动作(d)、(e)。整个机构系统可由一个电动机带动，所以构件 1、4、6、7 可装在同一根分配轴上或用机构系统连接起来。

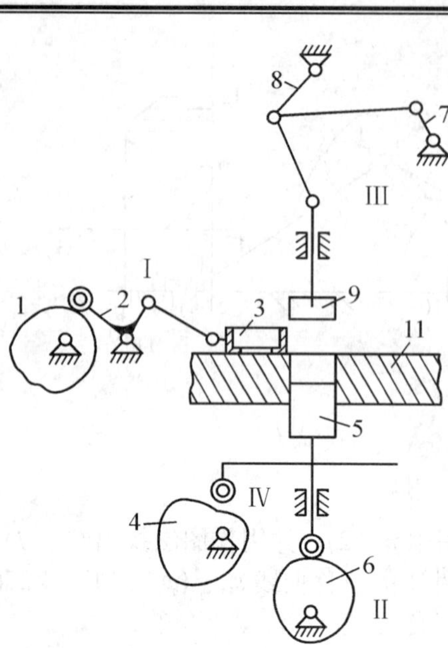

图 4.28　粉料压片机的机构系统

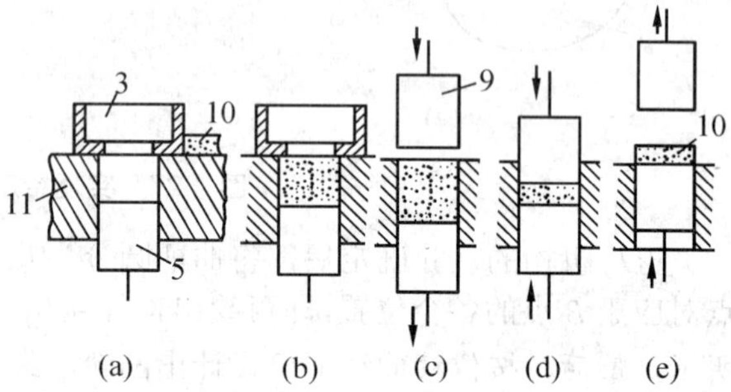

图 4.29　压片工艺动作顺序

在设计时序式组合机构系统时，首先应按运动或动作协调的时序制定运动循环图，确定各分系统机构动作的先后顺序。如图 4.30 所示，图中横坐标为机构系统主动件的转角，纵坐标为各分系统从动件的运动。该图着眼于运动的起讫位置，而不能准确表示出运动规律。当然，在安排机构动作的时间顺序时，有些机构的动作没有完成之前，另一些机构可以开始动作起来，只要运动不互相干涉，如当下冲头开始下沉时，上冲头可以同时开始下压，其他机构也可视情况重叠安排动作时间，这样可增长机构动作时间，改善机构的动力性能。在进行机构系统的装配时，也要依据运动循环图来调整各分系统主动件间的相对位置。运动循环图确定后，再设计确定各机构的尺寸。

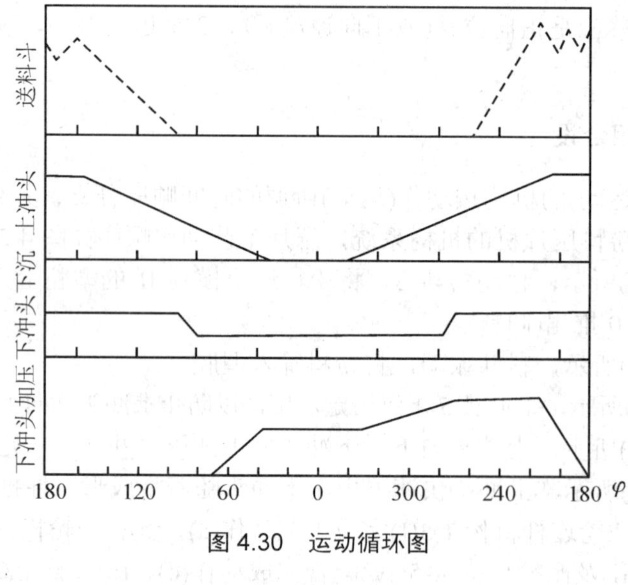

图 4.30　运动循环图

4.6 应用举例

4.6.1 飞剪机机构设计

1. 设计要求

(1) 剪刃在剪切扎件时要随着运动着的扎件一起运动，即剪刃应同时完成剪切与移动两个动作。

(2) 两个剪刃应具有较好的剪刃间隙，为此，在剪切过程中，剪刃最好作平面平行运动，即剪刃垂直于扎件表面。

(3) 剪刃返回时，不得阻碍扎件的连续运动，即剪刃空行程不得有运动干涉。

2. 飞剪机机构选型

(1) 采用双四杆剪切机构。该方案由两套完全对称的铰链四杆机构组成，如图 4.31 所示，曲柄 1 与 1′ 同步运动，上下剪刃分别与连杆 2 和 2′ 固接。如果曲柄与摇杆的长度相差不大，剪刃则能近似做平面平行运动，故剪刃在剪切时刀刃垂直于扎剪，使件切面较为平直，剪切时刀刃的重叠也容易保证。

(2) 采用摆式剪切机构。摆式剪切机构为六杆机构如图 4.32 所示，构件 1 为主动剪，通过连杆 2 和导杆 4 及摆杆 5 使滑块 3 相对于导杆有相对移动，又随导杆一起摆动。

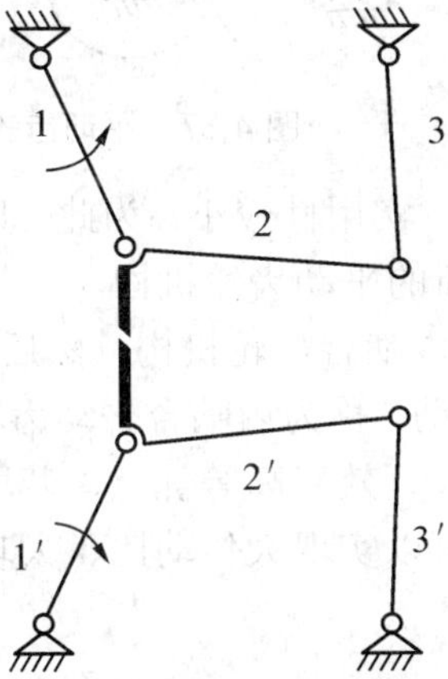

图 4.31 双四杆剪切机构

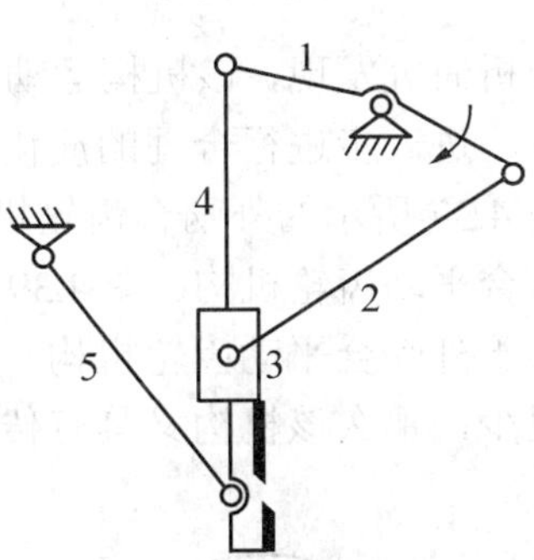

图 4.32 摆式剪切机构

(3) 采用双滚筒式剪切机构如图 4.33 所示，刀片的角速度是不等的，经过主动构件的两三转后，当圆周速度相等时，两刀片相遇。

(4) 采用飞剪剪切机构如图 4.34 所示，选择传动构件的尺寸可以改变上剪刀的运动轨迹，实现剪切。

4.6.2 平行齿轮机构的演化

图 4.35 所示是一个平行四边形机构，图 4.36 所示是一个齿轮机构，将这两种基本机构进行叠加组合，BC 杆与齿轮 Z_2 固联，得到图 4.37 所示的机构。该机构具有如下特点：在

运动过程中，齿轮 Z_2 由于和杆 BC 固联，所以始终作平动，同时继续与齿轮 Z_1 保持啮合，是一种全新的齿轮机构，称为平动齿轮机构(如图 4.37 所示)。

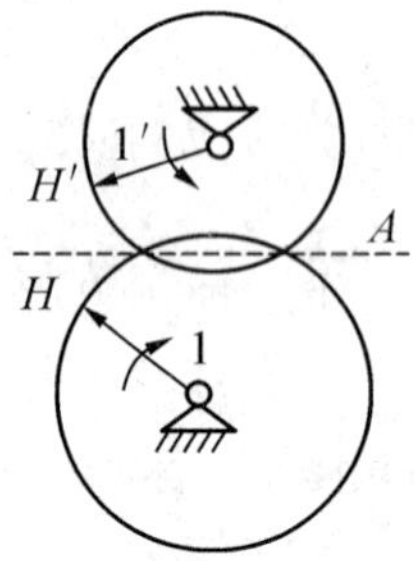

图 4.33　双滚筒式剪切机构

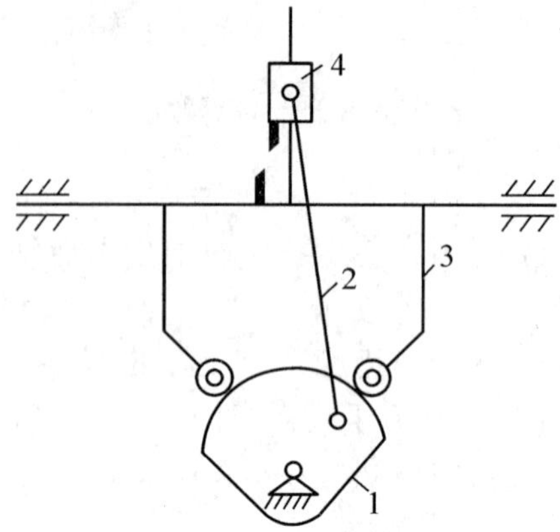

图 4.34　飞剪剪切机构

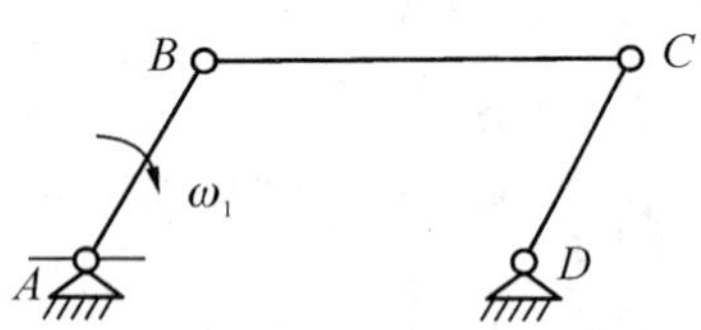

图 4.35　平行四边形机构

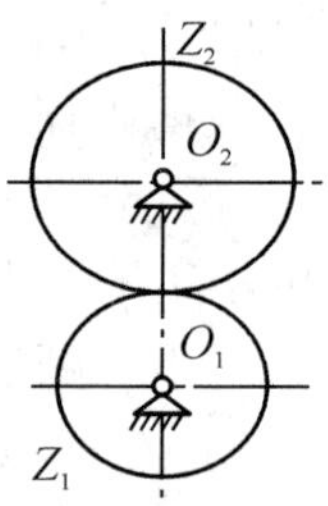

图 4.36　齿轮机构

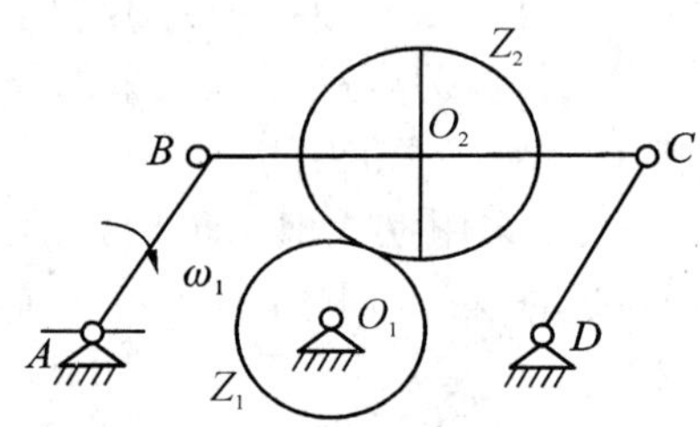

图 4.37　平动齿轮机构

经分析研究发现，该机构运动起来后外形尺寸过大， 实用性较小。为此，以减小尺寸为出发点，进一步进行合理的演化创新，可获得一系列新的平动齿轮机构。

将图 4.37 所示的外啮合齿轮机构换成图 4.38 所示的内啮合齿轮机构，然后进行组合，得到内啮合平动齿轮机构。图 4.39 中内齿轮 Z_1 随连杆平动，称为内啮合平动齿轮机构，其尺寸要小于外啮合平动齿轮机构。该机构具有传动功率大、效率高等优点，若取两齿轮的齿数差很少，那么该机构又具有传动比大的优点，从而可以实现大传动比、大功率、高效率传动。

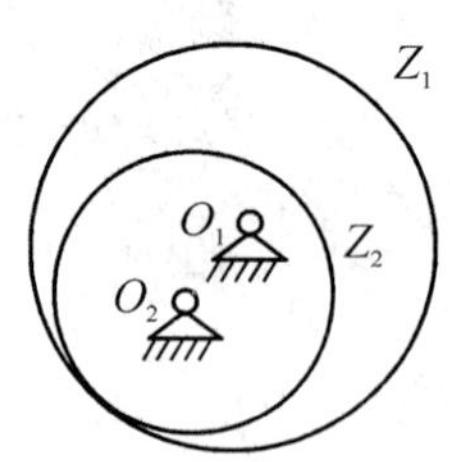

图 4.38　内啮合齿轮机构

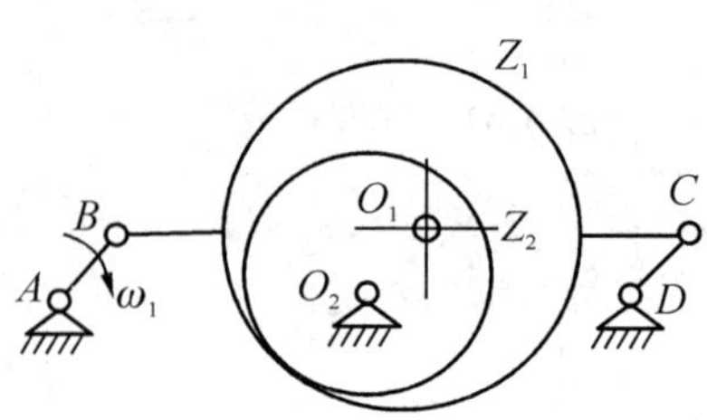

图 4.39　内啮合平动齿轮机构

内啮合平动齿轮机构在应用于实际时，构件在运动过程中的惯性力不易平衡，所以运动稳定性较低。为此，利用增加辅助机构的方法，采用了两组和 3 组相同的机构，这样就解决了运动过程中构件惯性力的平衡问题(如图 4.40～图 4.42 所示)。

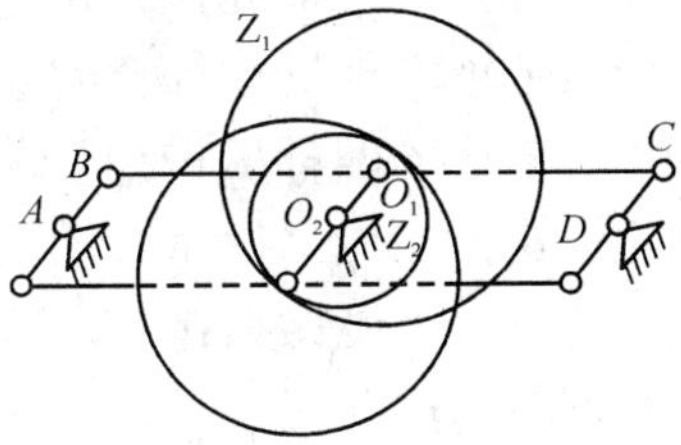

图 4.40　内二环平动齿轮机构

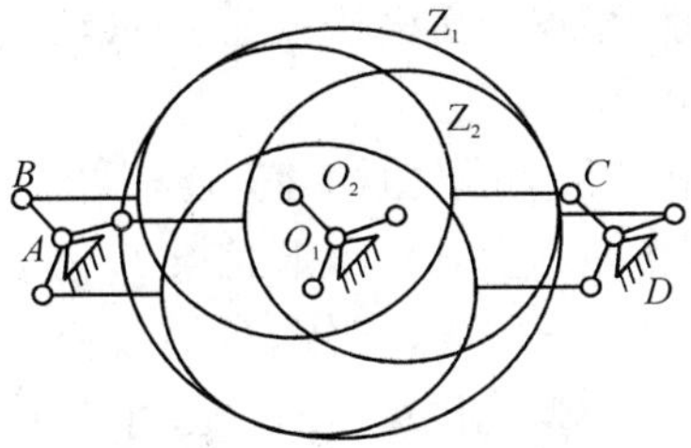

图 4.41　内三环平动齿轮机构

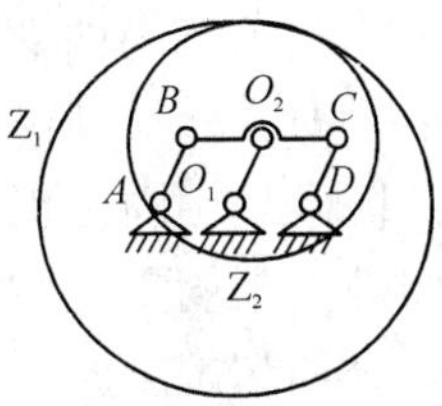

图 4.42　内啮合外平动齿轮机构

4.6.3　抽油机设计

油田常用的抽油机机构(如图 4.43 所示)，当曲柄 1 逆时针转动时，游梁 3 顺时针绕 D 点摆动，驴头 4 带动抽油杆 5 上升，完成抽油动作，它利用了杠杆原理，将曲柄的快速转动转换为抽油杆的低速上下往复移动，完成抽油工作。对其分析发现，当抽油时，抽油杆上升，此时曲柄克服抽油的工作阻力与油杆的重量，从而使连杆受拉，当返回时，抽油杆下降，使驴头下摆，同样致使连杆受拉，但此时抽油机的电动机是发电状态不利于电动机寿命的提高。

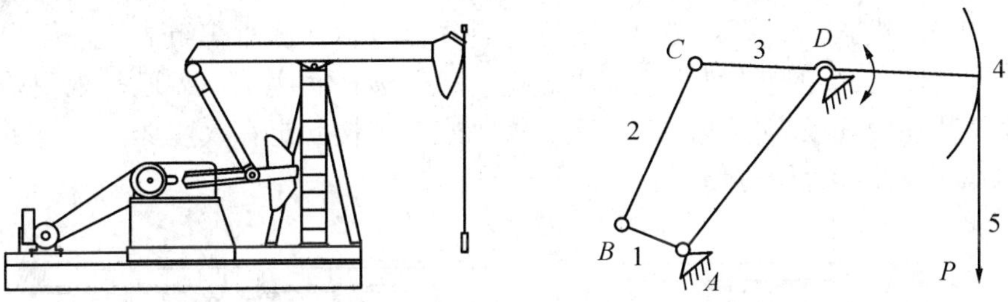

(a) 油梁式抽油机　　(b) 油梁式抽油机结构简图

图 4.43　油田常用抽油机机构原理图

对此机构进行创新设计，通过分析对原先的机构进行创新设计，提出了如图 4.44 所示的双头抽油机方案。

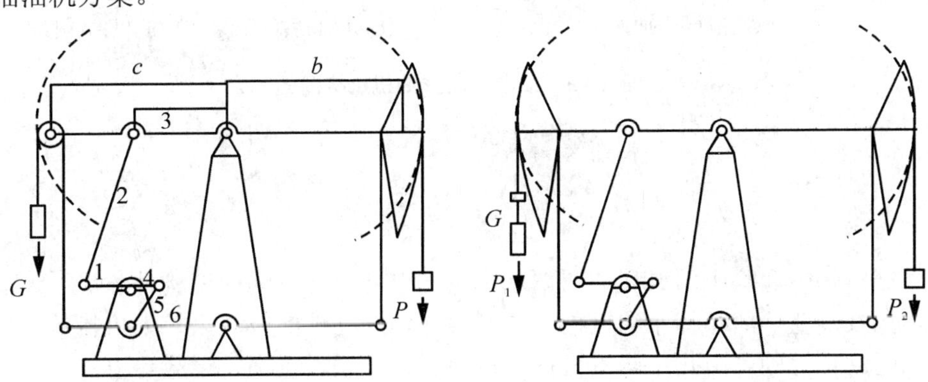

(a) 抽油机动力平衡机构　　(b) 双头抽油机机构

图 4.44　双头抽油机机构原理图

对双头抽油机增程与驱动力平衡机构的工作原理进行分析。首先，分析此机构是由常规游梁抽油机的曲柄摇杆机构、左侧平衡重带轮增力机构和右侧带轮增程机构综合而成。其中，上曲柄摇杆机构是由固定机架曲柄 1、连杆 2 和上游梁 3 构成的四杆机构；下曲柄摇杆机构是由固定机架曲柄 4、连杆 5 和下游梁 6 构成的四杆机构；左侧平衡重带轮增力机构是由平衡重、平衡轮、上下游梁、平衡带机架构成，平衡轮与上下游梁铰接。平衡带两端分别与上下游梁左端和平衡重联接，且绕过平衡轮。当上下游梁摆动时，平衡重随平衡轮上下运动，并借助平衡轮和平衡带，将平衡重的 2 倍和 1 倍质量，分别加到上游梁左端和下游梁左端，从而使上下冲程的曲柄驱动力均达到均载，这样就不至于使电动机在回程的时候处于发电状态，驱动力也能很好地平衡，因此大大改善了抽油机的状态。

在一些场合中又要求输出件相互配合，完成一些复杂的工艺性动作，这时应对上边的机构进行改造设计，设计的主要问题是两个并联机构动作的协调和时序控制。联机配对游梁式抽油机就是利用此原理，如图 4.45 所示。由一套电机和减速器作为机构的输入，然后分别由常规型游梁式抽油机如图 4.45(a)所示和异相型游梁式抽油机如图 4.45(b)所示输出，该机构有严格的运动协调和能量协调关系。首先通过改变连杆及运动部件之间的相对尺寸，来保证在常规型游梁式抽油机的驴头悬点达到最低点时，异相型游梁式抽油机的驴头悬点在最高点，反之亦然。同时，取消了曲柄上的配重，减轻了整机的重量，省去了一套电机和减速器，并且在曲柄旋转一周的过程中该机构实现两个工作行程。它主要由电机、减速器、曲柄、连杆、横梁、驴头、支架、底座、悬绳器以及平衡重等组成。左侧为常规型游梁式抽油机，右侧为异相型游梁式抽油机。电动机安装在底座上，靠近常规型游梁式抽油机。减速器安装在用钢板焊接成的高底座上，高底座焊接固定在底座体上。整机安装、操作、维修和修井作业都比较方便。

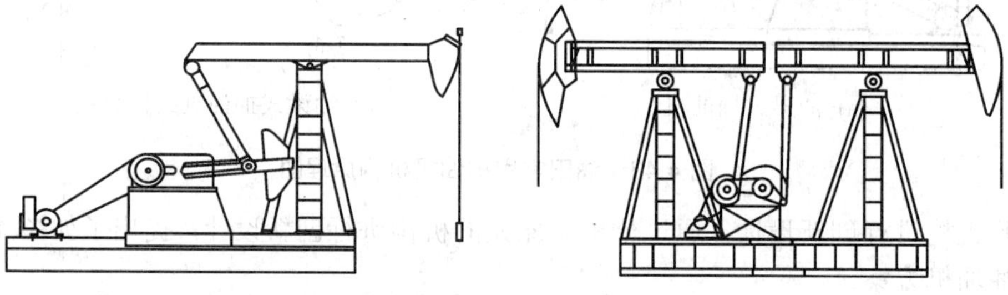

(a) 原始油梁式抽油机　　(b) 串联后的油梁式抽油机结构图

图 4.45　改造前后抽油机机构简图

小　　结

在生产实际中，除应用典型的所谓基本机构以外，还常用改变构件长度、运动副形状和尺寸，以及倒置等演绎体系的机构，或用增加辅助构件的办法来扩大机构的特性范围。更复杂的运动特性则可由几个基本机构经过串联、并联、反馈、运载等方式组合成机构系统来实现。本章着重介绍机构的组合和变异，但是在进行机构形式选择时，除满足基本的运动形式、运动规律或运动轨迹要求外，还应遵循机构尽可能简单、尽量缩小机构尺寸和使机构具有较好的动力学特性等原则。最后，简要介绍方案设计的一般方法，为设计机构系统提供一条思考路线。

习　　题

4-1 机构组合的目的是什么？有哪几种组合方式？

4-2 机构的变异有哪几种方式？

4-3 机构形式设计的原则有哪些？

4-4 在图 4.46 所示的连杆-齿轮机构中，在输出位移相同的前提下，其曲柄比一般对心曲柄滑块机构的曲柄长可缩小一半，可以实现缩小整个机构尺寸的目的。利用了小齿轮 3 的节圆与活动齿条在 E 点相切作纯滚动，而与固定齿条相切在 D 点，且为绝对瞬心。试求证活动齿条上 E 点的位移是 C 点位移的两倍，是曲柄长的 4 倍。

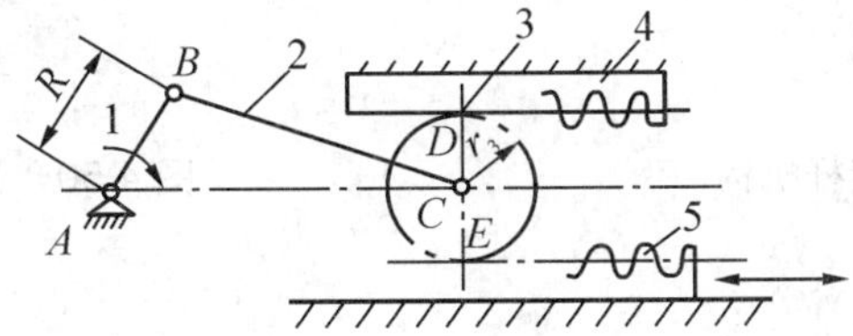

图 4.46　连杆-齿轮机构

4-5 如图 4.47 所示的机构中，连杆 CE 上受有 P 力作用，从而使滑块 E 产生向下的冲压力 Q，则 $Q=P\cos\alpha$。随着滑块 E 的下移，α 减小、力 Q 增大。

若串联一个铰链四杆机构 $ABCD$ 作为前置机构，如图 4.48 所示，设连杆受力为 F，此时，滑块 E 下移，在 α 减小的同时，L 增大，S 减小。在 F 不增大的条件下，试求后置机构执行构件滑块 E 所受的冲压力。

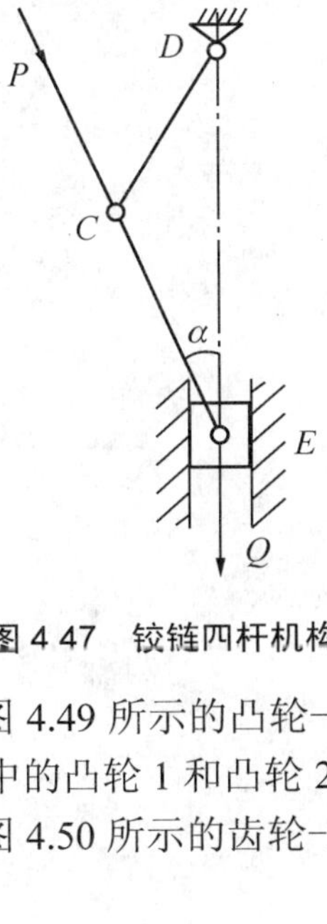

图 4.47　铰链四杆机构

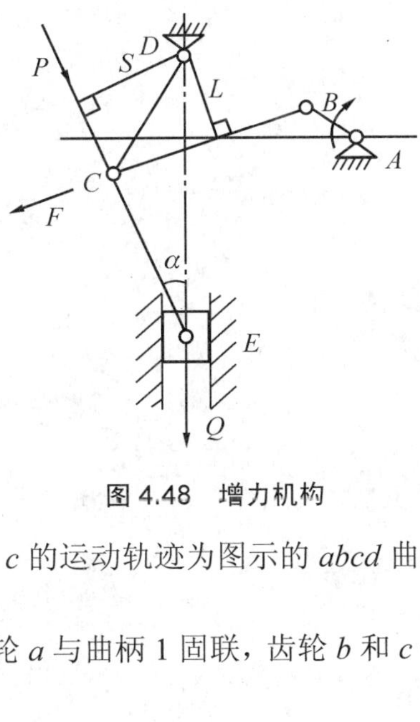

图 4.48　增力机构

4-6 在图 4.49 所示的凸轮-连杆机构中，拟使点 c 的运动轨迹为图示的 $abcd$ 曲线。试设计该机构中的凸轮 1 和凸轮 2 的轮廓。

4-7 在图 4.50 所示的齿轮-连杆组合机构中，齿轮 a 与曲柄 1 固联，齿轮 b 和 c 分别活

套在轴 C 和 D 上，试证明齿轮 c 的角速度 ω_c 与曲柄 1、连杆 2、摇杆 3 的角速度 ω_1、ω_2、ω_3 之间的关系为

$$\omega_c=\frac{(r_b+r_c)\times\omega_3}{r_c}-\frac{(r_a+r_b)\times\omega_2}{r_c}+\frac{r_a\times\omega_1}{r_c}$$

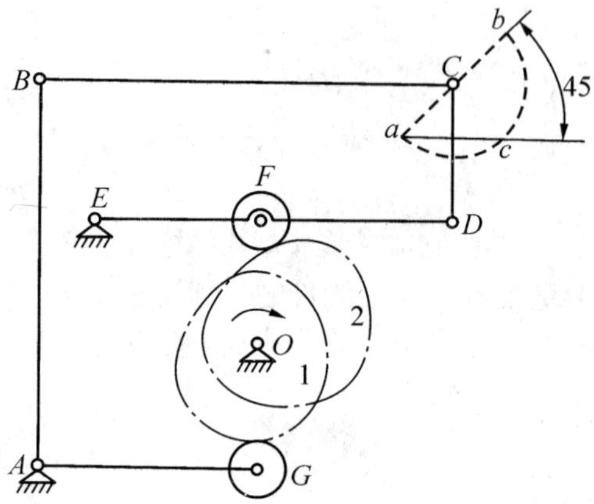

图 4.49　凸轮-连杆机构

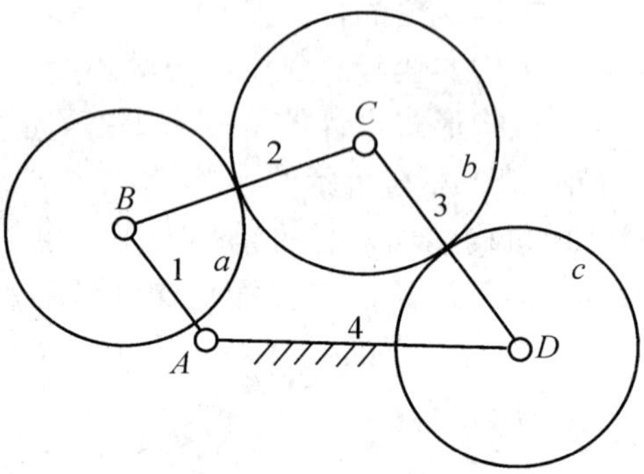

图 4.50　齿轮-连杆组合机构

第 5 章　机构类型变异创新设计

教学提示：机构类型变异创新设计的基本思想是：将原始机构用机构运动简图表示，通过释放原动件、机架，将机构运动简图转化为一般运动链，然后按该机构的功能所赋予的设计约束，演化出众多的再生运动链与相应的新机构。

教学要求：掌握机构类型变异创新设计的基本原理和一般化原则，其中包括高副低代，根据设计的约束条件能将原始机构抽象为一般化运动链，运用综合的方法推衍出众多的再生运动链，并寻求功能相同的新机构。

机器性能的好坏在很大程度上取决于机构的类型、创新设计的优劣，显然有经验的设计师可以设计出好的方案，但是要创造更新颖的机构，对无丰富经验的设计人员来说，常会感到难以下手，借助于机构类型变异创新设计法将会激发其创造力。本章介绍借鉴现有机构的运动链类型，进行类型创新和变异创新的设计方法。

5.1　设 计 方 法

机构类型变异创新设计的方法基于机构组成原理，对各类连杆组合及其异构体进行变换分析，以满足新的设计要求，这种方法的基本思想是：将原始机构用机构运动简图表示，通过释放原动件、机架，将机构运动简图转化为一般运动链，然后按该机构的功能所赋予的设计约束，演化出众多的再生运动链与相应的新机构。

这种机构创新设计方法应明确设计机器的使用要求或该机器应该完成的工艺动作等技术要求，其设计流程如图 5.1 所示。

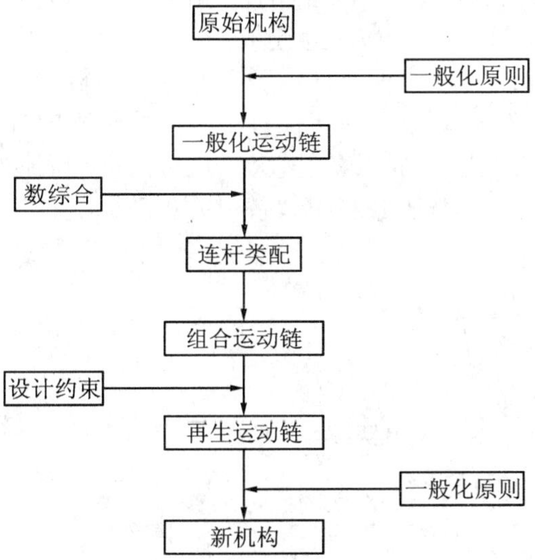

图 5.1　机械类型创新设计流程

5.2　一般化运动链

1. 一般化原则

将原有机构的运动简图抽象为一般化运动链，其原则如下。

(1) 将非刚性构件转化为刚性构件。

(2) 将非连杆形状的构件转化为连杆。

(3) 将高副转化为低副。

(4) 将非转动副转为转动副。

(5) 解除固定杆的约束，机构成为运动链。

(6) 运动链的自由度应保持不变。

最常见的单自由度机构是 N=4 的机构，如图 5.2(a)～(c)所示，无论是铰链四杆机构、曲柄滑块机构还是正弦机构，都可以转换成为如图 5.2(a)所示的仅含杆和转动副的四杆机构。如果是高副机构，如图 5.2(d)～(e)所示的凸轮机构和齿轮机构，可先进行高副低代，而后转换成仅含杆和转动副的四杆机构，如图 5.2(a)所示。

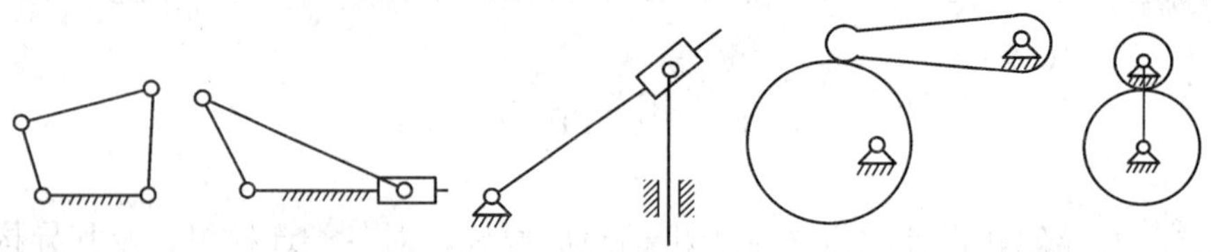

(a) 铰链四杆机构 (b) 曲柄滑块机构 (c) 正弦机构 (d) 凸轮机构 (e) 齿轮机构

图 5.2　常见的四杆机构

同样，各种六杆机构也可以进行如此转换，铰链夹紧机构可以转换成仅含转动副的杆机构。

如图 5.3 所示为一常用的铰链夹紧机构的运动简图。在该机构中，1 为机架，2 和 3 分别为液压缸和活塞杆，5 为连杆，4 和 6 为连架杆，其中，6 是执行构件，用于夹紧工件 7。一般化的原则为：所有非连杆转化为连杆，所有非转动副转化为转动副，而且要求机构的自由度保持不变，各构件与运动副的邻接保持不变，并将固定杆的约束解除，使机构成为一般化运动链。按上述一般化原则，将铰链夹紧机构的运动简图抽象为一般化运动链，将活塞杆 3 和液压缸 2 以标记为 P 的Ⅱ级组代替，并释放固定杆，由此所得的铰链夹紧机构的一般化运动链如图 5.4 所示。

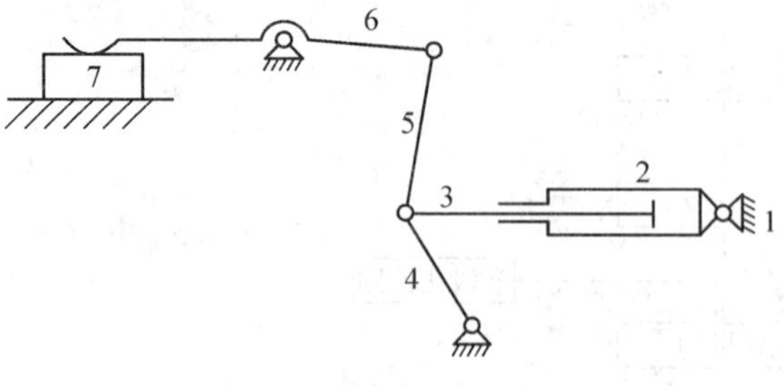

图 5.3　铰链夹紧机构的运动简图

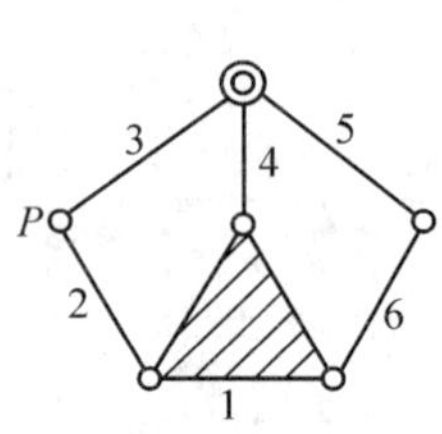

图 5.4　铰链夹紧机构的一般运动链

2. 单自由度运动链的基本类型

机构是将运动链的一杆固定为机架后给出原动件而得到的。设运动链的总构件数为 N，低副数为 P，则由该运动链可得到的机构自由度 F 为：

$$F = 3(N-1) - 2P \tag{5-1}$$

由此得到：

$$P = 3N/2 - (F+3)/2$$

当 $F=1$(单自由度机构)时：

$$P = 3N/2 - 2$$

铰链四杆机构是 $N=4$，$P=4$ 是单环运动链，多环运动链是在单环的基础上每增加 K 个构件和 $(K+1)$ 个运动副即增加一个独立环，故运动链的环数 H 为：

$$H = P - N + 1 \tag{5-2}$$

由于 P、N 均为整数，故 P 与 N 的组合以及运动链的环数 H 见表 5-1。以下仅讨论单自由度运动链的变异创新设计。

表 5-1　单自由度运动链组合表

N	4	6	8	10	…
P	4	7	10	13	…
H	1	2	3	4	…

3. 连杆类配的分类

将机构中固定杆(即机架)的约束解除后，该机构转化为运动链。每一个运动链包含的带有运动副数量不同的各类链杆的组合称为连杆类配。运动链中连杆类配可以表示为

$$L_{\mathrm{A}}(L_2/L_3/L_4/\cdots/L_n) \tag{5-3}$$

其中，令运动链中的二副元素连杆为 L_2，三副元素连杆为 L_3，四副元素连杆数为 L_4，含有 n 个运动副元素的构件为 n 副元素连杆，如图 5.5 所示。

(a) 二副元素连杆　(b) 三副元素连杆　(c) 四副元素连杆　(d) 五副元素连杆

图 5.5　二～五副元素连杆

连杆类配分为自身连杆类配及相关连杆类配两种。

自身连杆类配是原始机构一般化运动链(简称原始运动链)的连杆类配。相关连杆类配按照运动链自由度不变的原则，由原始运动链可以推出与其具有相同连杆数和运动副数的连杆类配，称为相关连杆类配。按此要求，相关连杆类配应满足下面两式：

$$N = L_2 + L_3 + L_4 + \cdots + L_n \tag{5-4}$$

$$2P = 2L_2 + 3L_3 + 4L_4 + \cdots + nL_n \tag{5-5}$$

将以上两式代入式(5-1)，有：

$$F = L_2 - L_4 - \cdots - (n-3)L_n - 3 \tag{5-6}$$

式(5-4)与式(5-6)相减得

$$L_3 + 2L_4 + 3L_5 + \cdots + (n-2)L_n = N - (F+3) \tag{5-7}$$

从以上公式可知，当$N = 4$、$P = 4$时，$L_2 = 4$，四杆运动链的连杆类配仅有一种。在六杆运动链中，$N = 6$、$P = 7$，按式(5-4)和式(5-5)可知，该运动链中不能具有五副及五副以上的链杆，则按式(5-4)和式(5-7)有：

$$L_2 + L_3 + L_4 = N = 6$$

$$L_3 + 2L_4 = N - (F+3) = 2$$

按此要求，六杆运动链的连杆类配共有两种方案，见表 5-2。

表 5-2　六杆运动链的连杆类配方案

类配方案	L_2	L_3	L_4	$L_2+L_3+L_4$	L_2+2L_4
1	4	2	0	6	2
2	5	0	1	6	2

六杆运动链连杆类配的方案 I 可表示为 $L_A(4/2)$，其图解表示如图 5.6 所示。

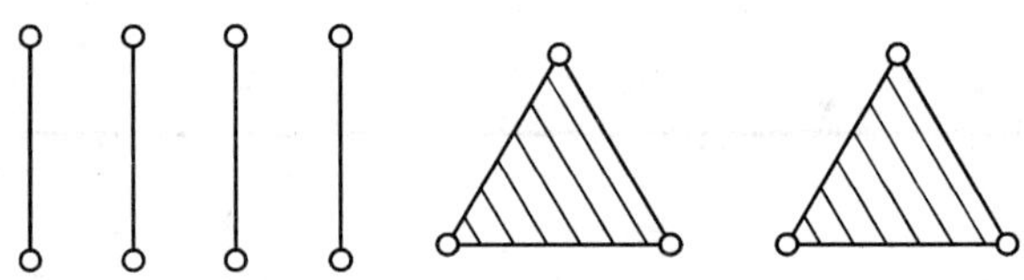

图 5.6　六杆运动链连杆类配 $L_A(4/2)$

六杆运动链连杆类配的方案 II 为 $L_A = (5/0/1)$，其图解表示如图 5.7 所示，由此组成的运动链如图 5.8 所示，其左面三杆之间无相对运动，实际上形成一个刚体，在该运动链中固定一杆后将成为一个自由度的四杆机构，已不符合六杆运动链的要求，所以六杆运动链连杆类配仅有一种链杆类配方案，即表中方案 I 为 $L_A(4/2)$。

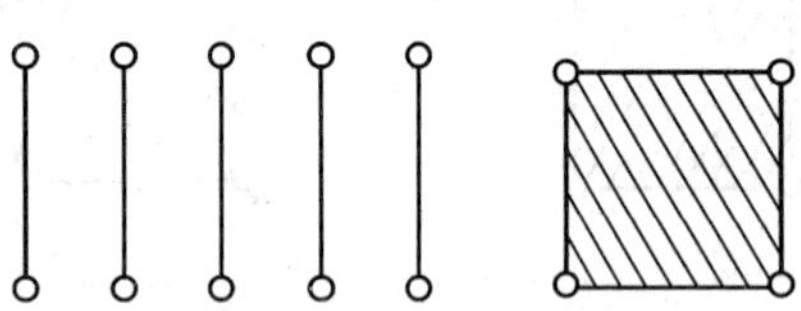

图 5.7　六杆运动链连杆类配 $L_A(5/0/1)$

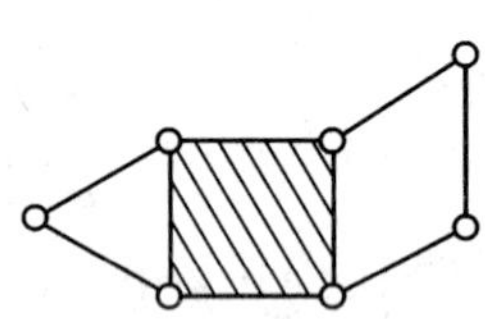

图 5.8　组合方案

4. 六杆、八杆组合运动链

由上所述，六杆运动链的连杆类配仅有一种方案，即四个二副杆和两个三副杆进行组合，按两个三副杆是否直接铰接，它可以形成两种基本组合运动链，如图 5.9(a)和图 5.9(b)所示的称斯蒂芬逊型和瓦特型。如果进一步运用局部收缩法，将三副杆上的其中两个运动副元素重叠后进行组合，还可以得到如图 5.9(c)和图 5.9(d)所示带复合铰链的变异运动链。

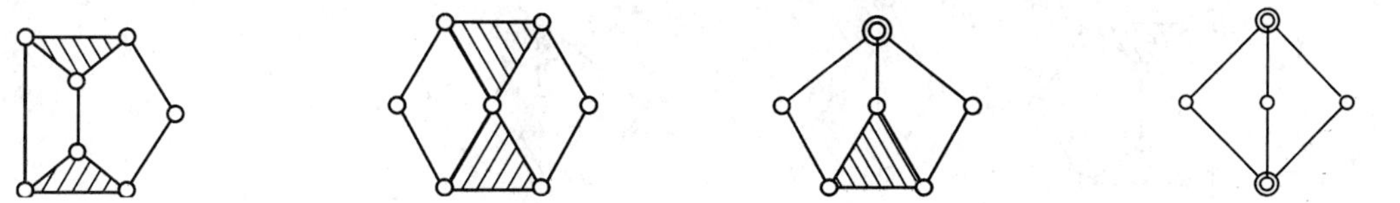

(a) 斯蒂芬逊型　(b) 瓦特型　(c) 一个复合铰链的变异运动链　(d) 两个复合铰链的变异运动链

图 5.9　六杆组合运动链

同理，八杆运动链中，$N=8$、$P=10$，按式(5-4)和式(5-5)可知，该运动链中不能具有五副及五副以上的链杆，则按式(5-5)和式(5-7)有：

$$L_2+L_3+L_4=N=8$$

$$L_3+2L_4=N-(F+3)=8-(1+3)=4$$

八杆运动链的连杆类配方案见表 5-3。

表 5-3　八杆运动链的连杆类配方案

类配方案	L_2	L_3	L_4	$L_2+L_3+L_4$	L_2+2L_4
1	6	0	2	8	4
2	5	2	1	8	4
3	4	4	0	8	4

八杆运动链的环数为 3，各类连杆组合的全部异构体(基本组合)运动链如图 5.10 所示，共 16 种。

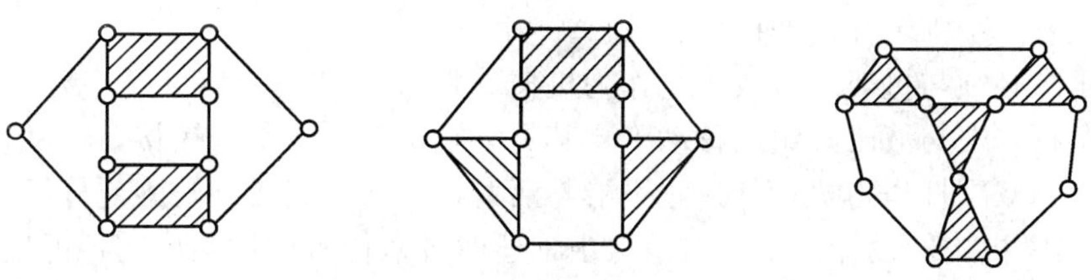

(a) 含两个四副杆　(b) 含一个四副杆和两个三副杆　(c) 含四个三副杆

图 5.10　八杆运动链

5.3　设计约束与类型变异创新设计

5.3.1　设计约束

各种单自由度的闭式链可以按照一定规律，将其基本结构型式中的杆和铰链之间进行重新排列(布局)，使运动链得到多种变异的构型，并在此基础上按照机构的工作特性和具体要求，定出设计约束，根据约束的严或紧，可产生数量不同的变异运动链。

例如，铰链四杆机构选择不同构件为机架和曲柄，可以得到曲柄摇杆机构、双曲柄机构和双摇杆机构，如上述六杆运动链的 4 种类型，如果同样选择不同构件为机架进行同构判定后可得到 10 种运动机构，如图 5.11 所示。

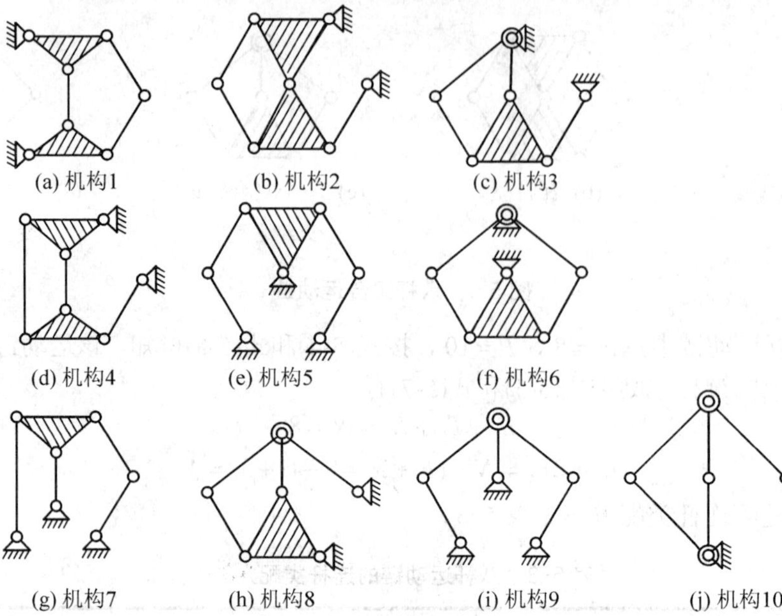

图 5.11　六杆机构机架变换

下面以夹紧机构为例来说明六杆组合运动链按照设计约束可得到的新机构的方法。

按照铰链夹紧机构的工作特性与具体要求，可以定出下列设计约束，作为新机构型的依据。

(1) 连杆总数 N 和运动副总数 P 均保持不变，即 $N=6$、$P=7$。

(2) 必须含有一个液压缸。

(3) 必须有一个固定杆，即机架。

(4) 液压缸必须与机架连接或本身作为机架。

(5) 活塞杆一端与液压缸组成移动副，其另一端不能与固定杆铰接。

(6) 应有一双副杆作为执行件，它不能与活塞杆铰接，但必须与固定杆铰接。

按铰链夹紧机构的设计约束，可求得由上述四种六杆机构衍生出的各再生运动链，其步骤如下。

(1) 选固定杆的一端与液压缸铰接或将液压缸本身作为固定杆。

(2) 使活塞杆的一端与液压缸组成移动副，但另一端不能与固定杆相连。

(3) 选一个双副杆作为执行件，它不能与活塞杆相连，但必须与固定杆铰接。

5.3.2　再生运动链

设以 G 表示机架，E 表示执行件，C 表示活塞杆，P 表示由液压缸与活塞杆组成的移动副，则由六杆组合运动链共衍生出 21 种再生运动链，如图 5.12 所示。

5.3.3　新型铰链夹紧机构运动简图

再利用一般化原则的逆推程序，可推出 21 种铰链夹紧机构。根据铰链夹紧机构的主要技术性能指标及具体结构条件，通过分析比较，从中可能获得性能更优的方案，创造出新型的铰链夹紧机构。如图 5.13 所示为由再生运动链逆推出的 4 种新型铰链夹紧机构运动简图。

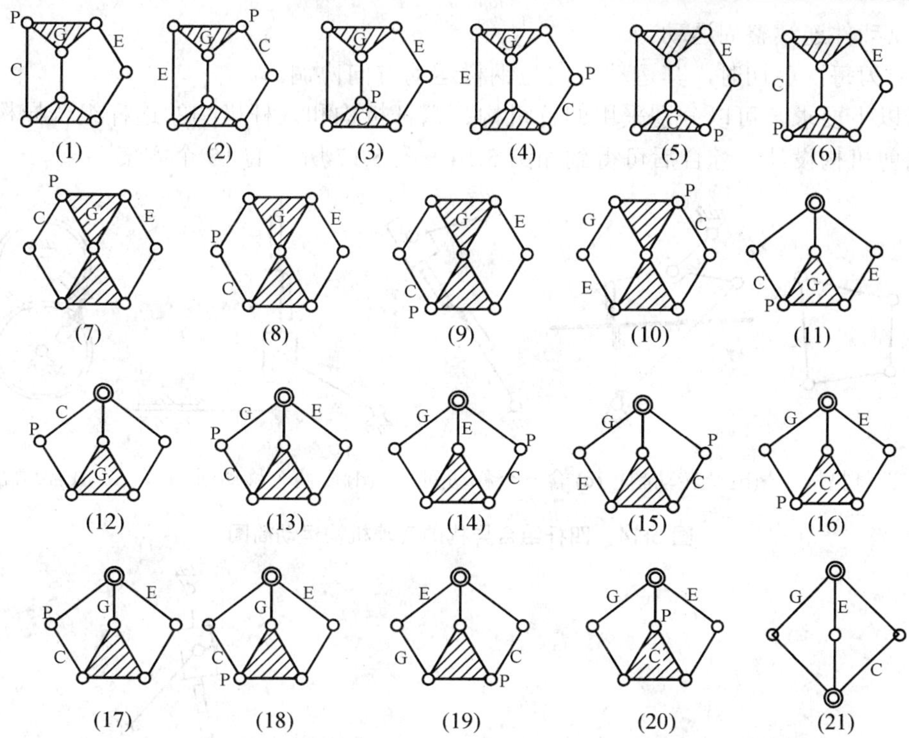

图 5.12　由六杆组合运动链共衍生出的 21 种再生运动链

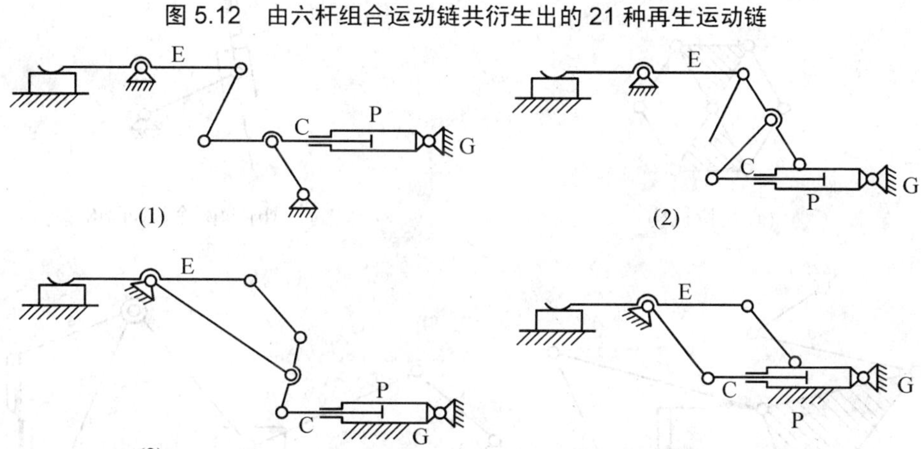

图 5.13　由再生运动链逆推出的 4 种新型铰链夹紧机构运动简图

5.4　扩展应用实例

设计一飞剪机构，用来把运动的钢材剪成一定长度的产品，其工艺要求是：上、下剪刃在剪切时应与钢材一起运动；原动件转一周，剪切一次。

机构型综合应以工艺对机构运动形式的要求为依据。根据以上工艺要求，所选用的机构应完成如下运动。

(1) 上、下剪刃既有垂直的分合运动，又有与钢材同向的水平运动。

(2) 原动件连续整周运动。

(3) 剪刃每次剪切时，其运动方向与钢材运动方向协调。

根据以上要求，可以分别采用四杆机构、六杆机构和八杆机构的连杆组合异构体变换而完成飞剪机构设计，综合后可得到如图 5.14～图 5.17 所示的 15 个方案。

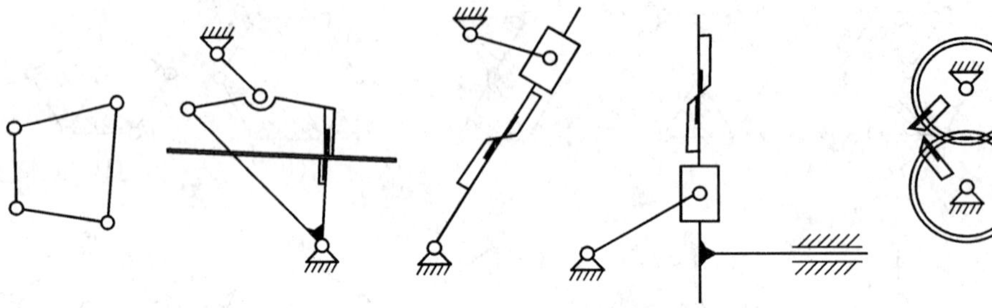

(a) 四杆机构　(b) 全转动副1　(c) 含一个移动副2　(d) 含两个移动副3　(e)含高副

图 5.14　四杆组合异构的飞剪机构运动简图

(a) 瓦特机构　(b) 含两个移动副8

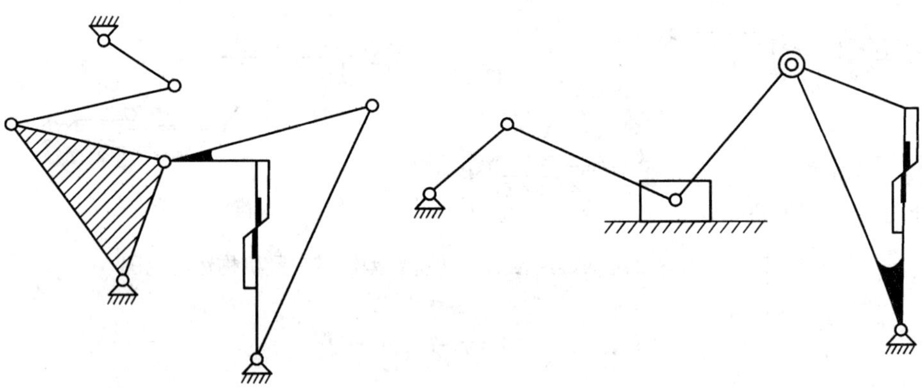

(c) 全转动副6　(d) 含一个移动副7

图 5.15　六杆(瓦特)组合异构的飞剪机构运动简图 I

根据以上要求，由几种连杆组合异构体变换而得到的一些机构表示在图 5.14～图 5.17 中，共 12 个方案。如果从结构简单、重量轻的观点考虑，由四杆机构变换的机构方案是好方案[见图 5.14(b)～(e)]，但方案图[见图 5.14(e)]调整定尺困难(需调整机架的位置尺寸)。带有移动副的机构的共同缺点是其制造要求较高，但值得提出的是方案[见图 5.14(d)]可保证上、下刀刃沿钢材运动方向不产生速度误差．方案如图 5.15(c)、(d)，图 5.16(b)、(c)，具有与方案图 5.14(b)相同的功能，但构件较多，双滑块机构中的方案如图 5.15(b)，图 5.16(b)、(c)和(d)与方案图 5.14(b)相比，其上、下刀刃在剪切时均存在水平相对速度误差，且构件数较多，但值得指出的是方案 10 采用了凸轮机构，使得下刀刃的运行轨迹可按希望的曲线设计。由以上定性分析可以初步确定方案如图 5.14(b)、(d)和图 5.17(c)是值得加以深入分析的较好方案。

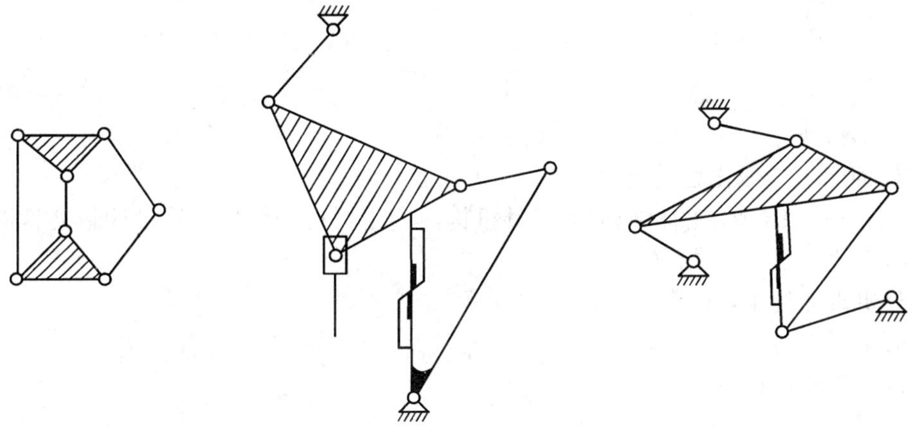

(a) 斯蒂芬逊机构　　(b) 含一个移动副14　　(c) 全转动副12

图 5.16　六杆组合异构的飞剪机构运动简图 II

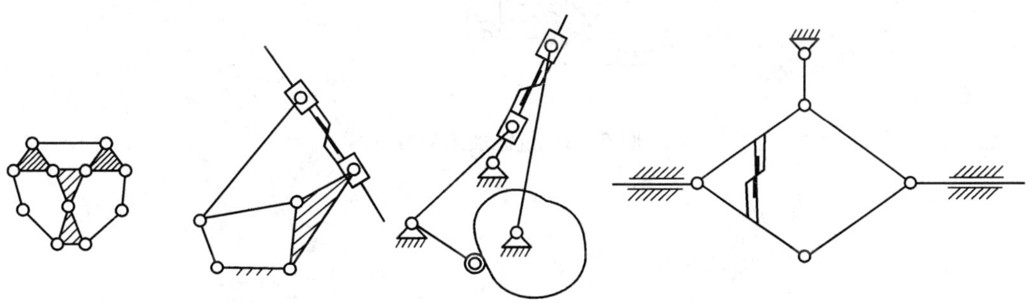

(a) 八机构　(b) 含两个移动副 9　(c) 含一个高副 10　　(b) 全转动副 11

图 5.17　八杆组合异构的飞剪机构运动简图

以上仅根据 4 种异构体综合出一些能满足运动要求的机构，其实这只是可能方案中的一小部分。要从所有的可能机构中选出较好的方案，显然是一项很庞大的工作。因此机构型综合要求设计者具有巨大的耐心和毅力，以及细致、精益求精的精神与品德，而这一综合过程正是设计者创造力的激发过程。设计者再运用基础知识和实际经验，并把型综合与尺度综合、机构运动和动力分析有机结合，新颖的机构方案一定会始不预料地创造出来，这也正是机构型综合连杆组合法的奥妙所在。

小　结

机构变异设计方法由传统的选型设计转向构型创新设计，在机构设计过程中缩短了设计周期，提高了工作效率。机构再生设计法着重研究现有机构简图的一般化运动链，根据设计要求给原始机构的一般化运动链的各个杆件赋予不同的功能目的，从而再生出与原始机构不同构型的运动链。

习　题

5-1 如何产生一般化运动链？

5-2 根据图 5.18 所示的机械加工夹具机构，利用机构的变异方法设计新夹具机构。其结构特性和约束分析如下。

(1) 分析设计约束。

(2) 衍生再生运动链。

(3) 设计创新机构。

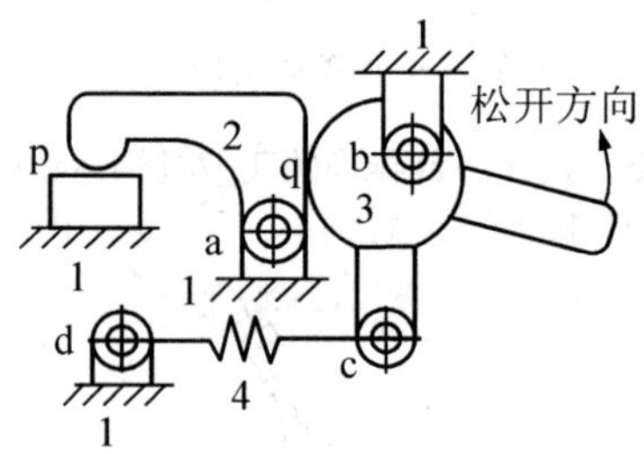

图 5.18　机械加工夹具

第 6 章　机械系统功能原理设计

教学提示：机械系统功能解的创新设计，属于方案设计范畴，其中包括功能构思、功能分析和功能结构设计、功能的原理解创新、功能元的机构创新等。从机械产品方案创新设计的角度来看，其中最核心的部分还是传动系统方案创新和机构选择。

教学要求：了解功能描述的方法和功能的分类，掌握机械系统功能原理设计的主要步骤，即功能原理分析、功能分解、功能元求解和功能方案确定。通过本章的学习能初步建立机械系统功能原理设计的思维方式。

机械系统功能原理设计(简称功能原理设计)的内容是构思能实现功能目标的新的解法原理。功能原理设计首先要通过调查研究，确定符合当时技术发展的明确的功能目标，然后进行创新构思，寻求新的解法原理，并进行原理验证，确定方案及评价，最后选择一种较为合理的方案。

6.1　功能及其分类

6.1.1　功能的描述

19 世纪 40 年代，美国通用电气公司的工程师迈尔斯首先提出功能的概念，并把它作为价值工程研究的核心问题。他认为，顾客购买的不是产品本身，而是产品的功能。在设计科学的研究过程中，人们也逐渐认识到产品机构或结构的设计往往首先由工作原理确定，而工作原理构思的关键是满足产品的功能要求。

功能是对于某一机械产品工作功能的抽象化描述，它和人们常用的功用、用途、性能和能力等概念既有联系又有区别。例如洗衣机的这些概念的关系如图 6.1 所示。

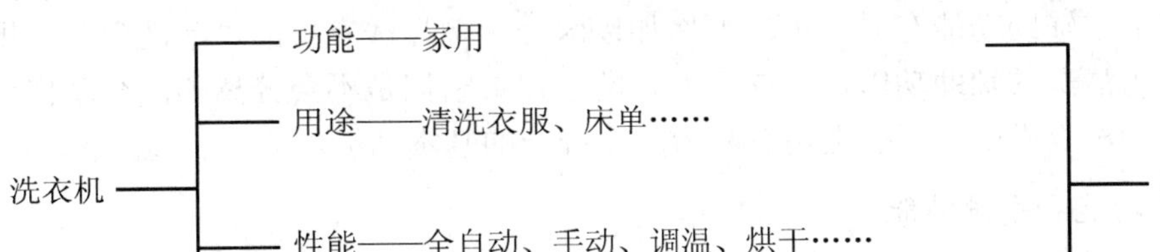

图 6.1　洗衣机的功用、用途、性能和功能的关系

洗衣机的功能是使衣物中的污垢从纤维中分离出来。再如，钟表指示时间，“指示时间”是钟表的功能；钻床钻孔，“钻孔”是钻床的功能等。

功能的描述要准确、简洁、抓住本质，不同的功能定义会产生出完全不同的设计思想和设计方法，寻找到不同的功能载体，得出完全不同的设计方案。在给新设计“钻”床的功能下定义时，不同的功能定义会产生出不同的设计方案。例如，如果将功能定义为“钻孔”，那么就只能联想到钻床，其思路就很狭窄。如果表述为“打孔”，那么就可能联想到激光打孔机、钻床或冲床。如果再抽象一些，定义为“加工孔”，那么就有可能联想到激光打孔机、钻床、冲床、镗床、车床、线切割机、锻床、腐蚀设备等。

系统工程学用“黑箱法”来描述功能。对于复杂的未知系统，犹如不知其内部结构的“黑箱”，可以利用外部观测，通过分析黑箱与周围环境的联系、输入和输出，了解其功能、特性，从而进一步探求其内部原理和结构。把待求系统看做“黑箱”，分析比较系统输入输出的能量、物料和信号，输入输出的转换关系，从而来确定系统的总功能。如图 6.2 所示，可分析洗衣机未知系统的总功能是物料分离。

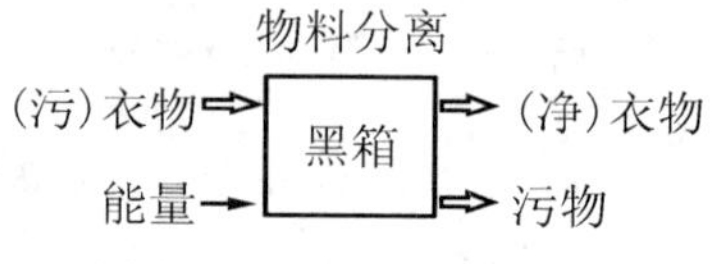

图 6.2　黑箱与系统总功能

6.1.2　功能的分类

从不同的角度出发，功能可以有各种不同的分类。按其性质、用途、重要程度和逻辑关系可将功能作如下分类。

1. 基本功能与辅助功能

基本功能是产品所具有的用以满足用户某种需求的效能，也就是产品的用途或使用价值，如手表的基本功能是“指示时间”。如果产品失去了基本功能，或在实现基本功能方面出现障碍，那么用户就不会去购买，它也就失去了存在的价值。

产品的基本功能根据定义的不同可以有一个或数个，如冷暖空调夏天用于制冷、冬天用于制热，具有两个功能，当然，也可以把冷暖空调理解为一个功能，即调节室温。

辅助功能是与基本功能并存的、次要的、附带的功能。它可以使产品的功能更加完善，但如果没有它，产品并不失去基本使用价值。如自行车后面的书包架、轿车内的音响与空调、电视机的遥控装置等。

基本功能与辅助功能有时却很难严格加以区分，例如洗衣机的“清洗”与“甩干”可以把甩干视为清洗的辅助功能，但在洗衣物的过程中它们是不会分离的两个动作过程，因此，在全自动洗衣机中，可以把两者视为一个统一的基本功能。

2. 目的功能和手段功能

任一功能的存在都有一定的目的，因此任何功能，不论是基本功能还是辅助功能都可视为目的功能。而该目的功能往往又是实现另一目的之手段，相对另一目的来说，它又是一种手段功能。任何功能都具有目的功能与手段功能两种性质，这就是功能的两重性。冰箱的目的功能是“产生低温”，它可以是宾馆客房内向房客提供冷饮料的手段，这种冰箱容积不必太大，温度保持+4℃即可，因此将其设计成宾馆用小型冷藏箱；它也可以是超级市场食品部的保鲜冷冻食品货架，因此必须设计成大容积、带玻璃门甚至敞开式的大功率冷柜；而且应该造型讲究、款式众多，以满足不同用户的需求。同样，轿车的目的功能是

“运送乘客”，但却可能在家庭、公务、出租、巡警、医疗急救等不同应用场合成为不同的手段功能，从而形成不同的设计，或形成一个产品系列。

3. 使用功能和表观功能

(1) 使用功能是指产品的实际使用价值，如铣齿机的“加工轮齿”、手表的“指示时间”等功能都是使用功能。

(2) 表观功能是在使用功能的基础上，对产品起美化、装饰作用的功能，它是通过造型设计实现的。在市场竞争激烈的情况下，在众多品牌产品使用功能都达到要求的前提下，产品的外观造型起着重要的促销作用。尤其是在现代化的环境里，产品的表观功能通常是造就文明环境的重要手段功能。而对于工艺品，其使用功能与表观功能则往往合为一体。

4. 必要功能和不必要功能

必要功能是指用户所需要的功能，包括产品的基本功能和辅助功能。由于产品的使用功能和表观功能是通过基本功能和辅助功能来实现的，因此，必要功能也包括使用功能和表观功能。有人在风扇的扇叶保护罩上设计很多图案，希望这种设计能增加风扇的表观功能，然而这些图案饰物既容易被灰尘污染，又影响了风扇的排风效果，所以增加这种表观功能完全没有必要。

6.2　功能原理方案设计

基于功能原理方案设计包括原理方案的功能原理分析、功能分解、分功能求解和功能原理方案确定等 5 项内容，就是求取一个最佳的功能系统的解，构成一个原理方案，实现所提出的创造目标，并满足周边的各种限制条件。

1. 功能原理分析

任何一个机械产品的功能目标确定后，经过功能分析和综合，就能针对产品的主要功能提出一些原理方案，例如设计孔加工设备，总体原理方案可以是激光打孔、机械加工、腐蚀等，不同的原理和加工工艺会有不同设备。原理方案还与执行功能、工艺过程以及执行元件有着密切关系。在机械加工范围内还可以是钻孔、冲孔、镗孔等不同的原理和加工工艺有不同的设备。寻求作用原理，关键在于提出创新构思，使思维“发散”，力求提出较多的解法供比较选择。

再举洗衣机的例子，人工洗衣通常用手搓、脚踩、刷子刷、棒槌打、流水冲等方式除去衣物纤维中的污垢。只要使污垢与纤维分离就可以使衣物干净，因而产生了多种洗衣机，如波轮式洗衣机，用波轮回转形成水流并控制流速和流向以达到洗净的效果；电磁洗衣机，利用高频振荡使污垢与纤维分离；气流洗衣机，它利用空气泵产生气泡，气泡破裂时产生的能量能提高洗净度，同时气泡可使洗涤剂更好地分解；喷雾洗衣机，它是通过水往复循环形成的水雾来达到清洗衣物的目的；超声波洗衣机，衣物上污垢在超声波作用下从纤维中分离出来，以上几种洗衣机的作用原理完全不同，但都达到了洗净的功能目标。总之，寻求作用原理是机械产品创新构思的重要阶段，这阶段要充分利用力学效应，流体效应，热力学效应，动力学效应，声、光、电、磁效应等，一定能构思出先进而新颖的作用原理，使新产品不断涌现。

2. 功能分解

产品和技术系统的总体功能称为产品的总功能。产品的用途不同，其总功能也不同。技术系统都比较复杂，难以直接求得满足总功能的原理解，可利用系统工程的分解性原理将功能系统按总功能、分功能、……、功能元进行分解，化繁为简，以便通过各功能元解的有机组合求得技术系统解。

功能分解可图示为树状的功能结构，称为功能树。功能树起于总功能，按分功能、二级分功能分解，其末端为功能元。功能元是可以直接求解的系统的最小组成单元。数控车床的功能树如图 6.3 所示。

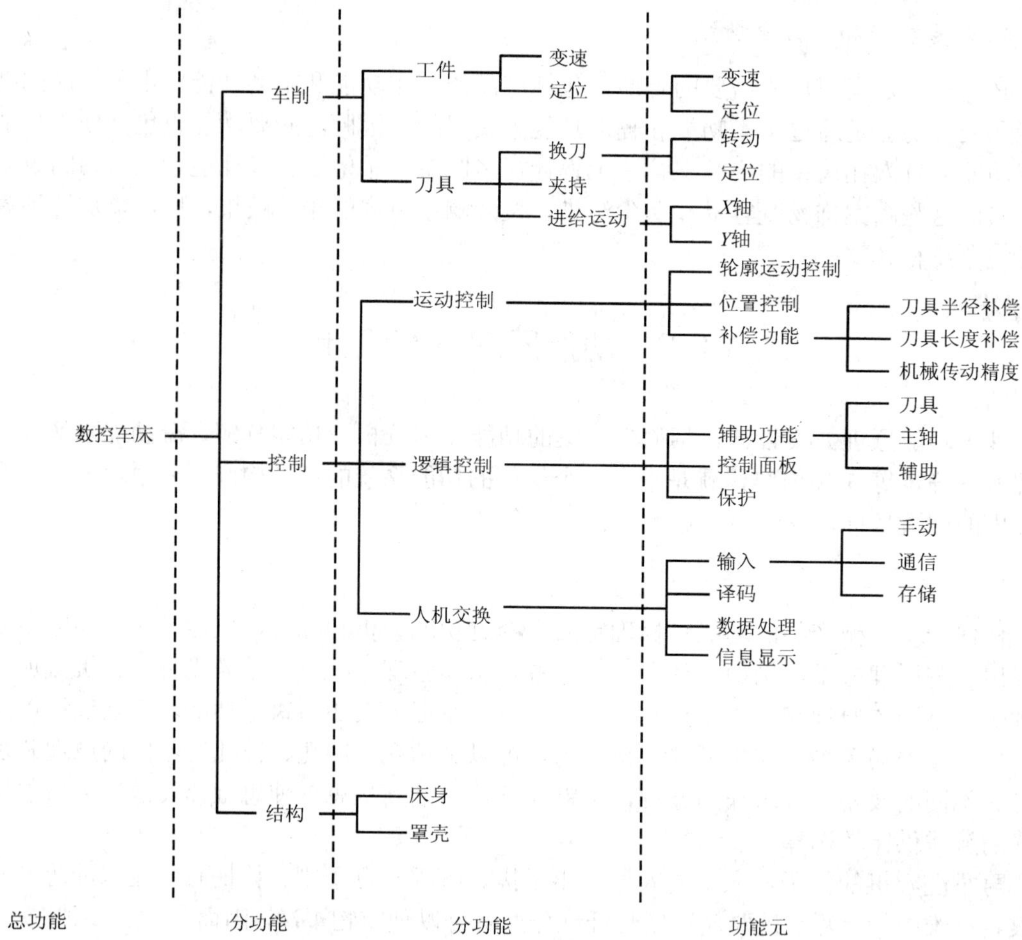

图 6.3 数控车床的功能树

总功能确定后，功能分解可以按以下方法进行。

(1) 按照解决问题的因果关系或目的手段关系进行分解。数控车床采用功能树的方法进行分解。

功能树起源于相当于总功能的树干，实现总功能这一目的所需要采用的全部手段功能构成一级分功能，这些分功能相当树枝。实现一级分功能目的的手段功能又构成了二级分功能，构成小树枝。如此分解，直到分解到可以直接求解的位于树枝末端的功能元为止。

(2) 按照工艺过程的空间顺序或时间顺序来分解。为更好地寻求机械产品的工作原理方案，将机械产品的总功能分解为比较简单的分功能是一种行之有效的方法。通过功能分解可使每个分功能的输入量和输出量关系更为明确，因而可以较易求得各分功能的工作原理解。

例如，啤酒瓶灌装机按照生产工艺动作过程的顺序可以分解为：

瓶
瓶盖
汽水 } 的储存与输送→汽水灌入瓶中→加盖及封口→贴商标→瓶装汽水的输出。

实际上，瓶、瓶盖和汽水的储存与输送 3 个分功能是并联结构；啤酒灌装、加盖和封口、贴商标和瓶装啤酒输出这 4 个分功能属串联结构。

为使功能分解的结果在形式上更加简单、直观，往往采用功能树的表达形式。功能树可以清晰地表达各分功能的层次和相互关系，有利于机械产品的工作原理方案设计。

功能分解的过程实际上是对机械产品不断深入认识的过程，同时亦是机械产品创新设计的过程。对总功能进行分解可以得到若干分功能，通过对分功能的描述、抓住其本质，尽力避免功能求解时的种种框框，可使思路更为开阔。

3. 分功能求解

分功能(功能元)求解的基本思路可以简明地描述为：分功能——作用原理——功能载体。

作用原理是指在某一功能载体上由某一物理效应实现的某一分功能的工作原理。这里的工作原理包括基础科学揭示的一般科学原理和应用研究证实的技术原理。

分功能求解的目的是寻求完成分功能的作用原理和功能载体，其主要方法有调查分析法、创造性方法和设计目录法。

1) 调查分析法

根据当前国内外的技术发展状况，大量查阅有关文献资料，调查分析已有同类产品的优缺点，构思满足分功能要求的作用原理和功能载体。在调查过程中，调查面尽可能宽一些，或许能得到一些新的启示。例如采用仿生学和生物工程方法，有意识地研究大自然及动植物的生态特点，有利于寻求新颖而实用的功能解和技术方案。

2) 创造性方法

创造性方法指的是设计人员凭借个人的经验、智慧、灵感和创造能力，采用“智暴法”、“类比法”和“综合法”等方法，来寻求各种分功能的原理解。

3) 设计目录法

设计目录是一种设计信息库。它把设计过程中的大量信息有规律地加以分类、排列和存储，以便于设计者查找和调用。在计算机辅助自动化设计的专家系统和智能系统中，科学、完备的设计信息资料是解决问题的重要基本条件。设计目录从内容和用途来看都不同于机械设计手册或标准手册，它主要是以表格的形式提供与设计方法学有关的分功能或功能元的原理解。如原理目录、对象目录、解法目录等。

机械运动形式变化解法的目录见表 6-1。

表 6-1　实现运动形式变换的常用机构

<table>
<tr><th colspan="5">运动形式变换</th><th rowspan="2">基本机构</th><th rowspan="2">其他机构</th></tr>
<tr><th>原动运动</th><th colspan="4">从动运动</th></tr>
<tr><td rowspan="14">连续回转</td><td rowspan="6">连续回转</td><td rowspan="4">变向</td><td rowspan="2">平行轴</td><td>同向</td><td>圆柱齿轮机构(内啮合)
带传动机构
链传动机构</td><td>双曲柄机构
回转导杆机构</td></tr>
<tr><td>反向</td><td>圆柱齿轮机构(外啮合)</td><td>圆柱摩擦轮机构
交叉带传动机构
反平行四边形机构</td></tr>
<tr><td colspan="2">相交轴</td><td>锥齿轮机构</td><td>圆锥摩擦轮机构</td></tr>
<tr><td colspan="2">交错轴</td><td>蜗杆机构
交错轴斜齿轮机构</td><td>双曲柱面摩擦轮机构
半交叉带传动机构</td></tr>
<tr><td rowspan="2">变速</td><td colspan="2">减速
增速</td><td>齿轮机构
蜗杆机构
带传动机构
链传动机构</td><td>摩擦轮机构
绳、线传动机构</td></tr>
<tr><td colspan="2">变速</td><td>齿轮传动
无级变速机构</td><td>塔轮带传动机构
塔轮链传动机构</td></tr>
<tr><td colspan="4">间歇回转</td><td></td><td>不完全齿轮机构</td></tr>
<tr><td rowspan="2">摆动</td><td colspan="3">无急回性质</td><td>摆动从动件凸轮机构</td><td>曲柄摇杆机构</td></tr>
<tr><td colspan="3">有急回性质</td><td>曲柄摇杆机构
摆动导杆机构</td><td>摆动从动件凸轮机构</td></tr>
<tr><td rowspan="4"></td><td colspan="3">连续移动</td><td>螺旋机构
齿轮齿条机构</td><td>带、绳、线及链传动机构中的挠性件</td></tr>
<tr><td rowspan="2">往复移动</td><td colspan="2">无急回</td><td>对心曲柄滑块机构
移动从动件凸轮机构</td><td>正弦机构
不完全齿轮齿条机构</td></tr>
<tr><td colspan="2">有急回</td><td>偏置曲柄滑块机构
移动从动件凸轮机构</td><td></td></tr>
<tr><td colspan="3">间歇移动</td><td>不完全齿轮齿条机构</td><td>移动从动件凸轮机构</td></tr>
<tr><td colspan="4">平面复杂运动特定运动轨迹</td><td>连杆机构
连杆上特定点的运动轨迹</td><td></td></tr>
<tr><td rowspan="3">摆动</td><td colspan="4">摆动</td><td>双摇杆机构</td><td>摩擦轮机构
齿轮机构</td></tr>
<tr><td colspan="4">移动</td><td>摆杆滑块机构
摇块机构</td><td>齿轮齿条机构</td></tr>
<tr><td colspan="4">间歇回转</td><td>槽轮机构</td><td></td></tr>
</table>

4. 功能原理方案确定

由于每个功能元的解有多个，因此组成机械的功能原理方案(也就是机械运动方案)可以有多个。功能原理方案的组合可采用形态学矩阵进行综合。

形态学矩阵法是一种系统搜索和程式化求解的分功能组合求解方法。形态学矩阵法是进行机械系统组成和创新的基本途径，得到多种可行方案后，经筛选、评价可以获得最佳方案。

形态学矩阵法的运用步骤如下。

(1) 通过总功能分解可以求得若干分功能。这种总功能分解往往要与机械的工艺动作过程联系起来考虑，使分功能的动作能够用某一类的执行机构来实现。

(2) 功能求解。这就要从分功能的性质来寻找实现的工作原理，然后从工作原理寻求功能载体。

(3) 方案组成。在功能分解和功能求解的基础上，利用形态学矩阵进行方案综合，在全体方案中，还必须考虑相容性条件、连接条件等，因此有些方案并无存在价值或价值不大，可以在初步筛选时去除。

(4) 方案评价和选择。由于根据形态学矩阵法所得的可行方案数目很大，所以必须先进行初评。初评的标准可以定为新颖性、先进性和实用性，把一些三性不好的先加以筛除。然后用适合该类机械系统的技术经济指标进行综合评价，选择出综合最优的方案。

(5) 举例。运用形态学矩阵法来构思单缸洗衣机的可行方案。

① 总功能分解。单缸洗衣机的总功能包括“盛装衣物”、“分离脏物”和“控制洗涤”3 个分功能。

② 分功能求解。盛装衣物的功能载体有铅桶、塑料桶、玻璃钢桶、陶瓷桶这 4 种；分离脏物的功能载体有机械摩擦、电磁振荡、超声波这 3 种；控制洗涤的功能载体有人工手控、机械定时、计算机自动控制这 3 种。

③ 列出形态学矩阵。列出形态学矩阵，见表 6-2，因此，理论上可组合出 4×3×3=36 种方案。

表 6-2　洗衣机的形态学矩阵

功能解 分功能	1	2	3	4
A	铅桶	塑料桶	玻璃钢桶	陶瓷桶
B	机械摩擦	电磁振动	超声波	
C	人工手控	机械定时	计算机自控	

6.3　多功能专用钻床传动系统的设计

1. 设计任务

要求设计一专用自动钻床用来加工图 6.4 所示零件上的 3 个 $\phi 8$ 孔，并能自动送料。该钻床的总功能是加工孔。

根据机械的功能要求和工作性质，选择机械的工作原理、工艺动作的运动方式和机构型式，从而拟定多功能专用钻床的传动系统。

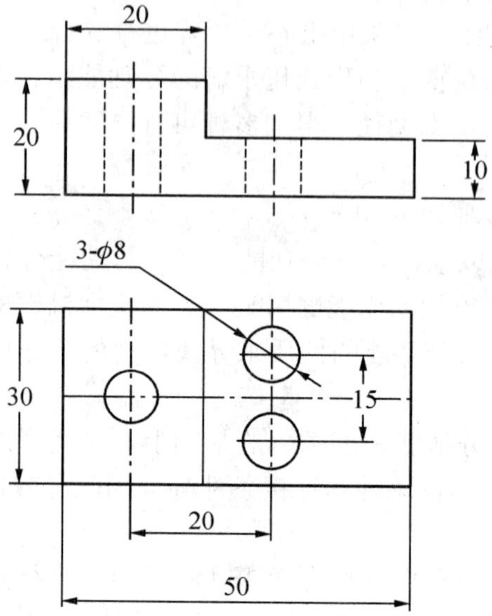

图 6.4　零件图

2. 功能原理分析

首先确定钻孔工作原理，由于设计要求为规定深度钻孔的工作原理就是利用钻头与工件间的相对回转和进给移动切除孔中的材料。

完成钻孔功能有 3 种方案。

(1) 钻头既做回转切削，又做轴向进给运动，而放置工件的工作台静止不动，如图 6.5(a)所示。

(2) 钻头只作回转切削，而工作台和工件作轴向进给运动如图 6.5(b)所示。

(3) 工件作回转运动，钻头作轴向进给运动如图 6.5(c)所示。

一般钻床多采用第一种方案，但本设计因工件很小，工作台很轻，移动工作台比同时移动 3 根钻轴简单，故采用第二种方案。

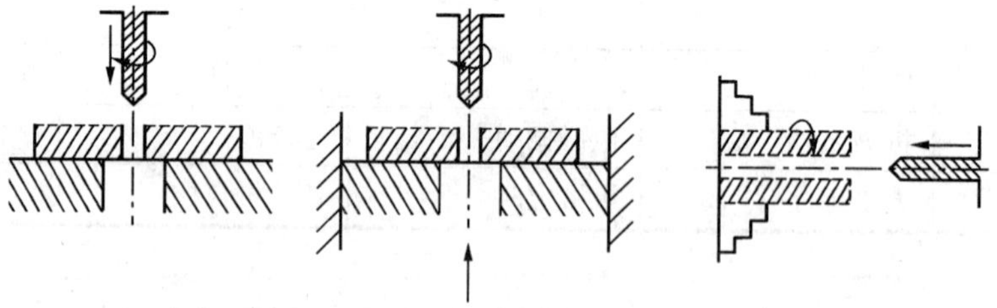

(a) 方案 I　　(b) 方案 II　　(c) 方案III

图 6.5　钻孔加工的运动方案

其次是送料方案的确定，采用送料杆从工件料仓推送工件的方式，工件作间歇直线运动。

3. 功能分解与工艺动作分解

(1) 为实现多功能专用钻床的总功能，可将功能分解为送料功能、钻孔功能。

(2) 工艺动作过程，机器的功能是多种多样的，但每一种机器都要求完成某些工艺动作，所以往往把总功能分解成一系列相对独立的工艺动作，一次作为功能元，然后用树状功能图 6.6 来描述。要实现上述分功能，有下列工艺动作过程。

① 送料杆做直线往复运动。

② 刀具转动切削工件。

③ 安装工件的工作台要求进行上下往复运动。

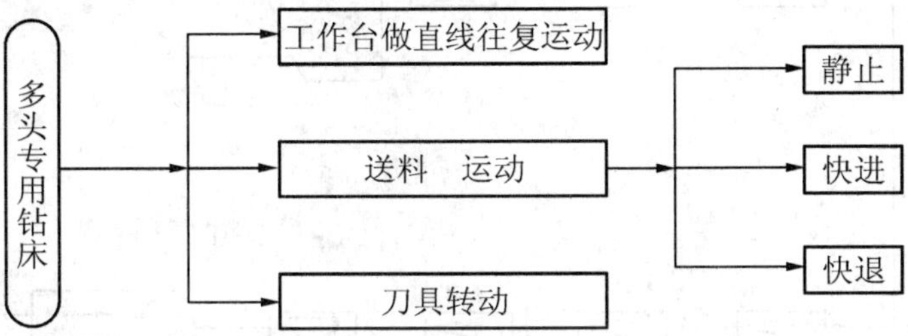

图 6.6　多头专用钻床树状功能图

4. 根据工作原理和运动形式选择机构

根据总功能分解成一系列相对独立的工艺动作，得到树状功能图。要实现上述分功能元的求解就是将所需执行动作，用合适的机构来实现。功能元载体的求解可根据解法目录来找到，在通过运动链抽象、变换得到机构解时，也可构思出一个新型机构。

同一种功能可选择不同的工作原理，同一种工作原理可选择不同的机构。按运动转换的基本功能选择机构，由总功能分解成各功能元，确定各执行构件的运动形式，进一步要解决的问题如下。

(1) 选择原动机，分析原动机运动形式与执行构件运动形式之间的关系。

(2) 配置传动机构和执行机构。一个原动机往往要驱动几个执行构件动作，有的原动机靠近执行构件，可直接带动执行机构；有的原动机与执行构件相距较远，必须加入传动机构，并与执行机构相连接，才能把原动机的运动传递转换为执行构件的运动。

(3) 确定传动机构和执行机构的运动转换功能。

任何一个复杂的机构系统都可以认为是由一些基本机构所组成的。这些机构有低副机构(如平面连杆机构)、高副机构(如凸轮机构、齿轮机构)和多自由度机构(平面五杆机构、差动轮系等)。这些机构的基本功能如图 6.7 所示。

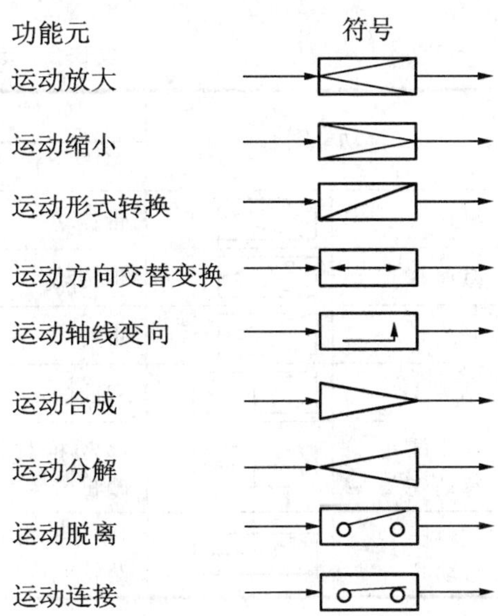

图 6.7　机构的基本功能

图 6.8 所示为多功能专用钻床的运动转换功能图。它描述了原动机(电动机)与执行构件、刀具、工作台、送料机构之间的运动转换功能。中间的矩形框内表示传动机构、执行机构的运动转换基本功能，末端的平行四边形框内表示执行构件的运动形式。该机床由一个原动机通过传动链来实现执行构件的预期运动。

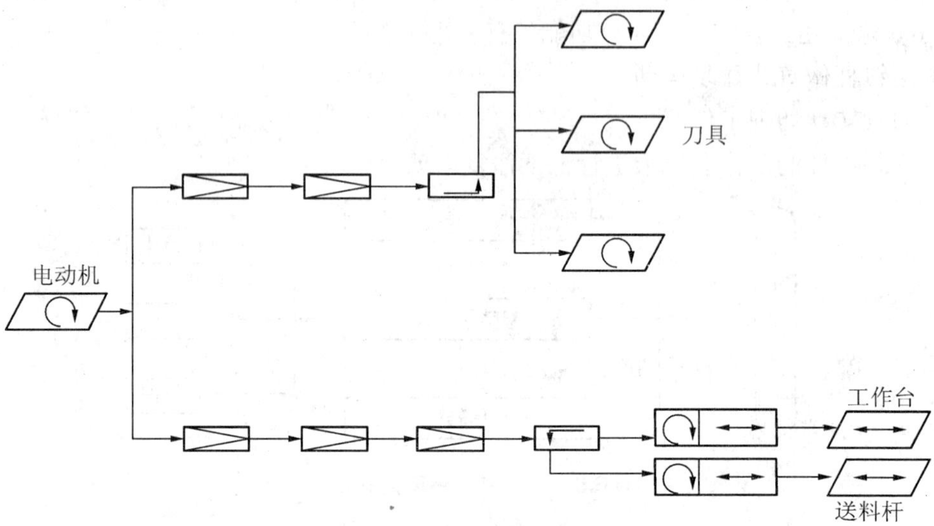

图 6.8 多功能专用钻床的运动转换功能图

5. 用形态学矩阵法选择多功能专用钻床系统运动方案

形态学矩阵：纵坐标为功能元即基本运动转换功能图列，横坐标为功能源匹配的机构列。

表 6-3 描述了专用钻床传动链的形态学矩阵。可综合出 284(N=6×4×4×4=384)种方案。

表 6-3 专用钻床传动链的形态学矩阵

功能图		功能元解(匹配机构)			
		1	2	3	4
减速 A		带传动	链传动	齿轮传动	行星传动
减速 B		带传动	链传动	齿轮传动	蜗杆传动
减速 C		带传动	链传动	齿轮传动	蜗杆传动
钻头 D		双曲柄传动	链传动	齿轮传动	摆动针轮传动
工作台移动 E		移动推杆圆柱凸轮机构	移动推杆盘形凸轮机构	曲柄滑块机构	六杆(带滑块)机构
送料杆移动 F		移动推杆圆柱凸轮机构	移动推杆盘形凸轮机构	曲柄滑块机构	六杆(带滑块)机构

根据是否满足预定的运动要求，运动链机构顺序安排是否合理，运动精确度，成本高

低，是否满足环境、动力源、生产条件等限制条件，最后选择出较好的运动方案。

$$\text{方案 1：A1+B1}\begin{cases}\text{+C3+D3}\\ \text{+D3+E2+F4}\end{cases}\qquad \text{方案 2：A1+B2}\begin{cases}\text{+C3+D3}\\ \text{+C3+E3+F4}\end{cases}$$

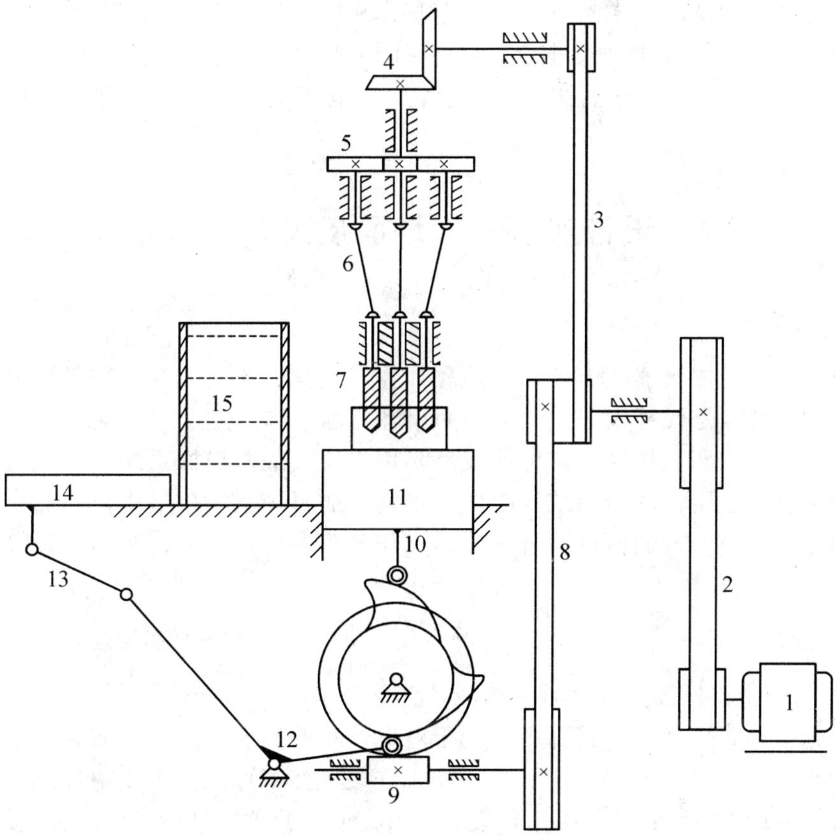

图 6.9 多功能专用钻床传动系统

1—电机；2—带传动；3—带传动；4—圆锥齿轮传动；5—圆柱齿轮传动；6—双万向节；7—钻头；8—带传动；9—蜗杆传动；10—凸轮机构；11—工作台；12—凸轮机构；13—连杆；14—送料杆；15—待加工工件

根据上述各功能要求，选择方案 1，如图 6.9 所示，原因说明如下。

1) 切削运动链设计

能实现减速的传动有齿轮传动、链传动和带传动等。考虑到传动距离较远和速度较高等因素，决定采用 V 形带传动来实现减速和远距离传动的功能。

能够实现变换运动轴线方向的传动有圆锥齿轮传动、相错轴斜齿轮传动和蜗杆传动等，考虑到两轴垂直相交和传动比较小，决定采用圆锥齿轮传动来实现变换运动轴线方向的功能。

为使 3 个钻头同向回转，可采用由一个中心齿轮带动周围 3 个从动齿轮的定轴轮系。由于结构尺寸的限制，3 个从动齿轮轴线间的距离远大于 3 个钻头间的距离。为将 3 个从动齿轮的回转运动传递给 3 个钻头，可采用双万向联轴节或钢丝软轴，将上述所选机构经适当组合后，即可形成钻削运动链。

2) 进给运动链设计

采用直动推杆盘状凸轮机构作为执行机构较为合理。减速换向可采用蜗杆传动，为达到很大的减速比和变换空间位置，在蜗杆传动之前可串接带传动。

3) 送料运动链设计

对送料运动链的功能要求与进给运动链基本相同，只是其往复运动的方向为水平，且运动行程较大。又因其减速比与进给运动链相同，故可由进给运动链中的蜗轮轴带动。由于送料运动规律较为复杂，故宜采用凸轮机构，又因其行程大，所以要采用连杆机构等进行行程放大。

6.4 设计实例——地面反恐防爆机器人

1. 设计任务

要求地面反恐防爆机器人能排除销毁爆炸物、侦察、抢救人质、与恐怖分子对抗等，总之机器人的总功能是代替人去做一些地面反恐防爆工作。

根据总功能要求和工作性质，地面反恐防爆机器人应由机械系统、控制技术、视音频系统、各种传感器应用、武器系统等组成。机器人的机械系统是最重要的部分，根据反恐防爆工作的需要，机器人的机械系统又分为工作部分、行走部分、驱动部分等。本例主要是机械系统设计。

2. 功能原理分析

1) 工作部分由臂杆部分和机械手组成

臂杆部分是开式连杆系，臂杆主要用于对爆炸物的抓取、搬运、放置等工作。对臂杆的要求从 3 个方面考虑：一是额定负载，指工作装置在工作空间范围中任意位置时机械手都能抓取搬运的最大重量；二是指工作装置伸展最长距离；三是指工作装置收缩最近距离。

机械手也称作抓取机构，用来抓住握持爆炸物等物体，设计机械手时应注意以下事项：一是手指的开闭范围，此范围是从手指张开的最大开口位置到闭合夹紧时的变动距离；二是手指的夹紧力，为使手指能夹紧物体，并保证在运动过程中不脱落，要求手指在夹紧物体时有足够的夹紧力；三是根据物体的形状和位置，选择适当的手指形状和手部结构，使手指抓持物体吻合。

2) 行走部分

地面反恐防爆机器人的行走部分不仅要像车辆一样行走、越障还可以原地转弯等。

3) 驱动部分

驱动部分采用蜗轮蜗杆、减速器、行星齿轮减速器、谐波齿轮减速器等以及配套用的各种电机。

3. 功能分解与动作分解

(1) 为实现地面反恐防爆机器人的总功能，可将总功能分解为抓取功能、移动功能和放置功能。

(2) 机器的功能是多种多样的，但每一种机器都要求完成某些动作，所以往往把总功能分解成一系列相对独立的动作，依次作为功能元，然后用树状功能图来描述。要实现上述分功能，有下列动作过程。

① 臂杆可以在三维空间范围内运动。

② 机械手可以张开和闭合。

③ 机器人行走。

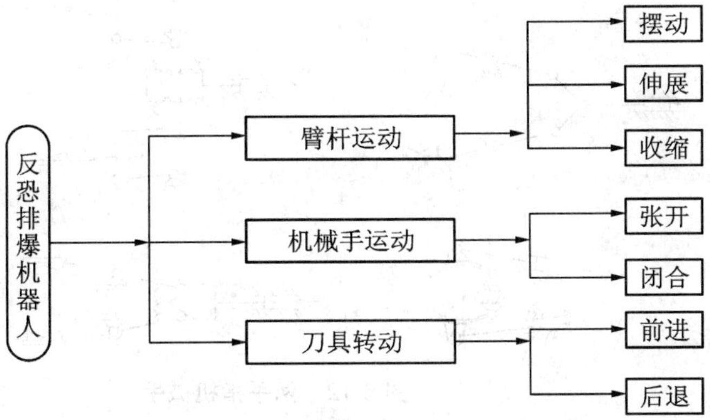

图 6.10 机械手臂树状功能图

4. 根据工作原理选择运动部件

根据总功能分解成一系列相对独立的动作，得到的树状功能图如图 6.10 所示。要实现上述分功能元的求解就要选择所需执行的部件。

1) 臂杆的选择

地面反恐防爆机器人根据不同的设计思想，工作装置的臂杆和关节数量是不同的。

常用的有：单连杆两关节自由度模式如图 6.11(a)所示，连杆的两端是由两个旋转自由度组成的关节，底部与车体连接的关节使连杆上下旋转运动，上端部的关节连接机械手，使机械手形成上下摆头，这种单臂(单连杆)的工作装置没有回转机构，当工作装置需要水平运动时，必须靠车体的运动；两臂杆三关节自由度模式如图 6.11(b)所示，它是完全模仿人的手臂设计制作的，这种机器人的工作装置有肩、肘、腕 3 个关节自由度，由大臂小臂两根连杆以及一个机械手组成，在运动学结构上，这类机器人最像人的手臂；三连杆多关节模式如图 6.11(c)所示，它比人类的手臂多了一杆，在三维空间运动更加自由。

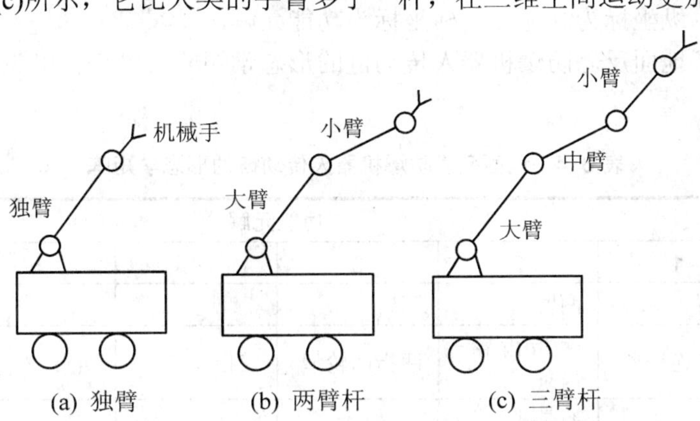

(a) 独臂 (b) 两臂杆 (c) 三臂杆

图 6.11 3 种机械手臂

2) 机械手的选择

一般情况下，机器人的手部只有两个手指如图 6.12 所示(为不同机构的机械手)，个别的有 3、4 指如图 6.13 所示或多手指如图 6.14 所示。手指结构的形式取决于被夹持物体的形状和特性，在反恐防爆工作中遇到的物体是不同的，因此手指的形状设计也是不同的。

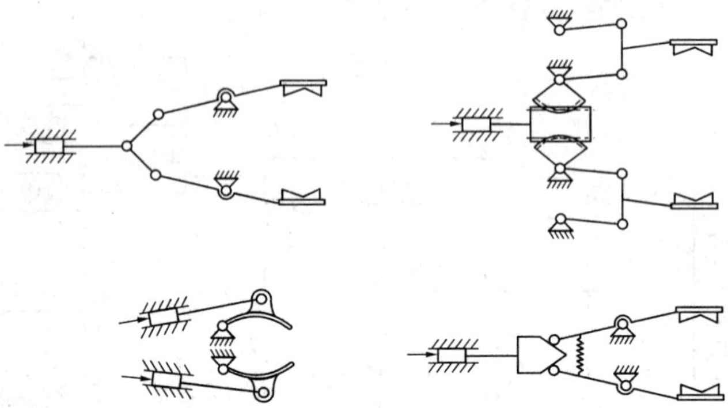

图 6.12　两手指机械手

图 6.13　四手指机械手

图 6.14　多手指机械手

3) 行走部分的选择

根据行走装置的不同，地面反恐防爆机器人分有轮式移动机器人和履带式移动机器人。

5. 用形态学矩阵法选择地面反恐防爆机器人的机械系统

形态学矩阵：纵坐标为功能元；横坐标为功能元解。

表 6-4 描述了地面反恐防爆机器人传动链的形态学矩阵，可综合出 36(N=3×6×2=36)种方案。

表 6-4　地面反恐防爆机器人传动链的形态学矩阵

功能元	功能元解					
	1	2	3	4	5	6
臂杆	独臂	两臂	三臂			
机械手	两指连杆型	两指齿轮-齿条	两指凸轮型	三指	四指	多指
行走部分	轮式	履带式				

根据是否满足预定的运动要求、运动链机构顺序安排是否合理等，选择出较好的运动方案。

上海交通大学研制的 Super-D 反恐防爆机器人如图 6.15 所示，它是由大臂、小臂、机械手和轮式行走部分组成的。

图 6.16 所示是地面反恐防排爆演习中机器人抓起一颗炸弹正要放入防炸桶的实例。

图 6.15　Super-D 反恐防爆机器人

图 6.16　反恐防爆机器人

6. 两臂杆三关节机器人手臂机构具体设计

根据工作原理和运动形式选择机构,两臂杆(二连杆)三关节机器人手臂机构是模仿人的手臂设计的，这种机器人有肩、肘、腕 3 个关节自由度，由大臂、小臂两根连杆以及一个机械手组成。

根据总功能分解成一系列相对独立的动作，得到树状功能图。要实现上述分功能元的求解就是将所需执行的动作，用合适的机构来实现。功能元载体的求解可根据解法目录来找到，再通过运动链抽象、变换得到机构解。

同一种功能可选择不同的工作原理，同一种工作原理可选择不同的机构。按运动转换基本功能选择机构，由总功能分解成各功能元，确定各执行构件的运动形式，进一步要解决的问题如下。

(1) 选择原动机，分析原动机运动形式与执行构件运动形式之间的关系。

(2) 配置传动机构和执行机构。一个原动机往往要驱动几个执行构件动作，有的原动机靠近执行构件，可直接带动执行机构；有的原动机与执行构件相距较远，必须加入传动机构，并与执行机构相连接，才能把原动机的运动传递转换为执行构件的运动。

图 6.17 所示为地面反恐防爆机器人手臂的运动转换功能图。它描述了原动机(电动机)的执行构件，即大、小杆臂和机械手的运动转换功能。中间矩形框内表示传动机构、执行机构的运动转换基本功能，末端平行四边形框内表示执行构件的运动形式。该机床由原动机通过传动链来实现执行构件的预期运动。

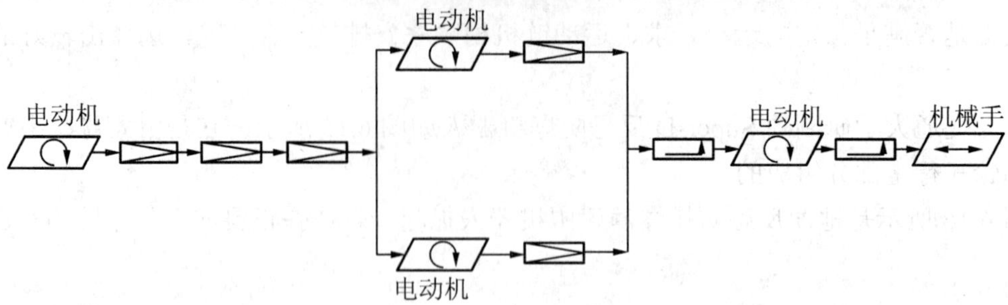

图 6.17　机械手臂的运动转换功能图

用形态学矩阵法选择机械手臂系统运动链。形态学矩阵：纵坐标为功能元即基本运动转换功能图列，横坐标为工能元匹配的原动件、机构列。

表 6-5 描述了机械手臂传动链的形态学矩阵。可综合出 8064(N=2×4×3×3×2×3×3×2×3=8064)种方案。

表 6-5　机械手臂传动链的形态学矩阵

功能图		功能元解(匹配机构)			
		1	2	3	4
电机		微型低速力矩电机	驱动电机	—	—
减速		蜗杆传动	行星轮系	圆锥齿轮传动	带传动
减速		谐波减速器	行星轮系	圆锥齿轮传动	—
减速		齿轮传动	行星轮系	链传动	—
电机		微型低速力矩电机	驱动电机	—	—
减速		谐波减速器	行星轮系	圆锥齿轮传动	—
运动合成		差动轮系	差动连杆机构	两自由度机构	—
电机		微型低速力矩电机	驱动电机	—	—
运动轴线变向		圆锥齿轮传动	蜗杆传动	螺旋齿轮传动	—

根据是否满足预定的运动要求，运动链机构顺序安排是否合理，运动精确度，成本高低，是否满足环境、动力源、生产条件等限制条件，最后选择出较好的运动方案。

最后的传动链为：肩关节采用微型低速力矩电机驱动，经过蜗杆传动、行星传动和定轴齿轮 3 级减速，肘关节由双驱动电机、双谐波减速器和锥齿轮差动机构组成。腕关节由驱动电机、双谐波减速器和锥齿轮传动组成，如图 6.18 所示。

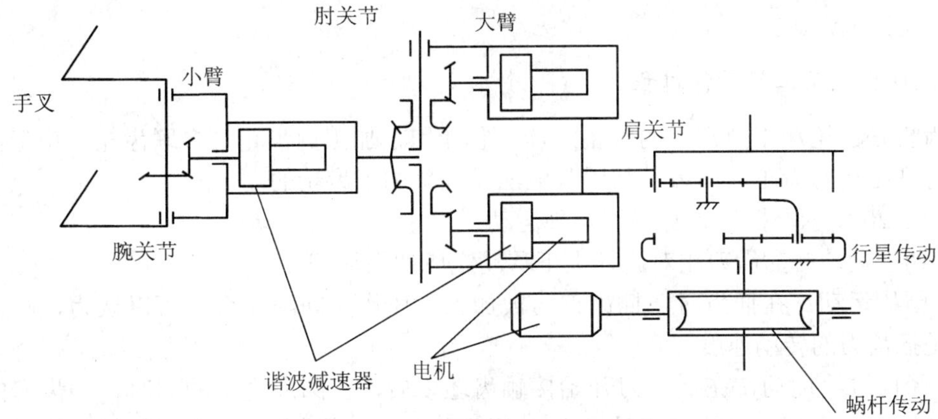

图 6.18　机械手臂传动系统

小　　结

机械系统的功能原理设计，是为了实现给定功能目标，而进行的对机械系统的工作原理和动作过程的构思。一台新机器，拟定出新颖的、合理的、最优的功能原理方案是一件相当复杂、又十分困难的设计与创造工作。在进行机器功能原理方案设计时，对于设计对象总功能的描述要准确、简洁，要合理抽象，抓住本质，这样就可使设计目的明确、思路开阔。为使设计对象达到总功能需要，可运用各种科学原理创造出新的机械产品，也要多借助于技术手段创造出新的机械产品来。为实现同一总功能可以采用多种功能原理方案，一个崭新的功能原理方案就可创造出一个新颖的产品。

习　　题

6-1 利用黑箱法分析下列机械产品的总功能：

①洗衣机；②机械手表；③打字机；④吸尘器。

6-2 试对下列产品进行功能分析，由总功能分解至功能元：

①自行车；②订书机；③千斤顶；④打火机；⑤减速器。

6-3 试用构思设计方法分析以下装置的原理方案(提出两种以上方案)：

①钢铁件去毛刺装置；②客车升降玻璃门窗的机构；③菠萝去皮机；④苹果(按一定大小)分类机。

6-4 回转手动剃须刀的功能分解如图 6.19 所示，试求各功能元解并列出形态学矩阵。

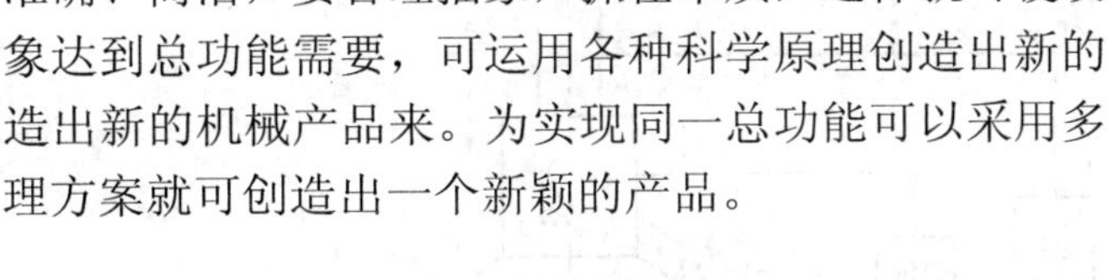

图 6.19　回转手动剃须刀的功能分解

6-5 插齿机设计。

1. 工作原理及工艺动作过程

插齿机是齿轮加工中常用的设备之一，它能用于加工内齿轮、多联齿轮、扇形齿轮以及一些特殊结构的齿轮。插齿是利用范成法原理来加工齿轮的。

如图 6-20 所示，插齿机有以下 4 种运动。

(1) 切削运动：插齿刀相对齿坯上下移动完成切削加工。

(2) 圆周运动：在插齿时，插齿刀与被加工齿坯作无间隙啮合，可以认为，圆周进给运动就是插齿刀的转动速度。

(3) 径向进给运动，在插齿刀开始接触齿坯以后，在圆周进给的同时，插齿刀向齿坯作径向进给，当进到一定的深度时停止，而圆周进给继续进行，直至齿坯转一周时，齿轮加工完毕。往往在加工一个齿轮时，整个齿需要分两次或多次径向进给，这一运动一般靠凸轮机构来完成。

(4) 退刀运动，当插齿空回行程时，为避免齿坯对插齿刀的摩擦，齿坯应该相对插齿刀离开一个距离，这一运动靠凸轮机构来完成。为提高机床的加工精度和延长刀具的寿命，要求插齿刀向下切削加工时速度尽量均匀平稳；为提高生产率减少非加工时间，要求切削运动有急回特性。

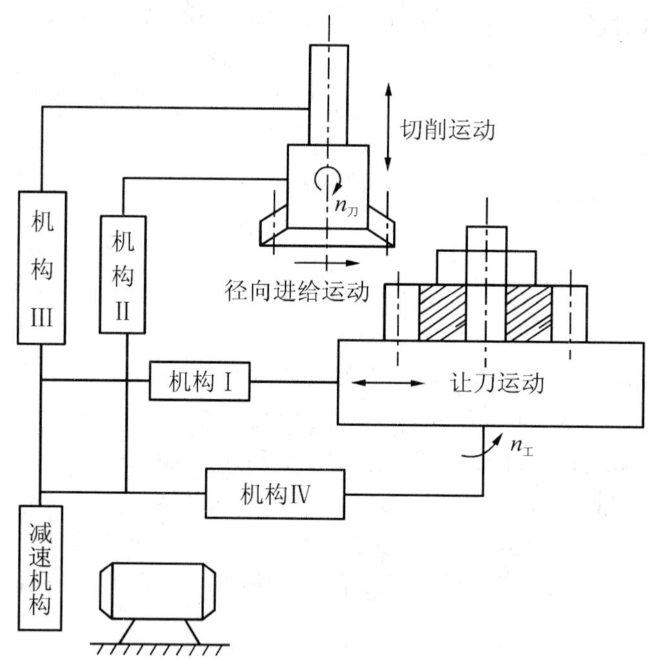

图 6.20　插齿机主传动系统

2. 原始数据及设计要求

(1) 被加工齿轮最大模数为 6mm；最大直径为 462mm；最大齿宽为 105mm。

(2) 插齿刀往复行程(4 种)：125 次/分钟，170 次/分钟，250 次/分钟，360 次/分钟。

(3) 电动机功率为 2.8kW；电动机转速为 1450 r/min。

3. 设计任务

(1) 插齿刀向下切削加工时的速度尽量均匀平稳。

(2) 根据工艺动作顺序和协调要求拟定运动循环图。

(3) 拟定插齿机的切削机构、径向进给机构和让刀机构的运动方案，并进行分析评价。

(4) 绘制机构运动简图。

(5) 编写设计说明书。

6-6 糕点切片机设计。

1. 工作原理及工艺动作过程

糕点先成形(如长方体、圆柱体等)，经切片后再烘干。糕点切片机要求实现两个执行动作：糕点的直线间歇移动和切刀的往复运动。通过两者的动作配合进行切片，改变直线间歇移动速度或每次间隔的输送距离，以满足糕点不同切片厚度的需要。

2. 原始数据及设计要求

(1) 糕点厚度为 10～20mm。

(2) 糕点切片长度(即切片的高)为 5～80mm。

(3) 切片时最大的作用距离(即切片的宽度)为 300mm。

(4) 切刀的工作节拍为 40 次/分钟、50 次/分钟。

(5) 电动机功率为 P=0.55kW(或 0.75kW)，转速为 n=1390r/min。

(6) 要求机械系统的机构简单、轻便，运动灵活、可靠。

3. 设计任务

(1) 根据工艺动作顺序和协调要求拟定运动循环图。

(2) 构思实现上述动作要求的间歇运动机构和切口机构。

(3) 根据选定的原动机和执行机构的运动参数拟定机械传动方案。

(4) 画出机械运动方案简图。

(5) 对机械传动系统和执行机构进行运动学计算。

(6) 编写设计说明书。

6-7 自动打标机设计。

1. 工作原理及工艺动作过程

产品自动打标机能实现在产品表面自动打制钢印的要求。产品由输送带运送到推送头 1 的前端(如图 6.21 所示)，然后由推送机构将产品 3 推送到打印头 2 的下部，此后打印头 2 向下运动，与产品上表面接触，完成打印操作。在打印头退回原位时，推送机构再推送另一产品，并把已打印好的产品推走。

2. 原始数据及设计要求

产品尺寸为长×宽×高=200mm×200mm×100mm，生产率为 10 件/分钟、20 件/分钟，要求打印头在与产品接触时，有 1s 的停歇时间，以保证在产品上形成清晰的印字。设打印头在打印过程中对产品的压力为 500N(选择电动机)。

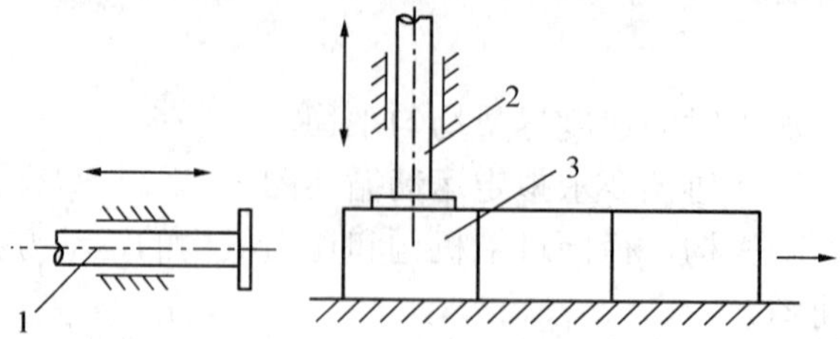

图 6.21 自动打标机

3. 设计任务

(1) 根据工艺动作顺序和协调要求拟定运动循环图。

(2) 拟定打标机机构和推送机构的运动方案，并进行分析评价。

(3) 进行打标机机构和推送机构的尺寸综合。

(4) 绘制机构运动简图。

(5) 对机械传动系统和执行机构进行运动学计算。

(6) 编写设计说明书。

6-8 蜂窝煤成形机设计。

1. 工作原理及工艺动作过程

冲压式蜂窝煤成形机是蜂窝煤(通常又称煤饼，即在圆柱形饼状煤中冲出若干通孔)生产厂家的主要生产设备。它将粉煤加入转盘上的模筒内，经冲头冲压成蜂窝煤。为实现蜂窝煤冲压成形，冲压式蜂窝煤成形机必须完成 5 个动作。

(1) 粉煤加料。

(2) 冲头将粉煤压制成蜂窝煤。

(3) 清除冲头和出煤盘上积屑的扫屑运动。

(4) 将模筒内冲压好的蜂窝煤脱模。

(5) 将冲压成形的蜂窝煤输送装箱。

2. 原始数据及设计要求

(1) 蜂窝煤成形机的生产能力为 30 次/分钟、35 次/分钟。

(2) 驱动电动机功率 P=11kW，转速 n=710r/min。

(3) 冲压成形的生产阻力为 30000N。

(4) 为改善蜂窝煤冲压成形的质量，希望在冲压后有一短暂的保压时间。由于冲头要产生较大压力，所以希望冲压机构具有增力功能，以增大有效力的作用，减小原动机的功率。

3. 设计任务

(1) 按工艺动作要求拟定运动循环图。

(2) 进行冲压脱模机构、扫屑刷机构、模筒转盘间歇运动机构的选型。

(3) 拟定机构的运动方案，并进行分析评价。

(4) 绘制机构运动简图。

(5) 对机械传动系统和执行机构进行运动学计算。

(6) 编写设计说明书。

第 7 章　反求工程与创新设计

教学提示：根据反求的对象不同，采用不同的方法。常用的反求设计方法主要包括硬件反求、软件反求和影像反求，其中包括设计思想、原理方案、结构、材料、精度、工艺与装配。

教学要求：了解反求工程的主要内容，了解反求设计的过程和主要内容，了解传统设计与反求设计的区别，了解影像反求设计的意义和目的。重点掌握软件反求设计、硬件反求设计与创新的方法，特别是原理方案反求的方法和步骤，能初步运用反求设计的方法进行设计。

7.1　反求工程概述

在当今的信息时代，产品及技术交流日益频繁，市场竞争日趋激烈，产品的需求呈现出个性化、多样化等特点。产品批量变小，技术含量增大，品种增多，产品的生命周期变得越来越短。传统的开发模式已很难适应新的变化需求，建立快速的市场响应技术平台已成为企业在市场竞争中立于不败之地的重要法宝。

实际上，任何产品的问世，包括创新、改进和仿制都蕴含着对已有科学、技术的继承和应用借鉴。日本是应用反求工程技术推动本国科技和经济高速发展的典范，当今日本的技术经济称雄世界，究其原因与日本高度重视反求工程技术是分不开的。二次大战后日本经济严重崩溃，为了发展科技振兴经济，战后日本推行了“吸收式”技术发展战略，即在引进先进技术的同时，十分注重反求工程技术的研究和应用。通过对先进引进技术的消化、吸收、改进，生产出技术水平更高、性能质量更好的产品，从而迅速占领国际市场，如美国人发明的晶体管技术原来只用于军事领域，日本 SONY(索尼)公司买到此晶体管专利技术后进行反求工程研究，移植于民用领域，开发出晶体管半导体收音机，占领了国际市场。

目前，我国在设计制造方面距发达国家还有一定的差距，利用反求工程技术可以充分吸收国外先进的设计制造成果，使我国的产品立于更高的起点。引进先进技术并进行反求工程的研究，最直接的效益是比自己探索创造成本低，且赢得了宝贵的时间，是加快发展的捷径。这对于尽快缩短我国与发达国家在科技水平上的差距将起到积极推动的作用。

当今世界各国都非常重视反求工程的研究，因为日新月异的科学技术已经渗透到社会的各个领域，没有哪个国家可以包打天下了。据有关统计资料表明：世界各国的技术成果，有 70%是通过反求工程的研究而获得的。因此研究反求工程技术，对促进我国国民经济的发展和科学技术水平的提高，具有重大的意义。

反求工程是一种现代快速设计方法，是消化、吸收和提高先进技术的一系列分析方法和应用技术的组合，是以先进产品设备的实物、软件(图纸、程序、技术文件等)或影像(图片、照片等)作为研究对象，以现代设计理论、方法为指导，以先进测量技术、曲面重构技术及 CAD 技术等为基础，应用生产工程学、材料学、设计经验、创新思维和有关专业知识进行系统且深入的分析和研究，探索掌握其关键技术，进而开发出同类的先进产品，其中包括设计反求、工艺反求、管理反求等。本章主要讨论反求设计。

7.1.1 反求设计

反求工程首先要进行反求分析，反求设计与传统的产品正向设计方法不同，它根据已存在的产品或零件原型来构造产品的工程设计模型或概念模型，在此基础上对已有产品进行解剖、深化和再创造，是对已有设计的再设计。

传统的产品开发过程遵从正向设计的思维，首先要根据市场需求，提出目标和技术要求，进行功能设计，创造新方案，经过一系列的设计活动，变为产品。概括地说，传统的设计是由未知到已知、由想象到现实的过程，其示意图如图 7.1 所示。

图 7.1 传统设计示意图

反求设计是从已知事物的有关信息(包括硬件、软件、照片、广告、情报等)去寻求这些信息的科学性、技术性、先进性、经济性、合理性、国产化的可能性等，要回溯这些信息的科学依据，即充分消化和吸收，而更重要的本质是在此基础上要改进、挖潜进行再创造。反求的目标如果仅限于仿制，那么就会是最原始、低级的模仿，其质量和生命周期不会有竞争力，更严重的是侵权行为，要受产权保护的制裁。如图 7.2 所示为反求设计示意图。

图 7.2 反求设计示意图

7.1.2 反求设计的过程

反求设计分为两个阶段：反求分析阶段与反求设计阶段。反求分析阶段是通过对原产品的功能、原理方案、零部件结构尺寸、材料性能、加工装配工艺等进行全面深入的了解，明确其关键功能和关键技术，对设计特点和不足之处作出必要的评估。反求设计阶段是在反求分析的基础上进行测绘仿制、变参数设计、适应性设计或开发性设计。

反求分析包括两方面的内容，一是面向对象整体的宏观分析，二是面向对象组成部分个体系统的详细分析。

1. 宏观分析

以机电产品为例，从概念上分析，机电产品可概括为能量、物料、信息与环境 4 个基本方面。

(1) 能量分析，主要了解原产品采用的能源方式、动力源、能否用其他能源代替，其次了解原产品的工作行为、运动传递、载荷特点以及动平衡等。

(2) 物料分析，零、部件的形状、材料、形态以及特殊要求，如助燃、隔热、防水等。

(3) 信息分析，系统中有关信息的测取、传递、处理、采用和控制等。

(4) 环境分析，工作环境要求如温度、湿度、防尘、防辐射，产品系统对环境的影响包括粉尘、污物、污水、振动和噪声等。

2. 详细分析

1) 反求设计思想

了解产品设计的指导思想是分析产品设计的重要前提，是明确反求设计要求的关键。

一些产品以扩展功能、降低成本、提高市场竞争能力为目标；携带方便、使用灵活是另一些产品的追求目标；可持续发展、节能、环保、绿色设计人性化是现代设计理念的体现。总之，抓住了产品的设计思想，就抓住了原设计的根本，有利于寻求关键技术。在此基础上，才能确立自己的创新设计思想，如了解奔腾计算机 I 型的主机电源较大，可提前设计出新一代同类产品，使计算机升级时仅更换 CPU 芯片即可。

2) 原理方案分析

产品是针对功能要求进行设计，功能的实现依赖于原理方案的保证。探索原设计的功能原理和机构组成特点，进一步研究实现同样功能新的原理解法是实现反求设计技术创新的重要步骤。不同的功能目标可引出不同的原理方案，如在设计一个夹紧装置时，把功能目标定在机械手段上，则可能设计出螺旋夹紧、凸轮夹紧、连杆机构夹紧、斜面夹紧等原理方案；如果把功能目标确定为扩大，则可能出现液压、气动、电磁夹紧等原理方案。

原理方案分析围绕执行系统的特点，从动力源、传动系统、测量系统、控制系统等方面逐项分析，并了解各路间的联系和接口，查证原产品是否存在不尽人意的问题或矛盾。

3) 结构分析

产品中零、部件的具体结构是产品功能目标的保证，对产品的性能、成本、寿命、可靠性有着极大的影响。结构方式不同，对功能的保证措施也不同，随之带来的是产品特点也不同。例如，冷冲压模具设计中的弹性装置，可采用弹簧与橡胶两种不同的弹性元件。另外，满足同一执行动作，可以有不同的结构形式，如齿轮传动、液压传动等。

4) 材料分析

通过零件的外观比较、重量测量、硬度测量、化学分析、光谱分析、金相分析等手段，对材料的物理、化学成分、热处理进行鉴定。参照同类产品的材料牌号，选择满足力学性能和化学性能要求的国产材料代用。

5) 形体尺寸分析

在能够获得原产品实体或图纸的情况下，可以直接测量分析零、部件的形体尺寸，对于只能获得原产品图像的情况下，根据反求对象为实物、影像或软件的不同，在形体尺寸确定时，所选用的方法也有所不同。若是实物反求，则可通过常用的测量设备(如万能量具、投影仪、坐标机等)对产品直接进行测量，以确定形体尺寸；若是软件反求和影像反求，则可采用参照物对比法，利用可以按照透视法求得尺寸之间的比例，并结合人机工程学和相关的专业知识，通过分析计算来确定形体尺寸。

6) 外观造型分析

产品外观造型是产品的视觉语言，最能突出产品的个性，在商品竞争中起着重要的作用。对产品的造型及色彩进行分析，从美学原则、顾客需求心理、商品价值等角度进行构型设计和色彩设计。

7) 工艺和精度分析

许多设备之所以先进，关键是工艺先进。分析产品的加工工艺过程和关键工艺十分重要，在此基础上选择合计工艺参数，确定新设计产品的制造工艺方法。

构建表面形状、尺寸、元素的相对位置要求是保证零件功能的基础条件，在反求过程中，必须对尺寸精度、配合精度、形位精度、表面粗糙度等进行深入分析。公差问题的分析是反求设计中的难点之一，通过测量，只能得到零件的加工尺寸，不能获得几何精度的分配。合理设计其几何精度，对提高产品的装配精度和机械性能至关重要。

8) 工作性能分析

对产品的主要工作性能(如强度、刚度、精度、寿命、安全等)要进行试验测定，以掌握其设计要求和设计规范。

9) 其他

其他包括使用、维护、包装技术等。先进的产品应具有良好的使用性能和维护性能，包装策略是产品销售策略的重要组成部分。

7.1.3 反求设计的分类

反求设计的研究对象及研究内容多种多样，所包含的内容也比较多，主要可以分为以下三大类。

(1) 实物类：主要是指先进产品设备的实物本身，称硬件反求。

(2) 软件类：包括先进产品设备的图样、程序、技术文件等，称软件反求。

(3) 影像类；包括先进产品设备的图片、照片和以影像形式出现的资料称影像反求。

7.2 硬件反求设计与创新

反求设计的研究对象为引进的比较先进的设备或产品实物，其目的是通过对产品的设计原理、结构、材料、工艺装配、包装、使用等进行分析研究，研制开发出与被分析产品功能、结构等方面相似的产品。

硬件反求可分为对整个设备的反求(即整机反求)、对组成机器部件的反求(即部件反求)和对机器零件的反求(即零件反求)共3个组成部分。硬件反求设计的一般过程如图7.3所示。

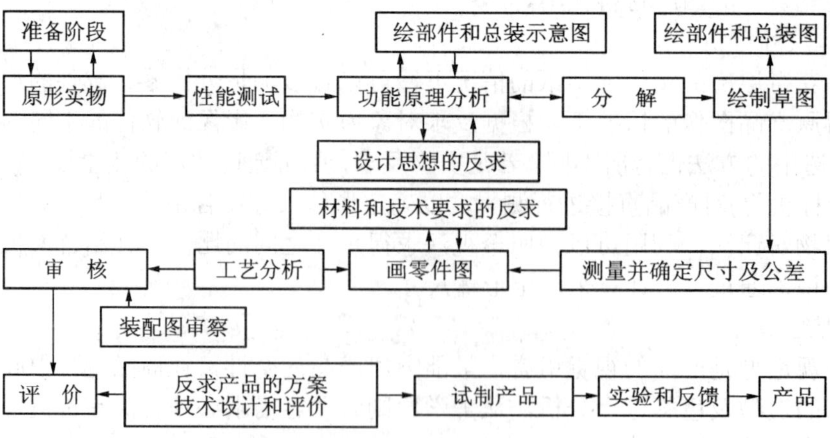

图7.3 硬件反求设计的一般过程

硬件反求设计法具有如下特点。

(1) 具有直观、形象的实物。

(2) 对产品功能、性能、材料等均可进行直接试验分析，求得详细的设计参数。

(3) 对机器设备能进行直接测绘，以求得尺寸参数。

(4) 仿制产品起点高，设计周期可大大缩短。

(5) 引进的样品即为所设计产品的检验标准。

硬件反求又可分为以下 4 种。

(1) 整机的反求。

(2) 关键零、部件的反求。

(3) 机械零件材料的反求。

(4) 公差的反求。

7.2.1 设备实物反求

下面以转盘式滚压成形机为例进行反求设计。

1. 原设备分析

虽然有设备实物，但不能进行整机测试和拆卸测绘，因此不能进行实物反求，只能凭参观考察印象，从设备的外形、尺寸、比例及有关专业知识，去分析、琢磨其功能及内部可能的结构进行反求设计。

2. 功能分析

任何一件产品，既是由若干个零件组成的结构系统，又是由若干个子功能组成的功能系统。结构系统是产品的物质基础，功能系统则是实现产品总功能的抽象功能特性的集合，两者有着一一对应的关系。

功能分析的实质就是将反求对象的结构系统转化为功能系统。本案例的功能分析过程为：结构组成及工作原理分析、功能定义和功能整理。

1) 结构组成及工作原理分析

反求对象的工作原理及结构组成分析是功能分析的基础，工作原理示意图是功能分析的重要工具。工作原理示意图能简要地反映产品的整体布局、传动系统、工作原理及结构组成等，画好原理示意图是进行功能分析的前提。经实地参观考察，凭借设备外形特征及有关的专业知识画出转盘式滚压成形机的工作原理示意图，如图 7.4 所示。

主轴电机 14 经三角皮带无级变速装置 15 和锥形摩擦离合器 16 使主轴 13 转动。另一台电动机 1 经三角皮带传动装置 2 和蜗杆蜗轮机构 3 使立轴 5 旋转，立轴通过齿轮传动 4 带动空套在心轴上的圆柱凸轮 6 转动，圆柱凸轮机构可驱使主轴 13 及模座 12 做升降运动，并操纵锥形摩擦离合器 16 的接合与分离。同时立轴上的槽轮机构 7 使回转工作台 8 作间歇转动。回转工作台上一般有 6 个沿圆周均匀分布的模型座。主轴上方装有滚压头的滚头轴，滚压头电动机 11 经过三角皮带无级变速装置 10 带动滚压头 9 旋转。

2) 功能定义

功能定义就是对产品的功能进行抽象的描述，说明功能的实质，限定功能的范围，并与其他产品功能相区别，其实质就是透过产品的物理特性找出它本质的功能特性。在对产品进行功能定义时，既要给产品的总体功能下定义，同时为了更清楚、更全面地了解产品的子功能与子功能之间的联系，还必须给产品主要零部件的功能下定义。

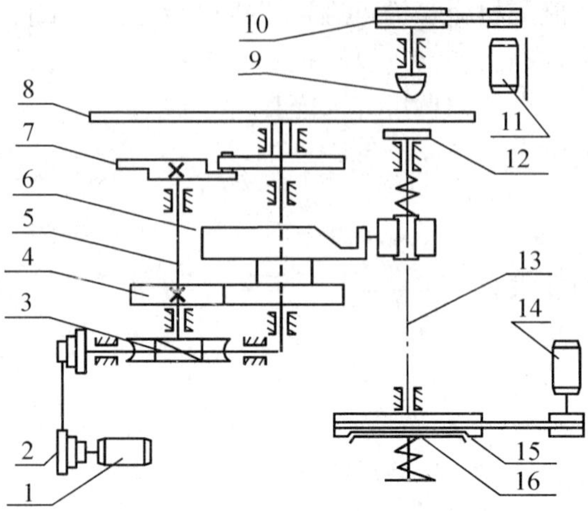

图 7.4　转盘式滚压成形机的工作原理示意图

1—电动机；2—皮带传动装置；3—蜗杆蜗轮机构；4—齿轮传动；5—立轴；6—圆柱凸轮；7—槽轮机构；8—回转工作台；9—滚压头；10—变速装置；11—滚压头电动机；12—模座；13—主轴；14—主轴电动机；15—变速装置；16—锥形摩擦离分器

根据转盘式滚压成形机的工作原理及结构组成分析，定义转盘式滚压成形机主要零部件的功能，见表 7-1。

表 7-1　主要零部件的功能

序　号	零部件名称	功　　能
1	电机	提供工作台旋转和主轴升降的动力
2	带传动	运动转换(有级变速)
3	蜗轮蜗杆	运动转换(变速、变向)
4	齿轮传动	运动转换
5	立轴	支撑轴上零件
6	圆柱凸轮	主轴升降
7	槽轮机构	运动转换
8	回转工作台	装料
9	滚压头	泥料成形
10	带传动	运动转换(无级变速)
11	滚压头电机	提供成形的动力
12	模座	泥料成形
13	主轴	支撑模座
14	主轴电机	提供成形的动力
15	带传动	运动转换(无级变速)
16	锥形摩擦离合器	运动转换
17	机架	提供支承

3. 功能整理

功能整理就是在对产品及其主要零部件进行功能定义的基础上，按照各功能之间“目的-手段”的关系，将产品的实物结构系统转换为功能结构系统，其结果用功能系统图(功能树)来表达。

转盘式滚压成形机的功能系统比较简单，采用直推法，就是从产品的总功能开始，向后依次寻找其实现该功能的手段功能，直到找到末位功能(功能元)为止的直接推进方法，就可得到该机的功能系统图，如图7.5所示。

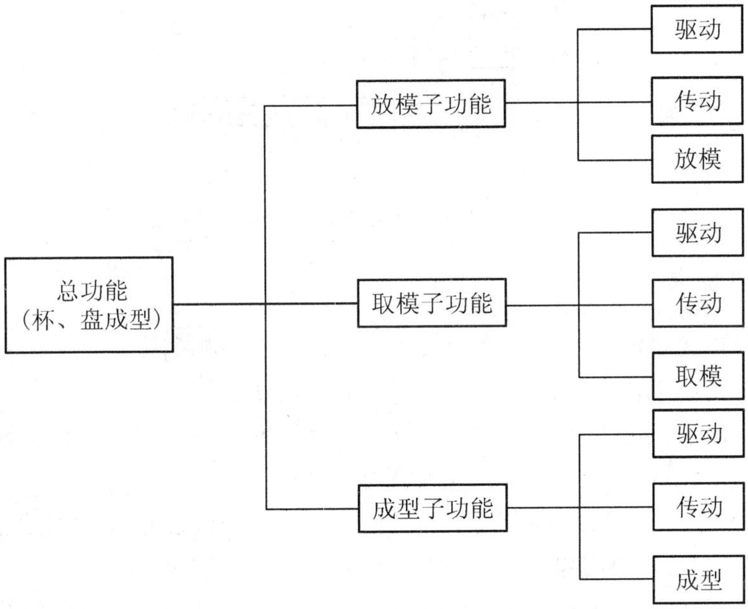

图7.5 转盘式滚压成形机的功能系统图

4. 原设备分析

(1) 原设备机械传动装置较为复杂，如工作台旋转和立轴的升降由电机 1 带动，整机显得较为笨重，功耗较大。

(2) 主轴的升降距离不能调节，使加工品种范围小。

(3) 工作台的回转时间不能调节，空转时间长，生产率低。

5. 二次设计

根据对原转盘式滚压成形机的分析得出；首先要找出不令人满意的子功能解，进行二次设计，设计方法可以采用功能设计法，列出形态学矩阵进行多种方案设计(如第2章所述)。

原设备与二次设计后的主要区别在于工作台转动和主轴上下运动的控制方面，省去了原成形机中的三角皮带有级变速装置、蜗杆蜗轮传动装置、槽轮机构和圆柱凸轮机构，而只增加了一只步进电机、一对齿轮传动和螺旋传动装置。

二次设计后转盘式滚压成形机采用多机驱动，简化了传动系统，减小了整机的尺寸，降低了制造成本，特别是采用单片机控制子功能时，控制回转工作台转动的时间，缩短空转的时间，有利于提高坯体的质量和劳动生产率，如图7.6所示。

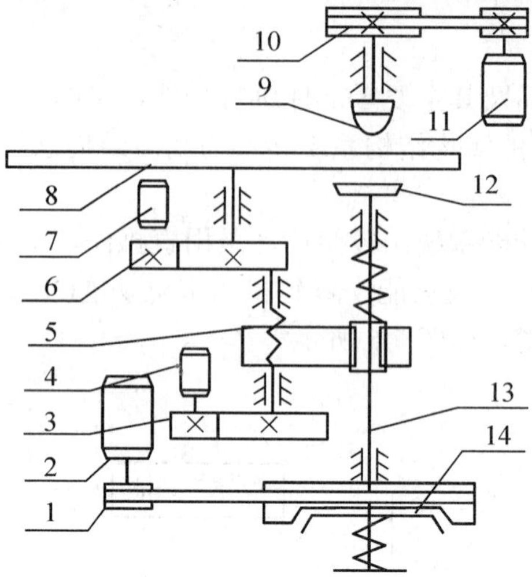

图 7.6　二次设计后转盘式滚压成形机

7.2.2　关键部件反求

反求设计是以先进的产品或技术为对象进行深入的分析研究，探索掌握其关键技术，在消化、吸收的基础上，开发出同类型创新产品的设计。

压缩机是电冰箱制冷循环的动力，它好比电冰箱的心脏，电冰箱借助这个心脏，使制冷剂在系统管道中循环，故压缩机是电冰箱的关键部件。

反求设计的指导思想为：合理选型，结构先进，主要性能指标达到或超过国外同类先进产品的水平。实物(反求对象)为意大利扎努西公司的 V612 型样机。

反求的主要内容是全封闭制冷压缩机的压缩机构，即机构类型及构件的材料。

1. 往复式压缩机类型反求分析

反求对象为电冰箱的“心脏”部分。目前，常用往复式压缩机的主要类型有曲柄滑管式、曲轴连杆式和曲柄连杆式。

(1) 曲柄连杆式：活塞的运动通过曲柄连杆传动。主轴为曲柄型，并为一点支承，受力小，适应于 300W 以下的压缩机组。

(2) 曲轴连杆式：活塞的运动由曲轴、连杆传动，这种机构使各部分受力均匀，因此使用寿命长，适应于各种功率的压缩机组。

(3) 曲柄滑管式：曲柄轴拨动“丁”字形活塞体横管中的滑块作弹性结合传动。由于这种结构无连杆装置，故加工装配比较简单，适合大批生产。

从表 7-2 可知，经分析、比较三者的优缺点确定选型为曲柄连杆式，它具有结构简单、零件少、噪声小、寿命长、能效比高等特点。

表 7-2　滑管式、连杆式压缩机性能比较

类型		滑管式	连杆式	
结构分类		曲柄滑管式	曲轴连杆式	曲柄连杆式
结构	滑动副/个	2	1	1
	转动副/个	2	3	4
零件	数量	较多	较多	稍少
	精度	要求低	要求较高	要求低
设备	数量	多	多	稍少
	精度	低	较高	略低

2. 零件设计

材料的匹配：活塞(铁基粉末冶金)与缸体(耐磨铸铁)、连杆(铁基粉末冶金)与曲柄(合金铸铁)，按它们的材质成分、硬度等参数分组，以组合排列方式分组分别进行磨损试验，从中选取最佳的材料匹配组合。

7.2.3　机械零件尺寸精度反求设计

反求尺寸不等于原设计尺寸，需要从反求尺寸推论出原设计尺寸。假定所测的零件尺寸均为合格的尺寸，反求值一定是零件图纸上规定的公差范围内的某一数值是事先未知的，反求值应在图纸上规定的最大极限尺寸和最小极限尺寸之间。机械零(部)件尺寸精度应从其所包含的基本尺寸、配合基准制、配合尺寸的极限偏差(公差)、表面粗糙度和形位公差 5 个方面的内容进行反求。

1. 基本尺寸的反求

实测尺寸是反求基本尺寸和尺寸公差的主要依据。对于基本尺寸来说，设计时一般将其取为标准尺寸或整数尺寸，可取最靠近实测尺寸的标准尺寸或整数尺寸作为基本尺寸。若是英制设计，则应按英制取标准尺寸或整数尺寸。如果这个尺寸是配合尺寸，则相配孔轴的基本尺寸取为相同，并按最接近原则取值。若某一尺寸的实测值与两相邻整数尺寸差值的绝对值都较大，则应按表 7-3 来确定其基本尺寸，看其是否应该含有小数。若是小数尺寸，那么在处理小数点后第二位的尾数时，可按国际数学修约规则，即逢四则舍、逢六则进、逢五则以保证前一位为偶数的原则来决定舍与进。

表 7-3　基本尺寸的定位表

	基本尺寸/mm	与相邻整数差的绝对值	基本尺寸应否含小数值
测量圆整法	1～80	≥0.2	应含有小数
	＞80~250	≥0.3	应含有小数
	＞250~500	≥0.4	应含有小数

2. 配合基准制的判别

若反求尺寸是配合尺寸时，那么判别配合是基孔制还是基轴制是必要的。判别可以从

两方面同时进行：一般将其定为基孔制，还应该考虑工艺的经济性和结构的合理性，若是“一轴多孔”结构，且有不同配合要求的配合结构，轴是不进行切削加工的冷拉标准轴或是标准件的配合结构，则定为基轴制；若孔的实测尺寸更接近于基本尺寸且比基本尺寸大，则说明孔的上偏差为正值，下偏差为零，定为基孔制；若轴的实测尺寸更接近于基本尺寸且比基本尺寸小，则说明轴的上偏差为零，下偏差为负值，定为基轴制。

3. 配合尺寸中公差的反求

对于反求设计而言，实物原型尺寸是客观存在的，它是基于原始设计参数通过一定的制造工艺获得的。在这一过程中，包含了制造、磨损和测量等误差，服从一定的概率统计规律，根据概率统计实践，在正常生产条件下，合格孔、轴的实际尺寸为极限尺寸的概率是很小的。零件尺寸的制造误差与测量误差的概率分布，大多是服从正态分布的，其分布中心与公差带中心重合，即实际尺寸位于设计尺寸公差范围中值的概率为最大。

对非配合尺寸采用测量尺寸或三维重构所得尺寸及其对应于机器整体精度的未注公差即可。这是因为在这种情况下，轮廓的形状误差对功能的影响居于主导地位，而尺寸公差的影响较小。配合尺寸中的公差反求是一个难点，判断的主要依据是使用要求，应该根据工作条件要求的松紧程度来选择适当的配合，其方法如下。

1) 基准件极限偏差的反求

按概率统计实践，将实测尺寸定为公差带的中值，又有基准孔的下偏差为零(基准轴的上偏差为零)，故实测尺寸与基本尺寸差值的绝对值就是尺寸公差的一半，即基准孔为$T_n/2$(基准轴为 $T_s/2$)，以此为根据，对照标准公差表，确定基准孔(基准轴)的尺寸公差，此时的尺寸公差就是基准孔的上偏差(取正值)；或基准轴的下偏差(取负值)，如图 7.7 所示。

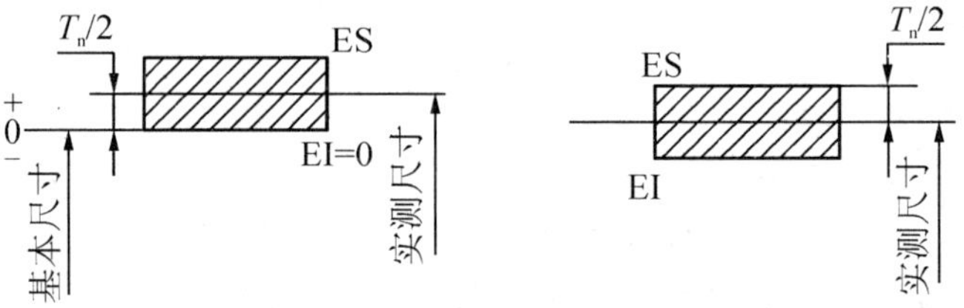

(a) 基孔制配合

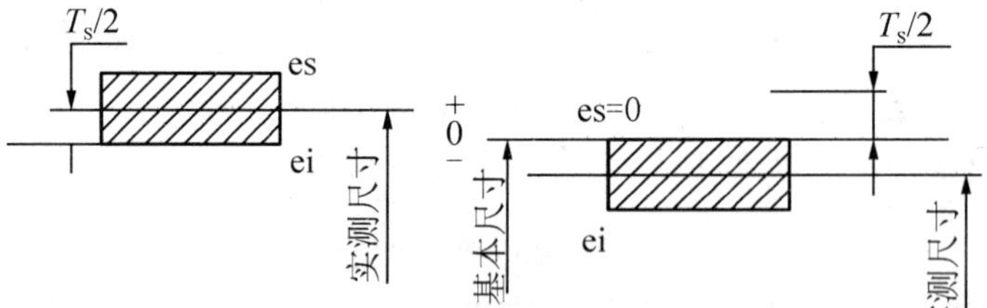

(b) 基轴制配合

图 7.7 配合尺寸极限偏差反求图

2) 非基准件极限偏差的反求

首先按工艺等价的原则和配合性质确定非基准件的公差。对于在做功能分析和结构分析时大体已知其间隙配合和过渡为 8 级或高于 8 级的孔，应和高一级的轴配合；9 级或低于 9 级的孔，应和同一级的轴配合。对于过盈配合，7 级或高于 7 级的孔应与高一级的轴配合；8 级或低于 8 级的孔，应与同一级的轴配合。然后将非基准件实测尺寸定为公差带的中值，则其最大极限尺寸为实测尺寸加上公差的一半，最小极限尺寸为实测尺寸减去公差的一半；相应的上偏差为最大极限尺寸减去基本尺寸，下偏差为最小极限尺寸减去基本尺寸。

机械零件尺寸公差确定的优劣，直接影响机器的装配精度和整机的工作性能。反求工程中，因为反求对象的数量有限，不可能由数理统计方法得到，只能通过反求设计得到一个可信度相对较高的数值，使反求工程得以继续，并在其后的实践中对它加以修正。

4. 表面粗糙度的确定

在确定零件的表面粗糙度时，首先应该根据零件的功能分析和工艺分析的结果，确定零件应该选用的表面粗糙度参数，然后应该考虑零件的加工方法，参照国家标准，确定出合理的表面粗糙度参数的实际值。

5. 形位公差的确定

在对机器(产品)的零件进行功能分析、结构分析和工艺分析后，可根据零件要素的几何特征、结构特点和使用要求来确定被测要素的形位公差项目，再对可能标注形位公差项目的要素进行实测，得到相应的形位误差值，以此实测值为参数，并按照下列关系来确定其形位公差值。

1) 同一要素上的形位公差的关系

若同一要素可能同时标注形状公差和位置公差，那么其形状公差值要小于位置公差值，否则只标位置公差。

2) 有配合要求的形状公差和尺寸公差的关系

有配合要求并要严格保证配合性质的要素，应该采用包容原则。

7.3　软件反求设计与创新

软件反求设计的特点是软件反求设计的抽象性，引进的软件不是实物，可见性差，不如实物形象直观。因此，软件反求设计的过程是一个处理抽象信息的过程。

软件反求是以与产品有关的技术图样、产品样本、专利文献、影视图片、设计说明书、操作说明、维修手册等技术文件为依据进行新产品设计的过程。软件反求的主要目的是增强企业的设计、制造、研制能力。

1. 技术资料反求设计的特点

按技术资料进行反求设计时，要首先了解技术资料反求设计的特点。

1) 抽象性

技术软件不是实物，可见性差，不如实物形象直观，因此，技术资料反求设计的过程是一个处理抽象信息的过程，需要发挥人们的想象力。

2) 科学性

软件反求要求从技术资料的各种信息载体中提取信号，经过科学的分析和反求，去伪存真，由低级到高级，逐步破译出反求对象的技术秘密，从而得到接近客观的真值，因此，软件反求具有高度的科学性。

3) 综合性

软件反求要综合运用相似理论、优化理论、模糊理论、决策理论、预测理论、计算机技术等多学科的知识，因此，软件反求是一门综合性很强的技术。

4) 创造性

软件反求是一种创造、创新的过程，软件反求设计应充分发挥设计者的创造性及集体智慧，大胆开发，大胆创新。

2. 软件反求设计的常用方法

图片资料的反求设计对图片等资料进行分析是最主要的关键技术，主要有透视变换原理与技术、透视投影原理与技术、阴影、色彩与三维信息等技术。随着计算机技术的飞速发展，图像扫描技术与扫描结果的信息处理技术已逐渐完善，现代的高新技术正在使这个难度大的反求设计变得比较容易。

7.3.1 装配图反求

悬挂式减速器是门座起重机的一种新型减速器，现有的资料仅为德国某公司的该类减速器的装配图。从装配图上可得到传动路线、某些零部件的尺寸参数以及材料等。通过计算机辅助反求设计，采用模块化处理方法和CAD手段，结合我国起重机规范GB 3811—1983的齿轮减速器标准，开发出新型悬挂式减速器系列产品，并实现从设计到绘图的参数化。

1. 产品设计指导思想

由于减速箱为悬挂式，自重轻、单位重量所能传送的扭矩较大等就成为此减速箱的特点。因此，在设计中除保证其传动功能、零件强度外，减轻重量、结构紧凑也是反求设计中的主要目标，另外发展系列产品是满足多品种、低成本、短开发周期，以提高市场竞争能力的有效手段。

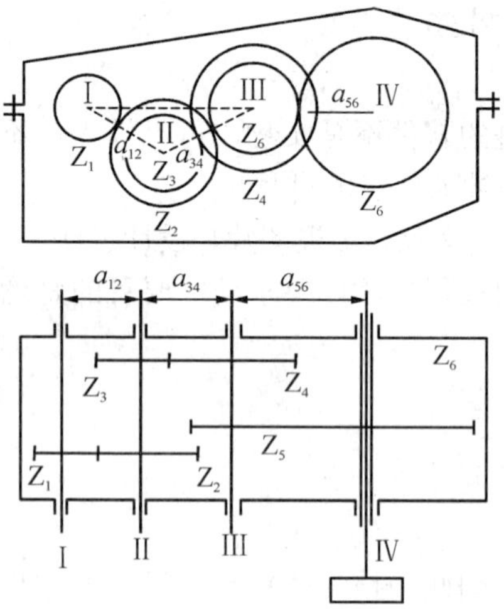

图 7.8　悬挂式减速器传动简图

2. 原理方案分析

如图 7.8 所示，该减速器的动力源是鼠笼型三相异步电机，电动机与制动器、减速器三者直接连接，动力由高速轴输入，通过三级斜齿圆柱齿轮传动，其动力由输入轴传递到输出轴，输出轴的大圆盘直接与卷筒连接，而低速齿轮与输出轴之间靠花键套筒连接，传递扭矩。此原理方案非常有利于减速器的结构紧凑和减轻重量。

3. 结构分析

零部件是功能载体，其结构首先要满足功能需要。在分析结构的同时还要考虑提高性能(如强度、刚度)、降低噪声和成本、提高安全可靠度等方面的特点。悬挂式减速器采用斜齿轮传动，就是为了提高重合度和强度，减少振动，使啮合平稳，降低噪声。输入轴齿轮尽量布置在该轴的支承跨距中部，这样可以减少因轴变形引起的齿轮偏载。输入轴从两端伸出，电动机可以灵活地安装在任一端，这种结构极大地方便了现场安装施工。此外，悬挂式减速器与 QJ 型减速器相比，在结构上有一个很大特点，以 3 级传动为例，QJ 型减速器的 4 根轴布置在同一水平线上，而悬挂式减速箱的Ⅱ轴下沉，与Ⅰ、Ⅲ轴呈三角形布置，这样就大大地减少了箱体的结构尺寸和重量。

4. 材料分析

以如图 7.8 所示减速器的装配图为反求对象，可直接从明细栏中看出主要零部件的材料与热处理。该减速器的主要零部件为箱盖、箱座、轴、齿轮、内花键套筒。德国的材料代号与我国不同，经分析均可用我国的相应材料与热处理代替。例如齿轮，要求有足够的强度和耐磨性、重量轻，采用中碳合金钢 42CrMo 进行调质并高频淬火，齿面硬度可达 48～56HRC。箱盖与箱座也要根据悬挂式减速器要求重量轻的特点，采用焊接箱体而不是铸造箱体。

该减速器的部分尺寸，其中心距系列 a_{12}、a_{34}、a_{56} 依次为 200mm、280mm、400mm，正好符合 GJA 标准中心距，齿轮的齿数、模数、螺旋角以及轴主要段的直径等都可从设计图样上获得，其他结构尺寸必须通过比例测量后再进行分析才能确定，这些尺寸的获取对二次设计中模块化系列产品的开发是非常重要的。此外，还要进行工艺精度分析、外观造型分析等。

5. 二次设计指导思想的确定

(1) 采用计算机辅助设计(CAD)手段，实现该产品从设计到全套参数绘图的系列化。参考 GJA 标准，其系列见表 7-4。

表 7-4　悬挂式减速器中心距系列

系列	高速级	中间级	低速级
1	100	140	200
2	170	236	335
3	200	280	400
4	280	400	560
5	315	450	630
6	355	500	710
7	400	560	800
8	450	630	710
9	500	710	1000

(2) 零部件进行编程设计计算。

(3) 在保证传动性能(如强度、刚度、耐磨性等)的前提下，以重量轻为主要目标。在结构上吸取原产品的优点，材料与热处理结合国情尽量采用较好材料，如齿轮可用 42CrMo。

7.3.2 专利反求

1. 失效专利在科技创新中的应用

失效专利资源是社会的公共财产，任何人都可以直接拿来无偿享用，以其技术为依托作进一步的科技创新时作为参考或引进缩短项目进程。由此可见，避免重复研究和提高科技创新的速度至关重要。在科技创新的过程中，一般来说，在确定立项之前，应先进行专利检索。若检索到与项目技术内容相同的专利，则可直接引进已有专利，走捷径，避免重复研究开发，节约人力、物力和财力，在别人取得的成果基础上，迅速开发出更新的成果来，提高科技创新的速度，或者另辟蹊径，调整研究方向。所以在科技创新之前，务必要检索一下已失效的专利文献，以了解现有技术的状况，而且可以站在更高的起点上进行科技创新。

失效专利资源在科技创新中的作用概括起来主要有以下几个方面。

(1) 使用失效专利起到辅助完成项目研究的作用，即可以给人启发，从中找出新的生产技术途径，改进现在的产品和工艺，增强产品和服务的市场竞争能力。

(2) 为单个失效专利技术领域继续研究的突破提供基础。

(3) 基于多个技术诞生新的发明或有些技术在人们无顾虑的重新组合中，会展现出更好的技术效果。

(4) 使用失效专利为攻克技术难关项目提供主要参考资料。

(5) 使用失效专利技术是技术革新换代的依据。

(6) 使用失效专利会诞生新的发明。

所以说失效专利虽然因各种原因使外围法律保护丧失，但其凝结于专利之中的发明创造点不会自行消失，或者自行丧失实用价值，因而它们在科技创新过程中的利用价值和意义仍然是十分重大的。

2. 成功应用失效专利的案例

失效专利在企业发展过程中起到了很好的推动作用，有许多成功应用失效专利的企业案例。

天津金锚有限责任公司是一家主要生产出口产品的民营企业，是国内挤胶枪行业最大的出口厂商。金锚有限责任公司在开拓市场时，很注意跟踪国外公司在市场上取得成功的专利产品，等到其专利失效后，结合实际大胆借鉴其技术进行研发，并将其研发的新专利产品打入国际市场，以最有效的技术投入取得独占市场。仅 2000 年，该专利产品的出口销售额就达 1000 万美元，占全国挤胶枪出口量的 50%，在美国市场的占有率也超过 25%。

3. 失效专利获取

(1) 通过光盘获取失效专利。在这里对失效专利光盘做一简单介绍。由专利文献出版社正式出版发行的《中国失效专利光盘数据库》，大约存储了 38 万条的失效专利信息，是检索中国知识产权局自 1985 年 4 月 1 日以来有关学科失效专利信息的重要文库，具有检索途径多、功能强、速度快的优点，检索结果还显示该专利失效的原因和日期。

(2) 通过网络获取失效专利，通过计算机网络查到国家知识产权局，并进入该网站，点击中国专利文献数据库，其失效专利文献便出现，供人们选择利用。

(3) 从常规途径获取失效专利，通过印刷型专利文献《中国专利索引》、《专利公报》和《专利说明书》获取失效专利。其中前两种是检索工具，后一种《专利说明书》是一次文献，反映失效专利全文。

(4) 国外失效专利的获取，一般是通过 WPI、WPA 从主题和分类两个途径检索，也可利用 CA 的专利索引进行检索，EP 和 WO 专利全文等在内的国外专利数据库，并将获得的信息通过《中国专利数据库》进行验证，以证实这些国外专利是否申请了中国专利，以及是否期满等法律状态，从而获得一批相关的国外失效专利。

7.4 影像反求设计

影像反求设计是根据产品的照片图片等为参考资料进行产品反求设计的现代设计方法。由于当今照相技术的飞速发展，据统计约有 80%的产品样本图形是直接采用产品照片或参照照片绘制而成的。对于国际上先进的机电产品，用于军事领域的先进装备，人们能获取的资料往往也只是照片等影像资料。有效地利用照片影像，从中获取有效资料，是新产品开发的重要途径之一。

影像反求设计是以产品照片、图片、说明书、广告介绍、参观印象、影视画面等为参考资料来进行分析设计的，但是要考虑到产品的结构特性和功能需求。为此，在运用该方法进行设计时，要求工程技术人员必须掌握相应的理论和分析方法，如中心投影规律，透视变换和透视投影，透视图的形成原理、色彩、阴影等。

影像反求法的设计原则是：能再现原型的，尽力再现原型；不能再现原型的，运用以往所积累的经验构思模型。同时应该把技术、工艺、结构、传动等方面综合起来考虑。

零件尺寸的确定，最关键的是找一个可以作为依据的准确尺寸。根据产品图片、说明书等参考资料，可以有多种方法确定零件的尺寸，最常用的就是“比例法”。例如，在一种没有任何尺寸标注的示意图上，可以利用图上螺钉为参照物，在图上量出它的外径，再量出其图上要求的某一零件尺寸，通过比例运算，就可以算出该零件的实际尺寸。参照物也可以是已知尺寸的人、物或景。

零件材料的确定，同时也可以采用比较法。例如，可以从照片上零件的颜色，再根据零件的功能与作用，运用所积累的经验，判断出零件的材料。材料的正确与否，还可以在零件制造过程中进行检验和修正。在应用影像反求设计法中，对一些从未接触过且毫无把握的结构，可以进行模拟试验。

影像反求设计常用的方法如下：

针对影像与透视图形成原理一致的特点，影像反求设计常用的方法是透视量点法。量点法是一种画透视图的方法，量点实质是透视图中辅助直线的灭点，用它来确定辅助线的透视方向，从而求得主向水平线的透视长度。某一方向直线的透视长度，需要应用与它相应的量点来解决。

透视图按火点个数可分为一点透视、两点透视和三点斜透视，本节主要介绍一点和两点透视。

1. 一点透视图中反求实物尺寸

一点透视图也称平行透视，即形体主要立面与画面平行的一种透视图。通常形体上的一组直线平行于画面，没有灭点；另外一组垂直于画面，灭点是心点。在一点透视中反求直线实长和平面实形的作图如图 7.9 所示，A_1B_1 消失于心点，则 AB 垂直于画面，所以过 A、B 和基线成等倾角的辅助线是一条 45° 的水平线，辅助线灭点即距点 D，过 D 作透视线把 A_1、B_1 反射到基线上即得实长。对于平行于画面的平面 CDE，心点 P' 就是量点，同样作过 C_1、D_1、E_1 的透视线反射到画面上即得实形。

2. 两点透视图中反求实物尺寸

两点透视也称成角透视，此时画面与形体某一立面有一偏角。形体上两组直线分别有一个灭点。将一点透视反求实物尺寸方法类推扩展到两点透视的情况，如图 7.10 所示，设已知一立面的透视 $A_1B_1C_1D_1$，求其原形过程如下：首先求出量点 M_2，从 M_2 过 A_1、B_1、C_1、D_1 作透视线，反射到画面上即得立面实形。

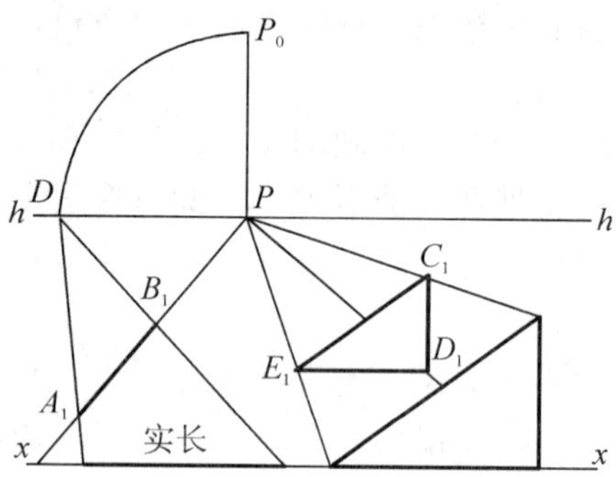

图 7.9　一点透视下反求实形

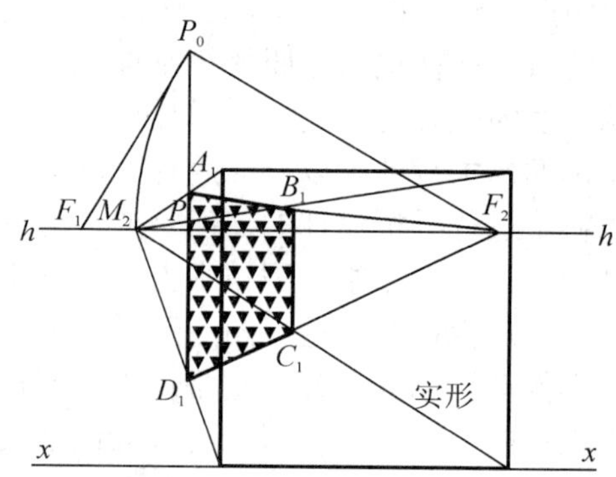

图 7.10　两点透视下反求实形

影像反求目前还未形成成熟的技术，一般要利用透视变换和透视投影，形成不同的透视图，从外形、尺寸、比例和专业知识，去琢磨其功能和性能，进而分析其内部的可能结构，并要求设计者具有较丰富的设计实践经验。

7.5　计算机辅助反求设计

随着现代计算机技术及测量技术的发展，利用 CAD/CAM 技术、先进制造技术实现产品实物的反求工程已成研究热点。在反求设计中应用计算机辅助技术，可以大大减少人工劳动，有效缩短设计、制造周期，尤其对一些有很多复杂曲线、曲面，很难靠人工绘图方法去拟合和拼接出原来的曲面，例如液力变矩器、涡轮增压器的三维曲面、汽车车身外形曲面等，如果利用计算机技术可以精确测出其特征点从而实现精确反求。

7.5.1　计算机辅助反求设计过程

计算机辅助反求设计可以分为下面几个步骤进行(图 7.11)：数据的采集也可以称为对象的数字化；数据的处理；CAD 模型的建立；产品功能模拟及再设计、后处理等。

图 7.11　计算机辅助反求设计过程

1. 数据采样

数据采样是指利用相关的测量设备，根据产品模型测量得到空间拓扑离散点数据，并将测量结果以文件或数据库的方式存储。对象数字化是实物反求设计中最基本的、必不可少的步骤，通常数据采样分为非接触法和接触法(触发、扫描)。非接触法中包括光学法(三角测量、测距、干涉测量、结构光照、影像分析)、声学法、电磁法。目前应用最广的是应用三坐标测量仪和激光三角形测量法。三坐标测量仪在设定基准下可以测出所需要的全部三维点坐标，是表面数字化过程，但要生成三维曲面需要对数据点进行处理，再利用 CAD 软件中的曲面重构功能实现。目前商品化的 CAD 软件中，已有反求工程的应用模块，如 Pro/Engineering、Unigraphs、Cimatron 等，将测量数据按其格式输入后，即可生成各种曲面。从发展趋势看，工业 CT 和逐层切削照相测量将占反求工程测量方法的主导地位，应用范围也会逐渐广泛。

2. 数据处理

数据处理是指在获得测量数据后根据原来物体的结构，包括物体的逻辑结构、功能结构，物体包含哪些标准件、材料构成，物体表面颜色分布，各个部件的几何尺寸，不同部件之间的装配方式及不同部件之间的几何尺寸约束等，也可以指根据标准零件模型库将整个测量点大致分解为几个不同的部分。在将采集数据转化成三维建模之前，需要对数据点进行滤波、优化和聚合等处理。目前普遍采用高斯分布、统计均质等误差统计方法去除噪声点滤波，用取样法和弦差分法对数据点进行优化。对于形状复杂的物体，采用参考点法可解决不同坐标系下数据点的聚合问题。有时也可在物体表面上粘贴上一些工艺参考面，如球面等，以方便数据处理。等数据处理完成后就可以进行三维建模了。

3. CAD 三维模型的建立

实物原型或模型通过扫描系统数字化后，以空间离散点的形式存储以便计算机处理。生成原型的 CAD 模型就是要在这些离散点的基础上，应用计算机辅助几何设计的有关技术重新构造产品原型的 CAD 模型。工程实际中的原型往往不是由一张简单曲面构成的，而是由大量初等解析曲面及部分自由曲面组成的，因此，三维实体重构的首要任务是将测量数据按实物的几何特征进行分割，然后针对不同数据块采用不同的曲面构建方案(如初等解析曲面、B-spline 曲面、Bezier 曲面、NURBS 曲面等)进行造型，最后将这些曲面块拼接成实体。

1) 连线

在 CAD 软件模块中选用直线、圆弧或样条线(spline)方式连分型线点。曲线连好后可以使用 Edit Spline、Move Multiple Points、Change Stiffness、Fit、Smooth 等方法进行调整以消除各种误差和样件自身的不光滑等因素引起的曲率半径突变。但调整次数越多，累积误差也就越大，误差允许值视产品的具体要求确定。整个调整工作以光顺曲线为基本原则。一般先修改误差点值以满足曲线，保证曲线各段的曲率变化均匀，符合光顺要求。

2) 构面

构面方法(Through CurveMesh、Through Curves、Ruled、Swept、From Point Cloud)的选择要根据样件的具体特征情况而定。在构建曲面的过程中，有时还要再加连一些线条用于构面，连线和构面是一个交替进行的过程。曲面建成后，可以利用 CAD 软件的分析检查模块 ANALYZE 或对生成的曲面着色，进行曲面曲率检查。当一张曲面不光顺时，可求此曲面的分割片，调整这些分割片使其光顺，再利用这些分割片重新构面。

3) 造体

当外表面完成后，接下来就要构建实体模型。在 CAD 中可以采用以下几种方法造型。

(1) 对于结构简单的零件，用体素或扫描特征成形。

(2) 用简单或复杂的实体作布尔运算，从而生成复杂的实体。

(3) 用前面所求得的曲面去切割已有的实体，从而得到具有所需形状表面的实体。

(4) 如果难以一次性地生成复杂曲面体，可以分别生成几个必要的复杂曲面，同时作出必要的起闭合作用的曲面或平面，然后将这些表面缝合起来生成实体。

(5) 再进行产品结构设计，如加强筋、安装孔等，最后通过装配完成三维实体模型。

4. 产品功能模拟及再设计

在完成产品设计后，设计人员应该根据市场调查判断设计的产品是否满足消费者的需求。一种较好的办法是在虚拟装配完成以后，在虚拟环境中对产品的各项功能进行模拟。在这个过程中，可以事先建立产品评价系统，让计算机自动判断产品设计的优劣，或通过交互方式，以设计师的经验，通过观察三维实体模型在虚拟环境中的表现，可以知道物体的尺寸大小是否协调、物体的表面是否光顺以及物体外表的颜色纹理是否满足要求，称为虚拟模拟。在虚拟装配完成以后，开发人员可以在反求工程及创新设计软件集成环境中，根据自己的开发思想对三维实体模型进行相关修改，从而完成新的设计方案。这种设计也可以避免由于反求而带来的法律纠纷。

5. 后处理

将 CAD 所得信息与 CAM 连接，利用 CAD 软件相应的后置处理文件，把刀位文件转化成机床能够识别的 NC 代码程序，通过串行接口、软盘输入到相应的数控机床完成加工。

7.5.2　搅拌器的计算机辅助反求设计

下面以搅拌器的反求设计为例子对计算机辅助反求设计进行说明。

1. 数据采集

首先对该模型进行数据采集，由于该搅拌机叶片外形复杂，曲面变化较大且不规则，要对其进行数据采集，在三坐标测量仪上方法很多，但是数据的采集方案要符合造型的思路，否则很难实现叶片零件的精确再现。下面通过变截面扫描物体的方法来进行对象的数字化过程。当得到较完整的采样数据以后，可通过三维图形处理技术将采样数据以三维图形的方式显示出来，得到直观简略的产品结构外形，测得表面轮廓数据点及特征数据点，如图 7.12 所示。

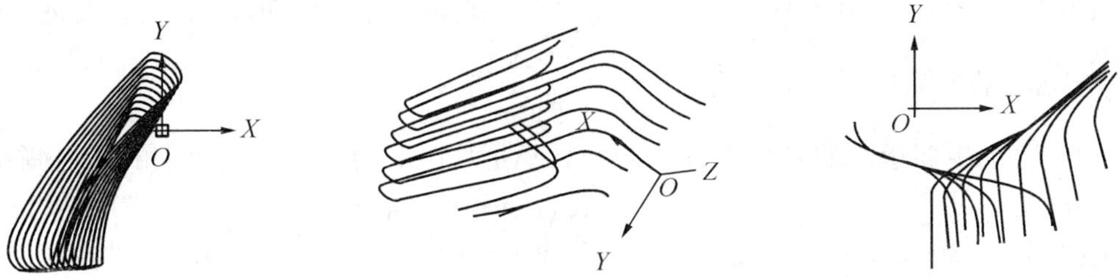

(a) XY 方向测量数据点　(b) XZ 方向测量数据点　(c) YZ 方向测量数据点

图 7.12　叶片表面轮廓数据点

2. 数据处理

在对模型进行数据采集后，通过对该数据进行分析，来编辑处理这些采集的数据点，整理凌乱的数据点，分析叶片表面数据点之间的关系，删除噪声点、增加必要的补偿点，然后将数据分割、压缩，把数据中异常的数据点进行编辑过滤整理得到 CAD 模型建立所需要的数据点。

3.曲面重构

图 7.13　叶片连线和构面后的轮廓

把这些数据以定义的坐标原点为中心进行圆周阵列，如图 7.13 所示。根据空间拓扑离散点数据反求出产品的三维 CAD 模型，并在产品对象分析和插值检测后，对模型进行逼近调整和优化。利用 CAD 中的直线、圆弧或样条线(spline)连分型线点，通过与构面交互进行得到曲面。

4. 模型重构

当外表面完成后，接下来就要构建实体模型。在 CAD 中可以采用以下几种方法造型，利用 CAD 软件中的曲面造型功能完成如图 7.14(a)所示叶片的造型，通过布尔运算得到如图 7.14(b)所示整个搅拌器的模型。

(a) 叶片的模型　(b) 搅拌器的模型

图 7.14　叶片表面轮廓数据点

5. 总结

搅拌器叶片的结构形状直接影响产品的生产效率和质量，通过三坐标测量仪对叶片形状进行扫描，并对扫描数据进行分析、处理，得出新型搅拌器叶片的结构和形状特征，对原来的搅拌机叶片进行改造，利用计算机反求技术完成搅拌器叶片的反求设计，创新设计出高效节能的搅拌器，这对发展我国搅拌技术具有重要的学术价值和重大的经济及社会效益。

7.5.3　电话机的计算机辅助反求设计

在现代产品更新极快的时代，许多新产品都是从已有的产品脱胎而来的。这些新产品与老产品的差别并不太大，对它的设计只需将已有的产品设计方案进行局部的修改或再创新。产品反求工程的设计方法正是通过抽取已有产品的主要特征，作为新产品设计的基础，与从草图开始设计的方法相比，设计周期会大大缩短，风险也会大大降低，设计费用也会大大减少。电话机由于外壳由许多复杂曲面构成，所以传统设计比较复杂，在此利用计算机辅助对其进行创新设计。

1. 电话机模型的数字化

电话机外壳由许多复杂曲面构成，用传统的设计方法比较困难，利用计算机辅助反求可以加速设计过程，在此选用三坐标测量机测量装置来获取零件原型表面点的三维坐标值，对于 CAD 系统的表面造型功能而言，基本上采用的是由点成线，再由线成面的造型方法，实体造型也基本如此，只不过在曲线处理方面有一些特殊要求。所以从 CAD 造型角度来看，三坐标检测方式的重点应集中在自由曲线检测方面，曲线检测的合理将为后续的 CAD 造型带来极大的方便。三坐标检测方式的重点在于曲线检测的路径规划，如果测头能以设计者希望的轨迹进行测量，将会提高三坐标测量机的测量精度和工作效率，由于在测量时测头和表面的接触力很小，电话机外壳固定方式采用底座四支撑平面加双面胶固定在工作台上。以工作台面作为 *XOY* 坐标平面，沿工作台法线方向作为 *Z* 轴，取电话机外壳的横向对称中线上任意一点为原点，电话机横向为 *Y* 轴，纵向为 *X* 轴，利用三坐标检测来获取零件原型表面点的三维坐标值。

如图 7.15 所示为电话外壳曲线检测路径，图 7.15(a)为由 6 个点生成的三次样条曲线形式的检测路径，其中的三角形点表示 6 个检测路径控制点，曲线表示由这 6 个点所生成的检测路径；图 7.15(b)为以步距 10mm 进行的检测路径细分，“*”为加密点，“。”点表示对应每一“·”点的检测起始点。

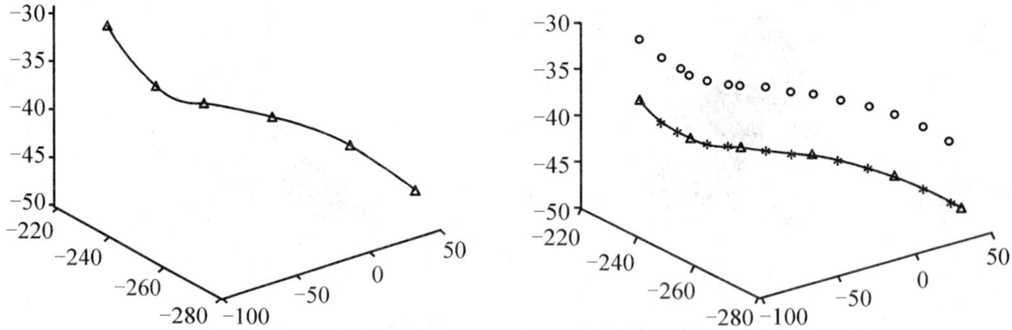

(a) 6 点生成的三次样条曲线形式的检测路径　　(b) 以步距 10mm 进行的检测路径细分

图 7.15　电话机外壳曲线检测路径

2. 数据处理

数据处理是反求工程中的关键环节，它的结果将直接影响后期模型重构的质量。从测量数据中提取零件原型的几何特征，按测量数据的几何属性对其进行分割，采用几何特征匹配与识别的方法来获取零件原型所具有的设计与加工特征。

目前，将三坐标测量机测得的 3D 点数据以 QITECH 格式输出，从而生成 CAD 能够识别的数据格式，去除特征曲线的坏点，并对特征曲线进行光顺处理。

3. CAD 造型

三维实体重构的首要任务是将测量数据按实物的几何特征进行分割，然后针对不同数据块采用不同的曲面构建方案(如初等解析曲面、B-spline 曲面、Bezier 曲面、NURBS 曲面等)进行造型。对于数据分割常用基于特征的单元区域分割法，就是以简单的表面片作为划分初始的区域单元，再根据单元的微分几何性质和功能来分析判断其周围数据点是否属于该表面片。这种分割方法就是把具有相同或相似几何特征和功能特征的空间离散点划归为同一区域单元，所以这种数据分割技术是三维重构的关键所在。分割后的空间表面片一般都是空曲面片，要按照一定的曲面拟合算法光滑连接以构成样件表面。空间曲面拟合要满足相切、连续、光顺等过渡约束，尽可能与原始测量数据型表面相一致。如图 7.16 所示为电话机外壳三维曲线模型。

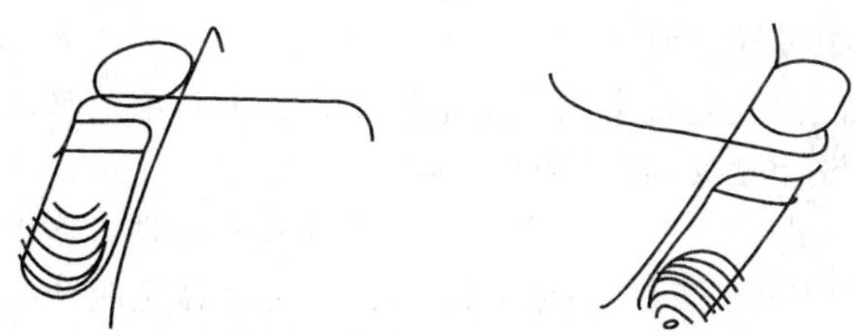

(a) 正面　　(b) 反面

图 7.16　电话机外壳三维曲线模型

最后将这些曲面块拼接成实体。对于高测量精度设备所得到的数据点应采用插值曲面拟合方法，逼近曲面拟合法一般不能通过所有的数据点。对于构造出来的曲面可以使用光照模型、曲率图、等高斯曲率线等辅助手段把曲面转化成实体造型，如图 7.17 所示为电话机外壳三维模型

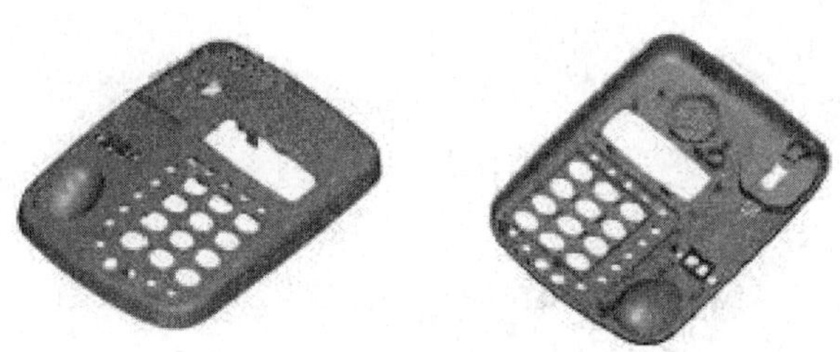

(a) 正面　　(b) 反面

图 7.17　电话机外壳三维模型

4. 结论

随着目前产品开发周期的缩短，以实物为设计依据的逆向工程技术已成为二维设计系统的一个有机补充部分。实践证明：逆向工程结合 CAD/CAM 技术和 NC 机床设计制造模

具，可大大提高加工周期，从而可以加快产品的研发，提高企业的市场竞争能力。

小　　结

本章主要介绍反求设计的一般方法，应重点掌握软件反求设计、硬件反求设计的方法，特别是原理反求的方法和步骤。反求技术作为产品开发过程中的一种基本手段和方法，能够大大缩短设计时间，改良已有设计，提高生产率。

反求设计是消化吸收国内、外先进技术，并在此基础上改进使其达到更高的境界，以实现创新为其最终目的。反求设计所追求的不应是简单的仿制，而是再提高、再创造。反求设计不是从实物原型再现直接到实物原型制造的过程，而是将实物原型再现与再设计、再分析、再提高，从而实现改型的创新设计。

习　　题

7-1 反求设计与传统设计有何区别？

7-2 失效专利资源在科技创新中的作用是什么？如何获取失效专利？

7-3 如何理解创新设计是反求设计的灵魂？

7-4 试运用原理反求设计的方法，完成全自动洗衣机原理方案的反求设计。

7-5 试运用反求设计的方法，对插齿机、牛头刨床等完成从原理方案到结构方案的设计。

第 8 章　机电一体化系统创新设计

教学提示：先进机电一体化设备是机械创新设计的最终成果，而机械创新设计是达到这一目标的有效途径和手段。建立机构、控制、传感和驱动一体化并行思考的习惯，寻求出机电一体化和机械创新设计的结合点和融合部分。

教学要求：了解机电一体化系统的组成，对机电一体化系统设计思想，结合实例分析，建立将机、电、液、气、控制等内容组合设计的思路。培养综合应用创新设计的理念，建立实际可行的现代机电产品设计方法。

8.1　机械的发展与机电一体化系统

18 世纪下半叶第一次工业革命促进了机械工程学科的迅速发展，机构学在原来机械力学的基础上发展成为一门独立学科。那时机器的定义是由原动机、传动机和工作机组成的。相应地把机构看做由刚性构件组成具有确定运动的运动链。这种传统的机构学一直延续到 20 世纪 60 年代。

直至 20 世纪 70 年代，由于计算机在机械产品上广泛采用，计算机已逐步作为信息处理和控制手段，促使机构和机器的概念发生了广泛深入的变化，即机电一体化的产生。

20 世纪 70 年代由日本学者首先提出了机电一体化系统新概念，它是由 Mechanics 与 Electronics 组合而成的，即英文译名为“Mechatronics”。经历了 30 多年的发展，其内含从最初机械与电子的单一结合发展为包括机械、电子、液压、气动、传感、光学、计算机、信息以及控制系统等多学科、多领域相互结合的技术。

机电一体化技术的发展初期，人们的目的是利用电子技术的初步成果来完善机械产品的性能，那时研制和开发还处于萌芽状态，而且由于当时电子技术水平不高，机械技术与电子技术的结合还不广泛、深入。其后计算机技术、控制技术、通信技术、大规模集成电路的发展，为机电一体化的发展奠定了技术和物质基础。20 世纪 90 年代后期，机电一体化得到了更深入的发展，出现了“光机电一体化”和“微机电一体化”等新分支。同时，人工智能技术、神经网络技术及光纤技术的推动，为机电一体化技术开辟了广阔的发展前景。

8.2　机电一体化概述

各国对于机电一体化的定义并不一致，日本认为“它是将机械装置与电子设备以及软件等有机结合而组成的系统”；美国认为“它是由计算机信息网络协调与控制用于完成包括机械力、运动和能量流等多动力学任务的机械和(或)机电部件相互联系的系统”。

1. 机电一体化的组成

机电一体化系统的组成划分方法主要有 3 种不同观点，即五块论、三环论、两个子系统论。这既体现了国内外学者对机电一体化产品系统整体设计的重视，也体现了他们对机电一体化系统中各组成部分的侧重。

1) 三环论

丹麦理工大学的 Jacob Burr 等人提出机械、电子、软件 3 个相关圆环，以此表示了机电一体化系统的组成和相互关联。他们认为机电一体化系统是由机械、电子、软件三大功能块组成的。其中机械模块包括执行机构、机械传动；电子模块包括驱动器的电力、电子部件和传感器；软件是指控制系统的软件。

2) 两个子系统论

挪威科技大学的 Bassam A Hussein 提出将机电一体化系统划分为物理系统与控制系统两大子系统。物理系统包括各种驱动装置、执行机构、传感器等；控制系统包括软、硬件。

3) 五块论

德国 Drmstadt 大学的 Rolf Isermann 提出机电一体化系统是由控制功能、动力功能、传感检测功能、操作功能、结构功能等五大功能模块组成。

总之，一个较完善的机电一体化系统，应包含以下几个基本要素：机械本体、动力与驱动部分、执行机构、检测传感部分、控制及信息处理部分，如图 8.1(a)所示。这些组成部分内部及其相互之间，通过接口耦合、运动传递、物质流动、信息控制、能量转换等的有机结合集成一个完整的机电一体化系统，此系统与人体相似，是由人脑、感官(眼、耳、鼻、舌、皮肤)、手足、内脏及骨骼等五大部分构成如图 8.1(b)所示。机械本体相当于人的骨骼，动力源相当于人的内脏，执行机构相当于人的手足，传感器相当于人的感官，控制及信息处理相当于人的人脑。由此可见，机电一体化系统内部的五大功能与人体的功能几乎是一样的，因而，人体是机电一体化产品发展的最好蓝本。实现各功能的相应构成要素如图 8.1(c)所示。

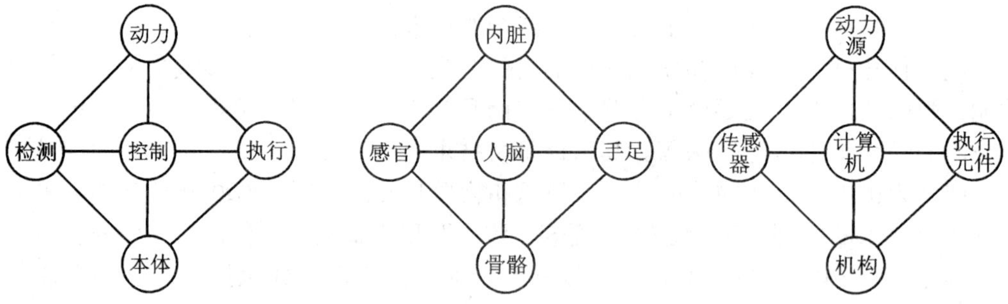

(a) 机电一体化系统基本要素　　(b) 人体五大部分　　(c) 各功能的相应构成要素

图 8.1　机电一体化系统与人体对应部分的构成及相应功能关系

2. 机电一体化应用实例

1) 火星机器人

美国研制的探测火星气候特征和地质特征的机器人如图 8.2 所示，它是机电一体化具有代表性的实例，其中太阳能电池板是它的心脏，电子恒温箱中有它的计算机控制中心，相当于人脑，机械手臂和悬吊驱动系统是它的手足，而五官是 9 个摄像部分，分别安装在头部(两台进行科学观测和导航的全景彩色立体摄像机)、前后两端(两组避险摄像机，用于发现途中的障碍)和手臂上(一台显微影像仪，用于观察火星的岩石和土壤结构)。

图 8.2　探测火星气候特征和地质特征的机器人

2) 模糊控制洗衣机

模糊控制洗衣机(如图 8.3 所示)是在神经网络智能控制下，模仿人的思维进行判断操作的一种新型智能洗衣机。应用模糊控制器代替人脑来进行“分析”和“判断”，通过各种传感器自动检测所要洗的衣料布质、质量、水温、污垢程度以及洗衣水的浑浊度等，然后通过模糊控制器对收到的信息进行判断，以决定洗衣粉的用量、水量多少、洗涤时间、洗涤方式和漂洗遍数等，从而获得最佳的洗涤效果。

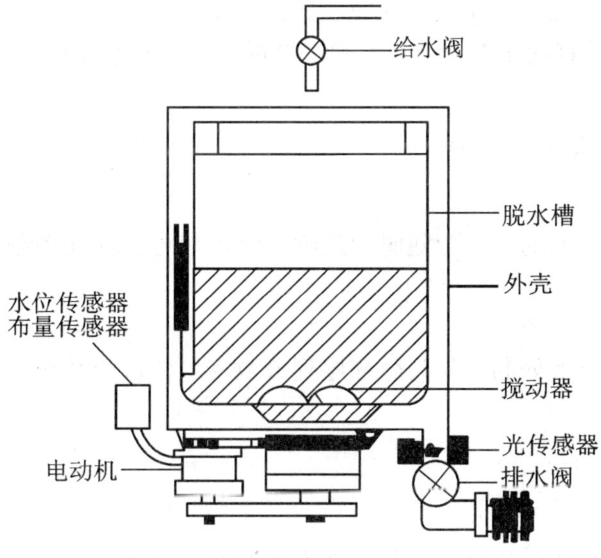

图 8.3　模糊控制洗衣机的结构

通过上面的讨论，机电一体化系统的组成部分从广义的功能原理出发来看，可认为它是由计算机进行信息处理和控制的现代机械系统，它的最终目的是实现机械运动和动作。机电一体化是机械、微电子、计算机等多学科的交叉融合，是将机械结构和电子计算机技术、传感技术集成和信息处理融合在一体的现代机械系统。上海交通大学的邹慧君提出，从完成工艺动作过程这一总功能要求出发，机电一体化系统可划分为广义执行机构子系统、传感检测子系统、信息处理及控制子系统。

8.3　信息处理及控制子系统

信息处理及控制子系统是由检测传感器提供信息，根据工艺动作过程及控制策略而实施对广义执行机构的控制。它是由电子计算机和软件具体实施的。

所谓控制，就是按照给定的目标，依靠调节能量输入，改变系统行为或性能的方法学。控制系统是某些在物理上受可调节能量输入控制的一类系统。

8.3.1　控制系统的分类

1. 按输入量的特征分类

1) 恒值控制系统

它的系统输入量为恒定值。控制任务是保证在任何扰动作用下系统的输出量为恒值，如恒温箱控制，电网电压、频率控制等。

2) 程序控制系统

它的输入量的变化规律预先确知，输入装置根据输入的变化规律发出控制指令，使被控对象按照指令程序的要求而运动，如数控加工系统。

3) 随动系统(伺服系统)

它的输入量的变化规律不能预先确知，其控制要求是输出量迅速、平稳地跟随输入量变化，并能排除各种干扰因素的影响，准确地复现输入信号的变化规律，如仿形加工系统、火炮自动瞄准系统等。

2. 按系统中传递信号的性质分类

1) 连续控制系统

此系统中各部分传递的信号为随时间连续变化的信号。连续控制系统通常采用微分方程描述。

2) 离散(数字)控制系统

此系统中某一处或多处的信号为脉冲序列或数字量传递的系统。离散控制系统通常采用差分方程描述。

3. 按系统构成分类

1) 开环系统

系统的输出量对系统无控制作用，或者说系统中无反馈回路，称为开环系统。开环系统的优点是简单、稳定、可靠。若组成系统的元件特性和参数值比较稳定，且外界干扰较小，那么开环控制能够保持一定的精度，但精度通常较低、无自动纠偏能力。

2) 闭环系统

系统的输出量对系统有控制作用，或者说系统中存在反馈回路，称为闭环系统。闭环系统的优点是精度较高，对外部扰动和系统参数变化不敏感，但存在稳定、振荡、超调等问题，造成系统性能分析和设计麻烦。

3) 半闭环系统

此系统的反馈信号通过系统内部的中间信号获得。

8.3.2　控制器选型

电子技术、计算机技术的进步推动了机电一体化技术的进步和发展。电子元器件、大规模集成电路和计算机技术的每一次最新进展，都极大地促进了机电一体化技术的发展。在计算机发展的初期，机电一体化系统或产品只能使用单板机，例如简易数控机床的改造。随着 PC 功能的增强、价格的下降，逐渐出现了由 PC 作为控制器的微机控制系统。为改进普通 PC 在恶劣环境下的适应性，于是出现了工业 PC，为替代传统的继电逻辑器件，发展了工业可编程序控制器(PLC)。随着半导体器件集成度的提高，集成有 CPU、ROM/RAM 和大量丰富外围接口电路的单片机也发展起来了，成为当前在机电一体化产品中应用最广的一种计算机芯片。

面对众多的控制器，首先要了解每种控制器的特点，然后根据被控对象的特点、控制任务要求、设计周期等进行合理的选择。以下将简单介绍目前广泛使用的控制器的特点和应用范围。

1. 单片机

目前单片机的发展趋势是高集成度、高运行速度、低功耗、小体积，使用方便灵活，真正做到“单片”，因此，单片机广泛用于数显、智能化仪表、简易数控机床以及其他小型机电产品中。单片机没有自开发能力，必须借助 PC 和专用仿真调试。单片机的编程与调试不如 PC 方便，开发周期较长。

2. 普通 PC 组成的控制系统

IBM PC 以及 286、386、486 和 586 微机均属办公室用的个人计算机，其特点是软件功能非常丰富，数据处理能力很强，而且已配备一套完整的外部设备。如果将该类微机的接口予以扩展，增加少量的开关量和模拟量 I/O 接口板，便可组成功能较强、存储容量很大的测控系统，最适用于数据采集系统以及环境条件较好的多点模拟量控制系统。

控制系统的操作基本上利用 PC 的原有设备，如数据的设定可利用键盘输入，控制方式的选择可由菜单方式确定，被控对象的运行参数可利用打印机予以记录。PC 系统的主要缺点是环境适应性差，不宜用在较差的工业现场连续工作，而且抗干扰能力也不好，需增加一定的防范措施。如果把它作为分散控制系统的上位机，并远离恶劣环境对下位机进行监控，则是较好的选择。

3. 工业 PC

工业 PC 的基本系统与普通 PC 的大体相同，但已备有各种控制模板，一般不需再做硬件开发，使用十分方便。在结构上采用模块化设计，制作工艺和元器件筛选更加严格，并采取一系列抗干扰、抗振动措施，以提高可靠性，使它能适应恶劣的工业环境。

4. 可编程序控制器

20世纪60年代末，美国数字设备公司DEC为适应工业生产中生产工艺不断更新的要求，开发了第一台可编程逻辑控制器(PLC)。它的最大特点是采用了存储逻辑技术，将控制器的控制功能以程序方式存放在存储器中。由于采用了微处理器技术，控制器不仅具有逻辑控制、计时、计数、分支程序、子程序等顺序控制功能，还能完成数字运算、数据处理、模拟量调节、操作显示、联网通信等功能。

PLC的控制功能由软件实现，所用的微处理器大多数为8位或16位，信号的输入和输出采用周期性的扫描方式，这一点同普通微机控制系统存在着重要区别。

PLC的编程语言大多数采用梯形图，其形式与继电器的控制线路基本相同，所以很容易理解，并不要求使用者具备较多的计算机知识，这也是PLC易于推广应用的原因之一。控制器本身已附有输入和输出用的连线端子，并有I/O电平状态指示，使用十分方便，而且因为抗干扰能力强、控制体积小，可直接装入强电动力箱内。

8.4　检测传感子系统

随着现代科学的发展，传感技术作为一种与现代科学密切相关的新兴学科也得到了迅速的发展，并且在工业自动化、测量和检测技术、航天技术、军事工程、医疗诊断等学科被越来越广泛地利用，同时对其他各学科的发展还有促进作用。

传感技术的发展大体可分3代。

(1) 第1代是结构型传感器，它利用结构参量变化来感受和转化信号，例如，电阻应变式传感器，它是利用金属材料发生弹性形变时电阻的变化来转化电信号的。

(2) 第2代传感器是20世纪70年代开始发展起来的固体传感器，这种传感器由半导体、电介质、磁性材料等固体元件构成，是利用材料某些特性制成的，如利用热电效应、光敏效应，分别制成热电偶传感器、光敏传感器等。

(3) 第3代传感器是20世纪80年代刚刚发展起来的智能传感器，所谓智能传感器是指其对外界信息具有一定检测、自诊断、数据处理以及自适应能力，是微型计算机技术与检测技术相结合的产物。

20世纪90年代智能化测量技术有了进一步的提高，在传感器一级水平实现了智能化，使其具有自诊断功能、记忆功能、多参量测量功能以及联网通信功能等。

传感器是实现物理量的检测和信号采集的功能载体。机电一体化系统中有各种不同的物理量(如位移、压力、速度等)需要控制和监测。而计算机系统又只能识别电量，因此能把各种不同的非电量转换成电量的传感器便成为机电一体化系统中不可缺少的组成部分。

8.4.1　传感器的组成

传感器一般由敏感元件、转换元件和基本转换电路三部分组成(如图8.4所示)。

图 8.4　传感器组成框图

1) 敏感元件

它直接感受被测量量，并以确定关系输出某一物理量，如弹性敏感元件将力转换为位移或应变输出。

2) 转换元件

它将敏感元件输出的非电物理量(如位移、应变、光强等)转换成电参数量(如电阻、电感、电容等)。

3) 基本转换电路

它将电参数量转换成便于测量的电量，如电压、电流、频率等。

传感器的组成有的简单，有的较复杂。有些传感器只有一种功能元件，如热电偶，感受到被测对象的温差时直接输出电动势；有的传感器有两个功能元件，如电压式加速度传感器是由敏感元件和变换电路组成的；而用作转速传感器的测速发电机，它是把 3 个功能结合在一起的传感器。

8.4.2　传感器的分类

传感器的品种多，原理各异，检测对象门类繁多，因此分类方法也不统一，通常从不同角度突出某一侧面进行分类，归纳起来大体有以下几种。

1) 按被测量范畴分

按该方式可分为物理量传感器、化学量传感器和生物量传感器。

2) 按照能量转换分

按照能量转换可分为能量转化型传感器和能量控制型传感器。

能量转化型传感器，主要由能量变换元件构成，不需用外加电源，基于物理效应产生信息；能量控制型传感器在信息变换过程中，需外加电源供给。

3) 按使用材料分

按使用材料可分为半导体传感器、陶瓷传感器、复合材料传感器、金属材料传感器、高分子材料传感器，超导材料传感器、光纤材料传感器和纳米材料传感器等。

4) 按输出信号分

按输出信号可分为模拟传感器和数字传感器。

5) 按结构分

按结构可分为结构型传感器、物性型传感器和复合型传感器。

6) 按功能分

按功能可分为单功能传感器、多功能传感器和智能传感器。

7) 按转换原理分

按转换原理可分为光电转换传感器、机电转换传感器、热电转换传感器、磁电转换传感器和电化学传感器。

传感器类型虽然很多，但在机电一体化系统中常用的主要是以下几种：位移传感器、位置传感器、压力传感器、速度传感器、红外传感器和声音传感器等。

8.4.3 常用传感器及应用

1. 位移传感器

位移传感器是直线位移测量传感器和角位移测量传感器的总称，位移测量在机电一体化领域中的应用十分广泛，除位移测量的重要性外，还是速度、加速度、力、压力和扭矩等参数测量的基础。

最常见的位移传感器是光电编码器，光电编码器具有非接触和体积小的优点，且分辨率很高，在旋转一周内可产生数万个脉冲。因此，它是目前应用最广泛的一种编码器。根据输出信号的特征，常分为增量式光电编码器和绝对式光电编码器。

光电编码器主要由旋转孔盘和光电器件组成。它的输出是与孔盘转角(或转角增量)成比例的脉冲信号，通过对脉冲信号计数，即可测得孔盘转过的角度。增量式编码器每转过一个单位，编码器就输出一个脉冲，故称为增量式。增量式编码器是将位移转换成周期性变化的电信号，再把这个电信号转变成计数脉冲，用脉冲的个数表示位移的大小。绝对式编码器由机械位置决定每个位置的唯一性，它无须记忆，无须找参考点，它的显示值只与测量的起始和终止位置有关，而与测量的中间过程无关。

例如测量工作台的位移量。

方案一：高速端角位移测量，旋转编码器(传感器)与电动机连接，通过对电动机转角的测量，间接对工作台进行测量，测量原理如图 8.5 所示。

方案二：采用直线位移传感器直接测量工作台的位移，测量原理如图 8.6 所示。

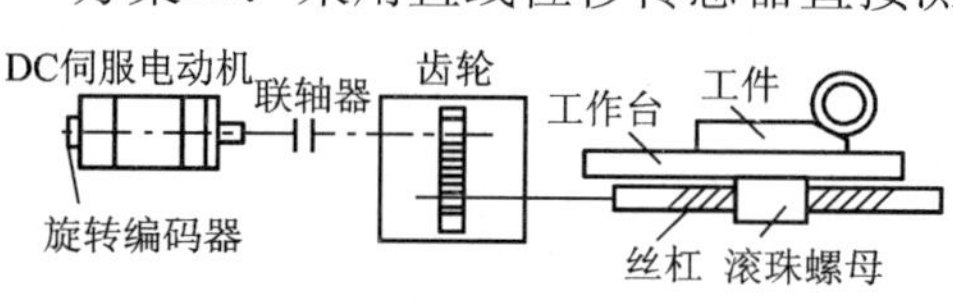

图 8.5 高速端测量

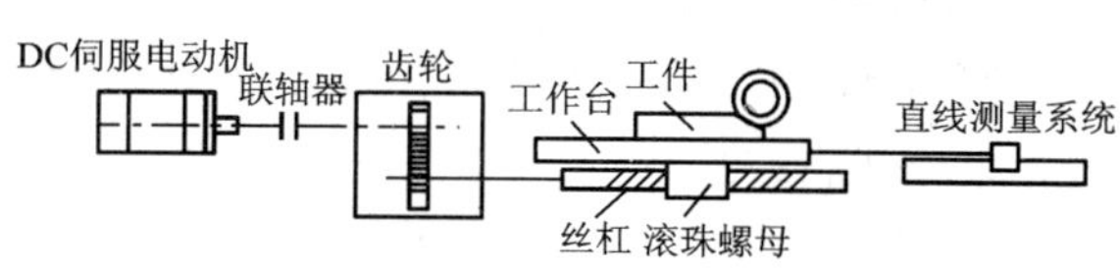

图 8.6 工作台位移直接测量

2. 位置传感器

位置传感器和位移传感器不一样，它所测量的不是一段距离的变化量，而是通过检测，确定执行构件是否已到达某一位置。因此，它不需要产生连续变化的模拟量，只需要产生能反映某种状态的开关量就可以了。

位置传感器分接触式和接近式两种。所谓接触式传感器(如图 8.7 所示)就是能获取两个物体是否已接触的信息的一种传感器；而接近式传感器是用来判别在某一范围内是否有某一物体的一种传感器。

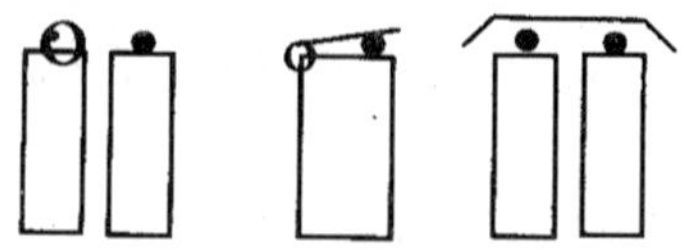

(a) 点式　(b) 棒式　(c) 缓冲式

图 8.7 接触式位置传感器

这种传感器常被用在机床上作为刀具、工件或工作台的到位检测或行程限制，也常被应用在汽车和工业机器人上。汽车曲轴位置传感器是发动机电子控制系统中最主要的传感器，它提供点火时刻(点火提前角)、确认曲轴位置的信号，用于检测活塞上止点、曲轴转角及发动机转速。

3. 压力传感器

在机电一体化控制系统中，压力也常常是需要检测的一个物理量。压力传感器分压阻式、应变式和压电式 3 种。

(1) 压阻式压力传感器是一种利用半导体材料的电阻率随其所受压力的变化而变化的特性而制成的传感器。

(2) 应变式压力传感器是利用压力的作用使电阻或应变片发生形变，从而使它们的电阻发生变化的特性而制成的，通过检测电阻的变化便可检测出压力的变化。

(3) 压电式压力传感器是利用电介质在受压力作用时产生电极化现象，并在表面产生电荷的压电效应来测量压力的一种传感器。

4. 力矩传感器

力矩传感器用于检测运动执行件的力矩。广泛应用在假手上，测量手指上的力和力矩，如图 8.8 所示的假手系统中，力矩传感器作为手指力控制的反馈信号。

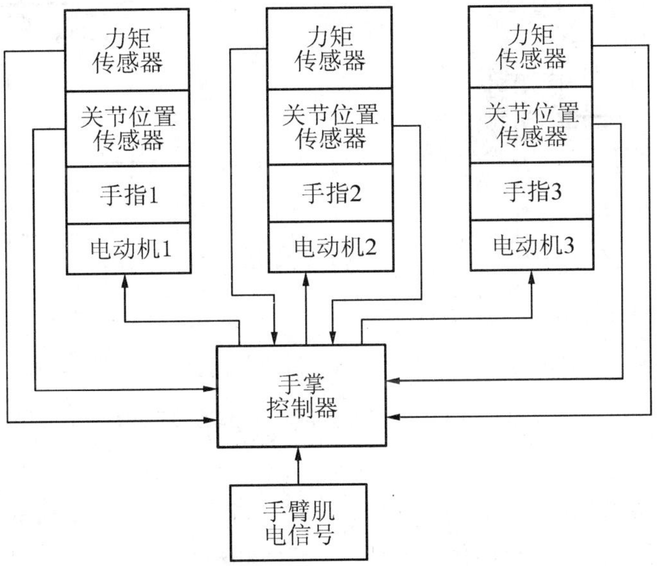

图 8.8　假手系统

5. 温度传感器

利用热敏电阻可以制成温度传感器。所谓热敏电阻即是对热量敏感的电阻体，其电阻值随温度的变化而显著改变。一般在温度上升时，其电阻值减小。温度传感器在机械设备温度测量方面应用非常广泛。

为提高机床的加工精度，可以用两个热敏电阻来比较环境温度与冷却液或轴承的温度，以实现温度控制。

6. 超声波传感器

超声波传感器用超声波来测量距离，在机器人上用来检测障碍物。其原理与蝙蝠通过感觉自己所发出的超声波来测定距离的道理相同。超声波传感器实质上是一种可逆的换能器，其将电振荡的能量转变为机械振荡，形成超声波，或者由超声波能量转变为电振荡。超声波传感器分为发射器和接收器，发射器可将电能转化为超声波，接收器可将超声波转化为电能。

7. 光电式传感器

这种传感器具有体积小、可靠性高、检测位置精度高、响应速度快等优点。在透光型光电传感器(如图 8.9 所示)中，发光器件和受光器件相对放置，中间留有间隙。当被测物体到达这一间隙时，发射光被遮住，从而接收器件(光敏元件)便可检测出物体已经到达。图 8.10 所示为洗衣机利用光电传感器检测洗涤液浑浊度的示意图。

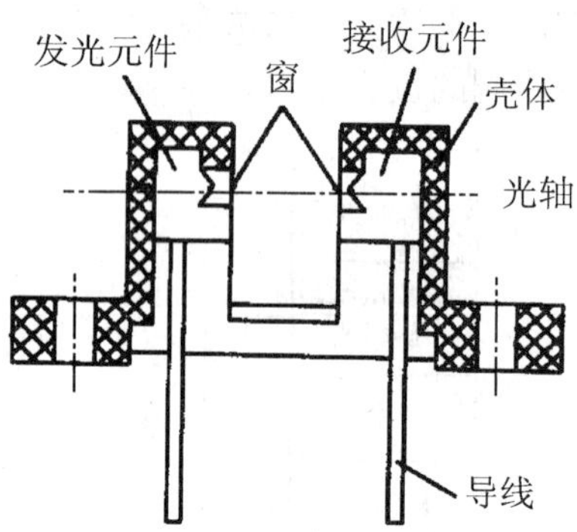

图 8.9　透光型光电传感器

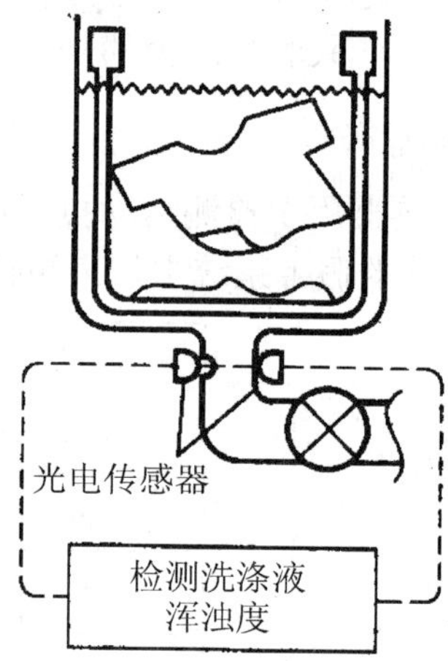

图 8.10　光电传感器检测浑浊度的示意图

8.5　广义执行机构子系统

机电一体化机械系统和传统机械系统的很大不同之处：传统机械系统一般是由动力元件、传动系统、执行元件 3 个部分加上电磁、液压和机械控制组成，其特点是驱动元件单一，主动原件(电动机)作等速运动，输出运动仅与机构的结构尺寸有关，随着机电一体化的发展，机构有了很大的发展，机器中广义机构的组成不光是刚性的，也可以是挠性的、弹性的或是由液压、气动、电磁件构成，许多机构中包含绳索(韧性构件)、链条(半韧性构件)、弹簧(弹性构件)、电门、马达、限位开关、程序控制等。

机电一体化机械系统和传统机械系统的主要区别如下。

1. 结构简单

采用机电一体化技术后，系统的设计就是面向机电伺服系统设计的，设计中采用了调速范围大、可无级调速的控制(伺服)电机，从而节省了大量用于变速和换向的传动系统，减少了产生误差的环节，提高了传动效率，因此使机械传动设计也得到了很大的简化。缝纫机比传统的机械缝纫机可减少机械零件约 350 个。

2. 增加了机械产品的功能

机械产品中采用微电子控制设备可以实现产品的高性能和多功能。例如，数控机床、数控加工中心、汽车电子自动变速器、全自动洗衣机等，再如采用数码式的相机，可实现自动曝光、自动聚焦、快速、高质量地拍出一般机械式照相机难以拍出的相片，还可以将拍出的照片随意存取，并对其相片的画面图像进行各种处理。

3. 使工艺过程柔性化

传统的机械设备或加工生产线要改变加工能力和工艺流程是一件非常费时和复杂的事。然而如果采用由微机控制的机电一体化设备组成的生产系统，则只需改变计算机程序就能迅速地改变设备的加工能力和工艺流程，从而能迅速适应市场对产品的多方面要求。

4. 操作、维修更方便

由机电一体化设备组成的机械系统的运动规律、工艺过程、工艺参数均可由程序控制来实现和调整，从而很容易实现各机械设备运动的相互协调配合和现代机械加工的全部自动化，使机械设备的操作更加简便，同时由于可以通过控程序来改变工作方式和运动过程，因此，设备的调整、维修也十分方便。

8.5.1 机电一体化的驱动元件

机电一体化的驱动元件是实现系统主要功能的重要环节，驱动元件种类繁多，如电机(包括步进电机、伺服电机、变频电机等)、液压、气动马达和动作缸、弹性元件、电磁铁、光能马达、形状记忆合金等。

驱动元件的共同特点是都可以输出一定的运动和力，但工作特性差异很大，应用范围也不相同。

一般对驱动元件有以下几方面的要求。

(1) 功率密度大。

(2) 快速性好，即加减速的扭矩大，频率特性好。

(3) 位置控制精度高，调速范围宽，低速平稳。

(4) 振动小，噪声小。

(5) 可靠性高，寿命长。

(6) 高效率，节约能源。

8.5.2 广义机构

由于计算机技术的广泛应用和各种类型驱动元件的不断开发，机构概念的广义化是把弹性构件、挠性构件引进机构，并把驱动元件与机构系统集成和融合构成与传统机构有别的新机构。

广义机构定义是实现可控运动或不可控运动的驱动器与由刚性、非刚性构件组成的运动链两者集成为一体的系统。

广义机构的种类按驱动元件类型进行分类如下。

(1) 电动式广义机构，驱动元件采用各种电动机的广义机构。

(2) 液压气动式广义机构，驱动元件采用各种液、气驱动件的广义机构。

(3) 弹性元件式广义机构，驱动元件为弹性元件的广义机构。

(4) 形状记忆合金式广义机构，采用形状记忆合金为驱动元件的广义机构。

(5) 电磁式广义机构，采用电磁元件驱动的广义机构。

(6) 压电式广义机构，采用压电晶体一类作为驱动元件的广义机构。

(7) 其他。

8.5.3 电动式广义机构

电动式广义机构驱动元件采用各种电动机，电动机驱动可分为普通交流电动机驱动，交、直流伺服电动机驱动和步进电动机驱动。

普通交、直流电动机驱动需加减速装置，输出力矩大，但控制性能差，惯性大。伺服电动机和步进电动机的输出力矩相对小，控制性能好，可实现速度和位置的精确控制。

20 世纪 70 年代以前是步进电机伺服系统的全盛时期，由于步进电机具有转矩大、惯性小、响应频率高、瞬间启动与急速停止的优越特性。通常不需要反馈就能对位移或速度进行精确控制；输出的转角或位移精度高，误差不会积累；控制系统结构简单，使其主要用于速度与精度要求不高的经济型数控机床及旧设备改造。

20 世纪 70～80 年，功率晶体管和晶体管脉宽调制驱动装置的出现，加速了直流伺服系统的性能提高和推广普及步伐，直流伺服电动机用直流供电，通过控制直流电压的大小和方向来实现电动机转速和方向的调节，小惯量直流伺服电动机具有电枢回路时间常数小、调速范围宽、转向特性好的特点，在一部分频繁起动和快速定位的机床上迅速推广。大惯量宽调速直流伺服电动机，出于输出扭矩大，过载能力强，电机惯量与机床传动部件的惯量相当，可直接带动丝杠，易于控制与调整。

直流伺服的工作原理是建立在电磁力定律基础上的。与电磁转矩相关的是互相独立的两个变量主磁通与电枢电流，它们分别控制励磁电流与电枢电流，可方便地进行转矩与转速控制。直流伺服系统控制简单，调速性能优异，在数控机床的进给驱动中曾占据主导地位，直流伺服电动机的缺点是结构复杂、价格昂贵，电刷对防油、防尘要求严格，易磨损，需定期维护。

20 世纪 80 年代以后，随着集成电路、电力电子技术和交流可变速驱动技术的发展，以及微处理器技术、大功率高性能半导体功率器件技术和电机永磁材料制造工艺的发展及其性能价格比的日益提高，永磁交流伺服驱动技术有了突出的发展，交流伺服驱动技术已经成为工业领域实现自动化的基础技术之一。交流伺服电机和交流伺服控制系统有逐渐取代直流伺服系统之势。

1. 步进电动机

1) 转动式步进电动机

步进电动机是一种将电脉冲信号转变为相应的直线位移或角位移的变换器。步进电动机，每当电动机绕组接收一个脉冲时，转子就转过一个相应的角度(称为步距)。低频运行时，明显可见电动机转轴是一步一步地转动的，因此称为步进电动机。

步进电动机的角位移量与输入脉冲的个数严格成正比。在时间上与输入脉冲同步，因而只要控制输入脉冲的数量、频率和电动机绕组的相序，即可获得所需的转角、转速和转动方向。

常用的转动式步进电动机有 3 种。

(1) 第一种为可变磁阻式(VR)步进电动机，也称为反应式步进电动机。其步进运行是由定子绕组通电激磁产生的反应力矩作用来实现的，因而也称反应式步进电动机。这类电动机结构简单，工作可靠，运行频率高，步距角小(0.75°～9°)。目前有些数控机床及工业机器人的控制都采用这类电动机。

(2) 第二种为永磁型(PM)步进电动机，其转子采用永磁铁，在圆周上进行多极磁化，它的转动靠与定子绕组所产生的电磁力相互吸引或相斥来实现。这类电动机控制功率小、效率高、造价低。转子为永磁铁，因而在无励磁时也具有保持力，但由于转子极对数受磁钢加工限制，因而步距角较大(1.8°～18°)，电动机频率响应较低，常使用在记录仪、空调机等速度较低的场合。

(3) 第三种为混合型(HB)步进电动机，也称永磁反应式步进电动机。由于是永久磁铁，转子齿带有固定极性。这类电动机既具有 VR 型步距角小、工作频率高的特点，又有 PM 型控制功率小、无励磁时具有转矩定位的优点。其结构复杂，成本相对也高。

2) 直线步进电动机

近年来，随着自动控制技术和微处理机应用的发展，希望有一种直线运动的高速、高精度、高可靠性的数字直线随动系统调节装置，来取代过去那种间接地由旋转运动转换而来的直线驱动方式，直线步进电动机则可满足这种要求。此外，直线步进电动机在不需要闭环控制的条件下，能够提供一定精度、可靠的位置和速度控制。这是直流电动机和感应电动机不能做到的。因此，直线步进电动机具有直接驱动、容易控制、定位精确等优点。

直线步进电动机的工作原理与转动式步进电动机相似，它们都是一种机电转换元件。只是直线步进电动机将输入的电脉冲信号转换成相应的直线位移而不是角度位移，即当在直线步进电动机上外加一个电脉冲时，会产生一步直线运动，其运动形式是直线步进的。输入的电脉冲可由数字控制器或微处理机来提供。

直线电动机由于结构上的改变，从而具有一系列优点。

(1) 结构简单，在需要直线运动的场合，采用直线电动机即可实现直接传动，而不需要一套将旋转运动转换成直线运动的中间转换机构，总体结构简化，体积小。

(2) 应用范围广，适应性强。

(3) 反应速度快，灵敏度高，随动性好。

(4) 额定值高，直线电动机冷却条件好，特别是长次级接近常温状态，因此线负荷和电流密度都可以取得很高。

(5) 有精密定位和自锁的能力。

(6) 工作稳定可靠，寿命长。

2. 直流电动机

直流电动机具有良好的调速特性、较大的起动转矩，以及功率大和快速响应等优点。

尽管其结构复杂、成本较高，但其在机电控制系统中作为执行元件还是获得了广泛的应用。

直流伺服电动机按激磁方式可分为电磁式和永磁式两种。电磁式的磁场由激磁绕组产生，永磁式的磁场由永磁体产生。电磁式直流伺服电动机被普遍使用，特别是大功率驱动中更为常用(100W 以上)。永磁式直流伺服电动机由于有尺寸小、重量轻、效率高、出力大、结构简单等优点而越来越被重视，目前永磁式直流伺服电动机产品仅限于较小的功率范围内。

3. 交流伺服电动机

交流伺服电动机是一种受输入信号控制并作快速响应的电动机，其控制精度高，运转平稳，在其额定转速范围内都能输出额定转矩，过载能力强，控制性能可靠，响应迅速。因此，交流伺服电动机广泛应用于自动控制系统、自动监测系统和计算装置、增量运动控制系统以及家用电器中。常见的交流伺服电动机有两类：一类为永磁式交流同步伺服电动机；另一类为笼型交流异步伺服电动机。

1) 永磁式交流同步伺服电动机

该类电动机的定子装有三相绕组，转子为一定极对数的永久磁体，在电动机输出轴上装有检测电动机转速和转子位置的无刷反馈装置。电动机的三相交流电源由 PWM 变频器供给，可在很宽的范围内实现无级变频调速。为使变频电源与电网隔离，可采用隔离式适配变压器。

永磁式同步电动机伺服系统具有以下特点。

(1) 电动机的转速不受负载变化的影响，稳定性极高。

(2) 调速范围极大，可达 10000∶1 或更高。

(3) 在整个调速范围内，电动机的转矩和过载能力保持不变。

(4) 可做步进方式运行，而且步距角可自由选择。

2) 笼型交流异步伺服电动机

电动机的结构和工作原理与普通笼型异步电动机基本相同，但在它的轴端装有编码器，还可以配选制动器。该类电动机的速度调节由矢量控制和 PWM 变频技术实现，所以它具有调速范围宽、转矩脉动小、低速运行平稳和噪声低等特点。

交流伺服驱动系统具有调速范围宽、响应速度快和运行平稳等特点，其调速比可达 10000∶1，适用于机床的进给驱动和其他伺服装置。

4. 伺服电动机控制方式

伺服电动机控制方式的基本形式有 3 种，根据目标动作不同，电动机及控制方式也不同。步进电动机的开环方式、其他电动机的半闭环方式和全闭环方式是基本控制方式。

1) 步进电动机拖动的开环系统(如图 8.11 所示)

在此系统中，执行元件是步进电机，它受驱动控制线路的控制，将代表进给脉冲的电平信号直接转换为具有一定方向、大小和速度的机械转角位移，并通过齿轮和丝杠带动工作台移动。只要控制指令脉冲的数量、频率和通电顺序，便可控制执行部件运动的位移量、速度和运动方向。这种系统不需要将所测得的实际位置和速度反馈到输入端，故称为开环系统。由于该系统没有反馈检测环节，因此，系统的位移精度较低。

图 8.11　开环系统

2) 闭环系统(如图 8.12 所示)

该系统与开环系统的区别是：位置检测装置测出机床实际工作台的实际位移，并转换成电信号，与数控装置发出的指令位移信号进行比较，当两者不等时有一差值，伺服放大器将其放大后，用来控制伺服电机带动机床工作台运动，直到差值为零时停止运动。闭环进给系统在结构上比开环伺服系统复杂、成本也高，且调试维修较难，但系统有更高的精度、更快的速度和更大的驱动功率。

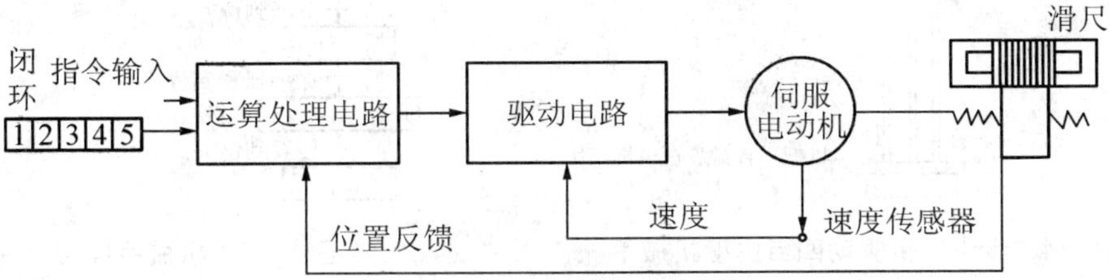

图 8.12　闭环系统

3) 半闭环系统(如图 8.13 所示)

半闭环系统检测元件装在中间传动件上，间接测量执行部件的位置。它只能补偿系统环路中传动链的部分误差，因此，其精度比闭环系统要差一些。但是它的结构及其调试比闭环系统简单，且造价低。在将角位移检测元件与速度检测元件和伺服电机作为一个整体时，则无须考虑位置检测装置的安装问题。

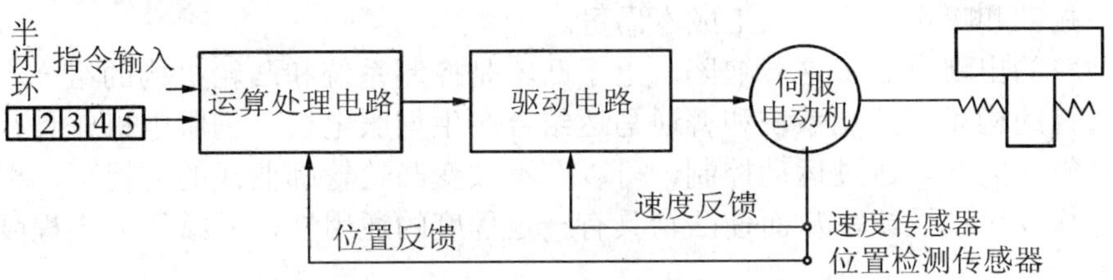

图 8.13　半闭环系统

5. 应用实例——步进电机驱动四自由度机械手

图 8.14 所示为步进电机驱动四自由度机械手，可实现 X 轴伸缩、Z 轴升降，底盘、腕回转功能。图 8.15 所示是机械手控制流程图。

机械手工作流程如下。

(1) 首先进行机械手的伸缩、升降，转盘和抓手的重启动和原点搜索。

(2) 机械手的伸缩臂向前，同时转盘顺时针旋转。

(3) 机械手下降。

(4) 抓手电磁闸启动，抓手抓紧，抓起货物 A。

(5) 机械手的升降进行原点搜索。

(6) 机械手的伸缩臂向后，同时转盘逆时针旋转。

(7) 机械手下降。

(8) 抓手电磁闸再次启动，抓手放松，货物 A 放下。

(9) 机械手的伸缩臂、转盘进行原点搜索，全部复位。

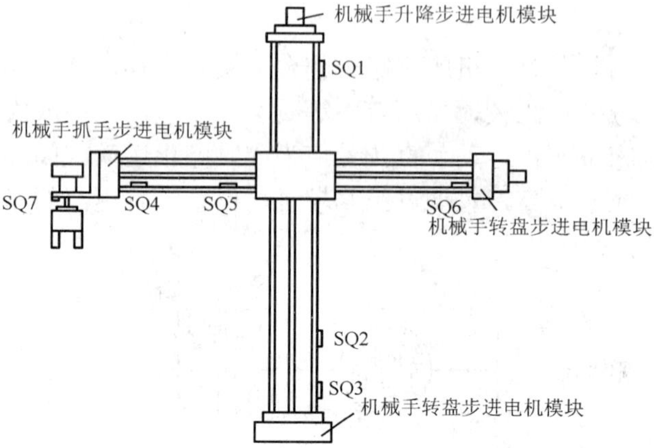

图 8.14　步进电机驱动四自由度机械手

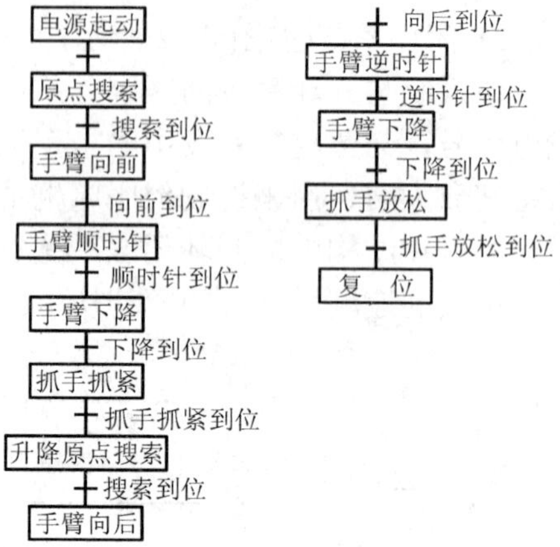

图 8.15　机械手控制流程图

6. 电子机构

近些年开发的可编程多轴运动控制器主要包括位置跟踪和时基控制。位置跟踪通常叫做电子齿轮，时基控制通常叫做电子凸轮。

1) 电子凸轮

在数字伺服技术出现以前，凸轮机构是唯一能实现任意复杂运动的机构，但凸轮机构属于高副接触，轮廓加工困难，输出运动缺乏柔性，凸轮和滚子容易磨损，从而导致运动精度降低，振动和噪声加剧，加工成本昂贵。

电子凸轮的出现克服了这一缺陷。电子凸轮是控制系统和凸轮机构的组合，电子凸轮是一种创造性的构思。控制系统和普通马达结合产生伺服电机，伺服电机兼具有驱动与控制的双重功能，因此，通过运动控制，可以在不改变凸轮轮廓曲线的前提下，根据要求改变输出的动作及运动性能，从而使凸轮具有一定程度的通用性，并赋予一定程度的自适应性和智能性。

变输入电子凸轮兼有凸轮机构与控制系统，电子凸轮的控制原理如图 8.16 所示，其中控制发生器输入预期的参数，发出位置指令信号，伺服装置控制电机轴产生转角，从而控制凸轮机构的输出构件实现运动位移或角位移。

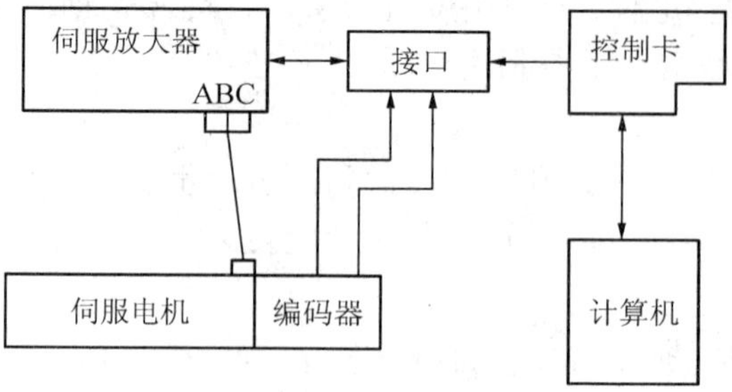

图 8.16　电子凸轮

其他形式的电子凸轮系统由计算机实现凸轮机构的功能。系统由硬件和软件两部分组成。硬件由微机、轴位置编码器、D/A 转换器和执行机构组成。软件产生凸轮轮廓的算法。凸轮的多个轮廓可同时存储在可编程存储器中，相应的凸轮轮廓能按命令送到执行机构中去。其突出特点是可按不同从动件的运动规律选择存储器中的凸轮轮廓曲线。在输出运动改变时只需简单地改变一下数值或设定，而不是更换机器的物理部件，机构的输出柔性好。

2) 电子齿轮

电子齿轮传动代替机械齿轮传动实现了准确的传动关系，技术得到了广泛的应用。主从式电子齿轮结构如图 8.17 所示。主从电子齿轮的工作原理是从运动对主运动的跟踪随动控制，主运动经编码器检测，由电子齿轮模块变换后作为从运动的给定控制信号，与从运动的检测反馈信号进行比较，获得的偏差值由控制器进行调节，并控制从运动，从而实现电子齿轮模块所规定的运动规律。

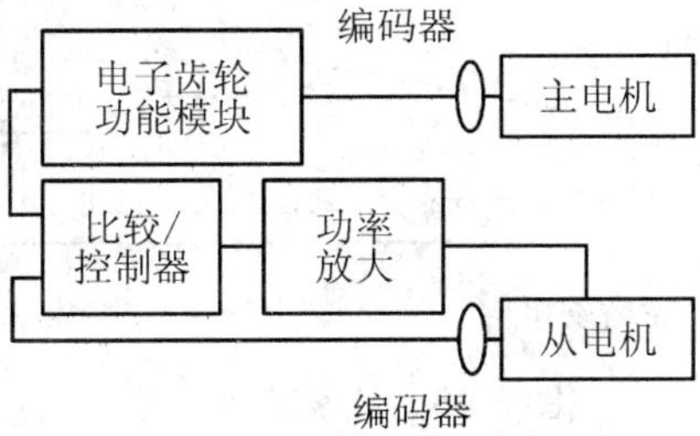

图 8.17　主从式电子齿轮

电子齿轮传动特征与机械齿轮相比，电子齿轮的运动信息与能量是分开传输的，信息的传递是通过电子线路及相关的软件实现的，可以实现很高的传递精度，在电子齿轮系统传动的末端，才有能量的加入及机械形式的传动。各运动单元采用独立驱动方法，易于实现分步式传动。

8.5.4　液、气动广义机构

1. 液动机构

液动机构是以具有压力的液体作为介质来实现能量传递与运动变换的。液动机构与机械传动的机构相比较，具有无级调速、输出功率大，工作平稳，控制方便，实现过载保护和液压元件具有自润滑特性、机构磨损小、寿命长等优点，其广泛应用于矿山、冶金、建筑、交通运输和轻工等行业。

液动广义执行机构主要由往复运动的液压缸、回转液压缸和各种阀组成。目前，世界上开发了各种数字式液压元件、电液伺服电机和电液步进电机。电液式电机的最大优点是比电动机力矩大，可以直接驱动执行机构，力矩惯量比大，过载能力强，适合于重载下的高加、减速驱动。

2. 气动机构

气动广义机构与液动广义机构的工作原理基本相同，不同的是气动机构的工作介质是压缩空气，气动机构与液动机构相比，由于工作介质为空气，故易于获取和排放，不污染环境，气动机构还具有压力损失小，易于过载保护，易于标准化、系列化等优点。气压驱动是最简单的一种驱动方式，其中不少气动系统应用于机器人。

3. 气动机构应用实例

1) 直线运动机构

图 8.18 所示为直线运动机构，它是在气缸驱动齿条，齿条带动齿轮(转角小于 180°)，齿轮上设置曲柄，利用曲柄带动滑块(台桌)移动。其优点是利用曲柄运动的两端减速原理，并采用两端缓行的空压气缸，滑块(台桌)可得到相当顺滑的运动。

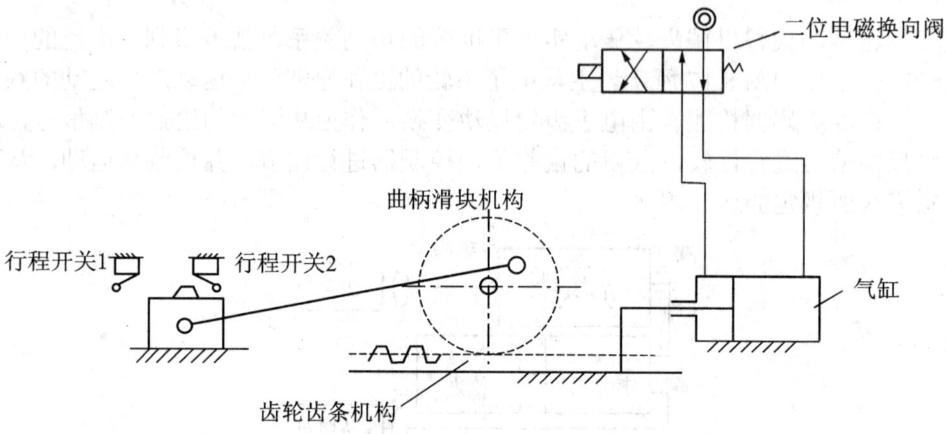

图 8.18　直线运动机构

2) 气动机械手

图 8.19(a)所示为可移动式气动机械手结构示意图，它由真空吸头 1、水平气缸 2、垂直气缸 3、齿轮齿条副 4、回转缸 5 及小车等组成，可在 3 个坐标内工作，一般用于装卸轻质、薄片工件，只要更换适当的手指部件，还能完成其他工作。

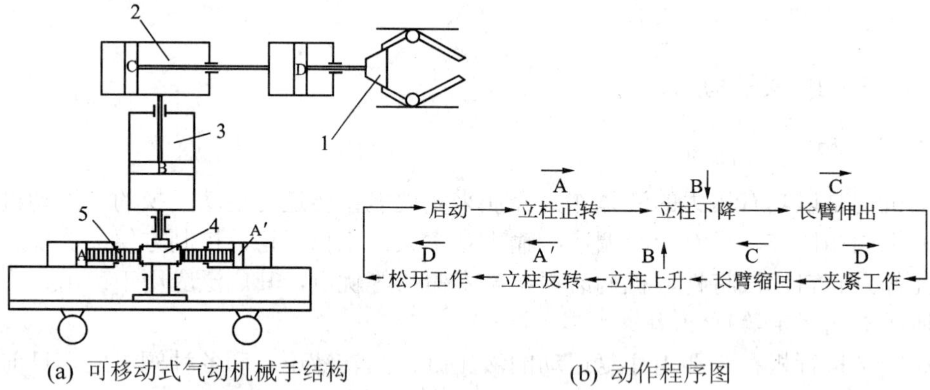

图 8.19　气动机械手

8.5.5　形状记忆合金式广义机构

采用形状记忆合金为驱动元件的广义机构，形状记忆合金是一种新的功能金属材料，用这种合金做成的金属丝，即使将它揉成一团，但只要达到某个温度，它便能在瞬间恢复原来的形状。它对形状具有记忆功能，所以通常叫形状记忆合金。形状记忆合金(SMA)驱动器在特殊场合可以代替传统驱动器(如马达、气缸等)，具有功率/质量比大、结构简单、无噪声、无污染和易于控制等特点，因此广泛用作微小型机器人驱动器。

图 8.20 所示为形状记忆合金丝作为驱动材料的微型机械手的运动及控制原理图，其由 5 个构件(对称配置的件 1、2、3)和 7 个运动副(对称配置的运动副 a、b、c、d，其中 a 为平动副，其余 6 个为转动副)组成。机械手由两根相连的形状记忆合金丝 4 驱动，当接电时，合金丝中有电流通过，温度升高收缩变短，拉动基体(杆 b—b)向下运动，通过柔性铰链 b(相当于转动副)带动两侧摆杆向内运动，使两个手指 1 合拢夹持物体。断电时两个手指依靠弹性张开变长，恢复原状。

图 8.21 所示是一个串-并联的多关节机器人模型。在每一关节中，3 根双向 TiNi 形状记忆合金弹簧对称分布于圆周上，以做为导向驱动元件，弹簧的两端固接在关节面上，关节面之间用轴向具有一定弯曲刚度的软芯连接。在某一关节中，当形状记忆合金弹簧分别通电加热时，形状记忆合金元件发生相变、伸缩。如果各个形状记忆合金元件的伸缩量不同，关节将向某一方向弯曲。若加热停止，合金自然冷却，在合金恢复变形和弹簧自身弹性变形的作用下，关节会恢复到初始状态。对形状记忆合金元件的通电电流进行控制，使机器人弯曲到需要的角度，可达到蛇行游动的效果。

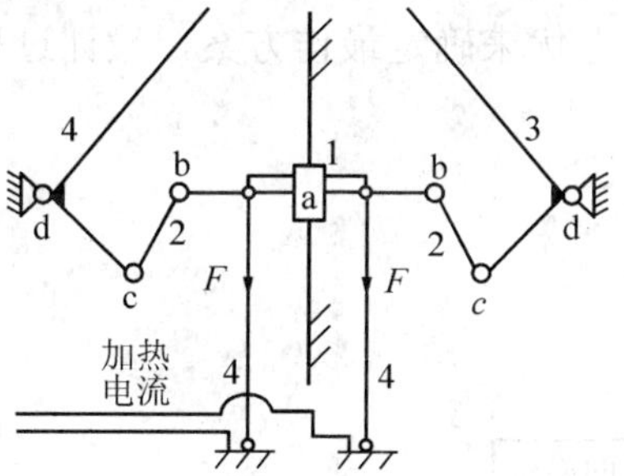

图 8.20　微型机械手的运动及控制原理图

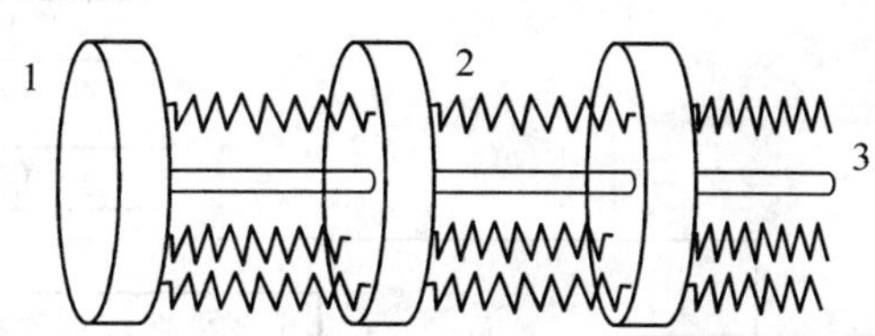

图 8.21　多关节机器人模型

8.5.6　电磁式广义机构

采用电磁元件驱动的广义机构，电磁机构可用于开关、电磁振动、电磁铁等。其中电磁铁是利用电磁吸力来操纵或牵引机械装置或执行机构来完成动作的。

图 8.22 所示是利用两个分别电磁阀推拉 L 形杆的一端，而使其另一端的滚子在导槽中移动的直线移动机构。若改变 L 形杆的角度即可改变其末端减速的效果。

图 8.23 所示是旋转电磁阀的臂杆摇动转换成棘爪的摇动，从而驱动棘轮的运动。

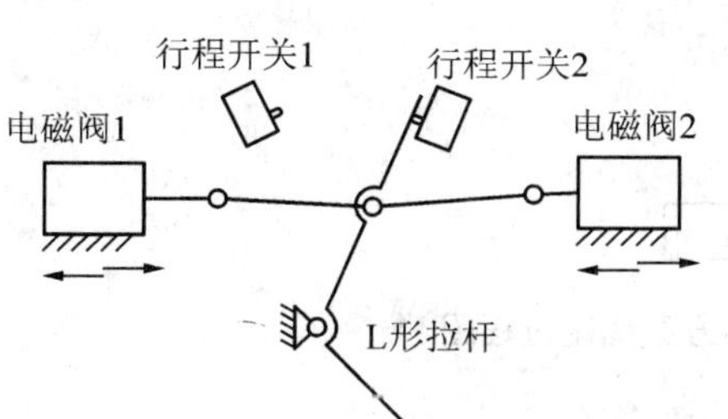

图 8.22　直动电磁阀为驱动元件的机构

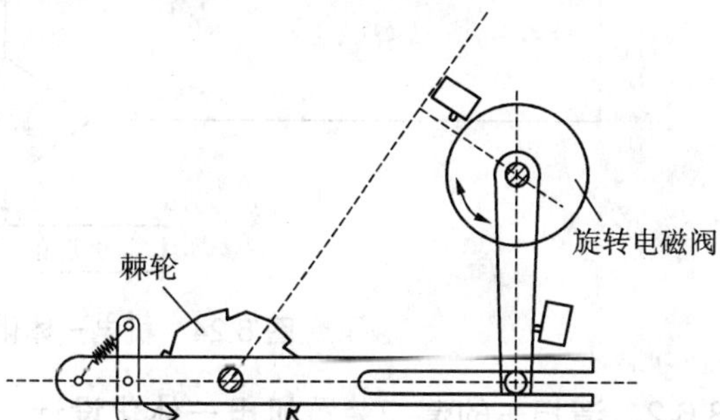

图 8.23　旋转电磁阀为驱动元件的机构

8.6 机电一体化系统设计

8.6.1 机电一体化系统设计的内容和过程

由于机电一体化结合了机械、微电子、计算机的信息处理、自动控制、传感与测试、电力电子、伺服驱动、系统总体技术等高新技术，因此机电一体化系统设计包含的内容很多，主要从以下 3 个方面考虑。

(1) 按实现运动和动作进行广义机构设计，其中包括驱动元件、传动和执行机构的选择。

(2) 按被测对象物理量选择传感器，可分为机械、音响、频率、电气、磁、温度、光、射线、湿度、化学、生理信息等。

(3) 选择控制及信息处理方法，信息的处理包括信息的传输、判断、处理、决策等。

最后根据各评价系统进行机电一体化系统的综合选优来确定最佳方案，设计过程如图8.24所示。

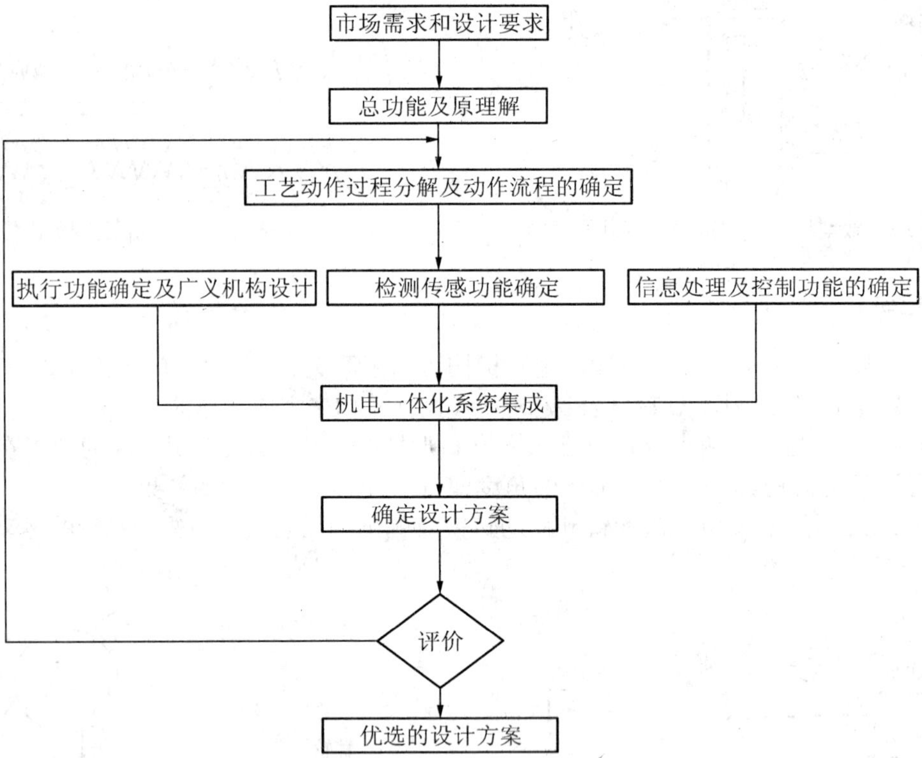

图 8.24 机电一体化系统的方案确定过程图

8.6.2 清扫车的清扫装置机电一体化设计

1. 功能分析

清扫装置是决定清扫车性能的最重要部分，其性能好坏决定着清扫车的清扫效率。因此合理设计清扫装置并提高其性能是清扫车设计的关键。清扫装置总功能可以分解为以下 3 类。

1) 清扫功能

(1) 功能 1：地面清扫干净(扫净)。

(2) 功能 2：把垃圾从地面撮起倒入斗中(撮起)。

(3) 功能 3：清除扫起的灰尘(除尘)。

2) 传感检测功能

(1) 功能 1：检测垃圾箱的荷重、物位和倾角。

(2) 功能 2：检测清扫用水。

(3) 功能 3：检测喷水的流量和速度。

3) 控制功能

(1) 控制功能 1：清扫过程由微机控制，对清扫过程中各任意组合的清扫状况进行控制。

(2) 控制功能 2：处理垃圾箱超重。

2. 功能设计

1) 执行子系统

完成执行子系统的方法是：在车辆的两边各装有一个大链轮，随着车轮的转动，左边大链轮由链条通过过桥齿轮带动滚扫高速转动，利用滚扫上的毛刷驱撵地面上的灰尘、垃圾在其前方堆积；同时车轮链轮带动凸轮转动，通过凸轮摆杆机构使撮土板间歇上下运动，以抛射方式集撮垃圾到垃圾箱内；在清扫车右车轮上装有的链轮通过链条驱动带动左边的小链轮，小链轮固定同轴的大链轮又通过链条传动驱动排风扇，并使箱内空气低于外界大气压，箱内负压使灰尘不能向外逸出，完成清扫、撮集垃圾、消除灰尘 3 个目的。

2) 传感检测子系统

传感器是实现自动控制或智能化必不可少的基本元件，通过这些元件，在控制中心可以获得不同工况、不同介质、不同部位、不同环境和不同功能的各类信息，控制中心根据获得的各种信息进行处理。

根据清扫装置的垃圾箱重量、位置以及水量、流量和流速分别选择下列 3 种传感器。

(1) 选择荷重传感器，检测垃圾箱重量。

(2) 选择物位和倾角传感器，检测垃圾箱位姿。

(3) 选择检测清扫用水传感器和检测喷水的流量和速度传感器，检测喷水的流量和速度。

3)信息处理及控制子系统

信息处理及控制子系统如图 8.25 所示，清扫过程由微机控制，对清扫过程中各任意组合的清扫状况进行控制，在控制过程中，微机在可编程控制器中起着主要作用，是控制系统的中心，通过各种传感器，从内、外部接收有关过程的信息，对信息进行处理，然后对执行机构发出控制指令。

3. 清扫装置机电一体化集成

将以上三大子系统集成起来，便完成了清扫车清扫部分的机电一体化设计。

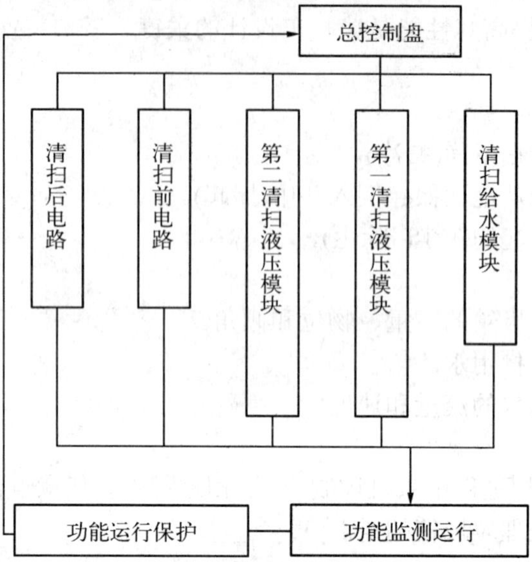

图 8.25　信息处理及控制子系统

小　　结

现代机械工业产品的最大特点是机电一体化技术的广泛应用及机电一体化产品有了飞速发展，机械制造企业如果不采用机电一体化技术，那么它的产品就很难升级换代，无法在竞争中生存下去。机电一体化产品日益增多，如数控机床、机器人、智能量仪、家电设备等。

本章主要介绍了机电一体化系统的组成和广义执行机构子系统、传感检测子系统、信息处理及控制子系统，重点论述了广义执行机构的构成和应用，可帮助学生建立机构、控制、传感和驱动一体化并行思考的习惯，寻求出机电一体化和机械创新设计的结合点和融合部分，培养学生的机电一体化创新设计的思维理念，造就学生机电一体化设计的实际能力和素质。

习　　题

8-1 为节省能源，需要根据自然光的亮度来开、关路灯，即只有在夜间或天气很暗的时候才打开路灯，应该用何种器件来控制路灯的开关？

8-2 常见的半导体传感器有如下几种，如气敏传感器、味敏传感器、色敏传感器、视敏传感器、声敏传感器、光敏传感器和热敏传感器。根据题中列出的传感器，指出日常生活中所能见到的什么装置属于上述传感器的控制，并简述其工作原理。

8-3 对于计算机光驱开关门机构和读盘机构设计，试拟定传动方案，并绘制控制方框图、编写说明书。

8-4 对于足球机器人设计，足球机器人的主要功能分机器人行走、视觉、控制，试绘制机器人的行走原理方案、选择设计传感器，并绘制控制方框图、编写说明书。

第 9 章　基于 TRIZ 理论的创新设计

教学提示：概述 TRIZ 理论的产生、主要内容，TRIZ 理论的重要发现，TRIZ 解决发明创造问题的一般方法及 TRIZ 理论的应用。重点讨论设计中的冲突及其解决原理，利用技术进化模式实现创新。最后介绍计算机辅助创新设计软件的发展和 TRIZ 理论的发展趋势。

教学要求：了解 TRIZ 理论的主要内容，明确 TRIZ 理论解决创造问题的一般方法和 TRIZ 理论的应用。重点理解物理冲突和技术冲突的概念，掌握物理冲突和技术冲突的解决原理，能够利用冲突矩阵实现创新设计。了解技术系统进化定律和进化模式，理解技术进化理论在指导创新设计中的应用。了解计算机辅助创新设计软件的发展，明确 TRIZ 理论的发展趋势。

9.1　TRIZ 理论概述

TRIZ(是俄文首字母的缩写)意为解决发明创造问题的理论，起源于苏联，英译为 Theory of Inventive Problem Solving，英文缩写为 TIPS。1946 年，以苏联海军专利部 G.S.Altshuller 为首的专家开始对数以百万计的专利文献加以研究，经过 50 多年的收集整理、归纳提炼，发现技术系统的开发创新是有规律可循的，并在此基础上建立了一整套系统化的、实用的解决创造发明问题的方法。TRIZ 理论是基于知识的、面向人的解决发明问题的系统化方法学，其核心是技术系统进化原理。TRIZ 理论对产品的创新是前所未有的突破，其来源及主要构成如图 9.1 所示。

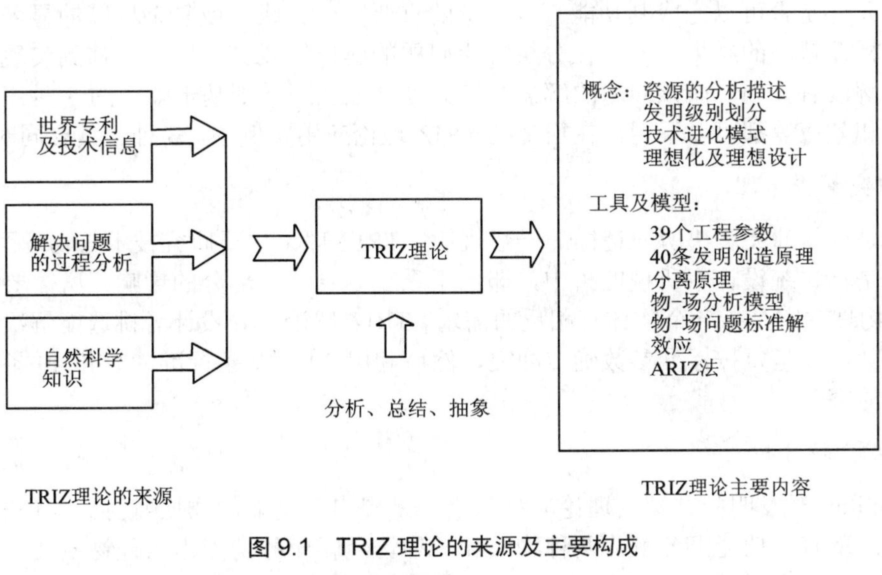

图 9.1　TRIZ 理论的来源及主要构成

因此，TRIZ 理论是解决发明问题的理论，是实现发明创造、创新设计、概念设计的最有效方法。TRIZ 理论已建立的一系列普适性工具能帮助研究、设计人员尽快创造出满意的解决方案。掌握该理论的人不仅能提高发明的成功率、缩短发明的周期，也能使发明问题具有可预见性。

由于 TRIZ 理论将产品创新的核心——产生新的工作原理的过程具体化了，并提出了规则、算法和发明创造原理供研究、设计人员使用，所以它成为一种较为完善的创新设计理论。

9.1.1 TRIZ 理论的主要内容

TRIZ 理论主要包括以下内容。

1. 产品进化理论

发明问题解决理论的核心是技术系统进化理论，该理论指出技术系统一直处于进化之中，解决冲突是进化的推动力。进化速度随着技术系统一般冲突的解决而降低，使其产生突变的唯一方法是解决阻碍其进化的深层次冲突。TRIZ 理论中的产品进化过程分为 4 个阶段：婴儿期、成长期、成熟期和退出期。处于前两个阶段的产品，企业应加大投入，尽快使其进入成熟期，以便企业获得最大的效益；处于成熟期的产品，企业应对其替代技术进行研究，使产品取得新的替代技术，以应对未来的市场竞争；处于退出期的产品使企业利润急剧下降，应尽快淘汰。这些可以为企业产品规划提供具体的、科学的支持。产品进化理论还研究产品进化模式、进化定律与进化路线。沿这些路线设计者可较快地取得设计中的突破。

2. 分析

分析是 TRIZ 理论的工具之一，是解决问题的一个重要阶段。它包括产品的功能分析、理想解的确定、可用资源分析和冲突区域的确定。功能分析的目的是从完成功能的角度分析系统、子系统和部件。该过程包括裁减，即研究每一个功能是否必要，如果必要，系统中的其他元件是否可以完成其功能。设计中的重要突破、成本或复杂程度的显著降低往往是功能分析及裁减的结果。假如在分析阶段问题的解已经找到，则可以移到实现阶段。假如问题的解没有找到，而该问题的解需要最大限度地创新，则基于知识的 3 种工具——原理、预测和效应等都可以采用。在很多的 TRIZ 理论应用实例中，3 种工具要同时采用。

3. 冲突解决原理

原理是获得冲突解决所应遵循的一般规律。TRIZ 理论主要研究技术与物理两种冲突。技术冲突是指传统设计中所说的折中，即由于系统本身某一部分的影响，所需要的状态不能达到。物理冲突是指一个物体有相反的需求。TRIZ 理论引导设计者挑选能解决特定冲突的原理，其前提是要按标准参数确定冲突，然后利用 39×39 条标准冲突和 40 条发明创造原理解决冲突。

4. 物质-场分析

Altshuller 对发明问题解决理论的贡献之一是提出了功能的物质-场描述方法与模型。其原理为：所有的功能可分解为两种物质和一种场，即一种功能由两种物质及一种场的三元件组成。产品是功能的一种实现，因此可用物质-场分析产品的功能，这种分析方法是

TRIZ 理论的工具之一。

5. 效应

效应指应用本领域特别是其他领域的有关定律解决设计中的问题，如采用数学、化学、生物和电子等领域中的原理解决机械设计中的创新问题。

6. 发明问题解决算法 ARIZ 理论

TRIZ 理论认为，一个问题解决的困难程度取决于对该问题的描述或程式化方法，描述的越清楚，问题的解就越容易找到。TRIZ 理论中，发明问题求解的过程是对问题不断的描述、不断的程式化的过程。经过这一过程，初始问题最根本的冲突被清楚地暴露出来，能否求解已很清楚，如果已有的知识能用于该问题则有解，如果已有的知识不能解决该问题则无解，需等待自然科学或技术的进一步发展。该过程是靠 ARIZ 算法实现的。

ARIZ(Algorithm for Inventive Problem Solving)称为发明问题解决算法，是 TRIZ 理论的一种主要工具，是解决发明问题的完整算法。该算法采用一套逻辑过程逐步将初始问题程式化，该算法特别强调冲突与理想解的程式化，一方面技术系统向理想解的方向进化，另一方面如果一个技术问题存在冲突需要克服，那么该问题就变成一个创新问题。

ARIZ 中冲突的消除有强大效应知识库的支持。效应知识库包括物理的、化学的、几何的等效应。作为一种规则，如果经过分析与效应的应用后问题仍无解，则认为初始问题定义有误，需对问题进行更一般化的定义。

应用 ARIZ 取得成功的关键在于在没有理解问题的本质前，要不断地对问题进行细化，一直到确定了物理冲突，该过程及物理冲突的求解已有软件支持为止。

9.1.2　TRIZ 理论的重要发现

在技术发展的历史长河中，人类已完成了许多产品的设计，设计人员或发明家已经积累了很多发明创造的经验。G.S.Altshuller 的研究发现如下。

(1) 在以往不同领域的发明中所用到的原理(方法)并不多，不同时代的发明，不同领域的发明，其应用的原理(方法)被反复利用。

(2) 每条发明原理(方法)并不限定应用于某一特殊领域，而是融合了物理的、化学的和各工程领域的原理，这些原理适用于不同领域的发明创造和创新。

(3) 类似的冲突或问题与该问题的解决原理在不同的工业及科学领域交替出现。

(4) 技术系统进化的模式(规律)在不同的工程及科学领域交替出现。

(5) 创新设计所依据的科学原理往往属于其他领域。

9.1.3　TRIZ 理论解决发明创造问题的一般方法

最早的发明课题是靠试错方法，即不断选择各种解决方案来解决问题。例如，仿制自然界中的原型物、放大物体、增加数量、把不同物体联成一个系统等方法。在这段漫长的岁月里，人们积累了大量的发明创造经验与有关物质特性的知识。人们利用这些经验与知识提高了探求的方向性，使解决发明问题的过程有序化，同时发明课题本身也发生了变化，随着时间的推移越来越复杂，直至今天，要想找到一个需要的解决方案，也得做大量的无效尝试。试错法以及在这一基础上建立起来的创造性劳动组织，是与现代科学技术革命的要求相矛盾的。现在需要新的方法来控制创造过程，从根本上减少无效尝试的次数，也需要重新组织创造过程，以便有效地利用新的方法。为此，必须有一套有科学依据的并行之有效的解决发明课题的理论。

TRIZ 理论解决发明创造问题的一般方法是：首先将要解决的特殊问题加以定义、明确；然后根据 TRIZ 理论提供的方法，将需要解决的特殊问题转化为类似的标准问题，针对类似的标准问题总结、归纳出类似的标准解决方法；最后，依据类似的标准解决方法就可以解决用户需要解决的特殊问题。TRIZ 理论解决发明创造问题的一般方法可用图 9.2 表示。图中的 39 个工程参数和 40 个解决发明创造的原理将在本节后面详细介绍。

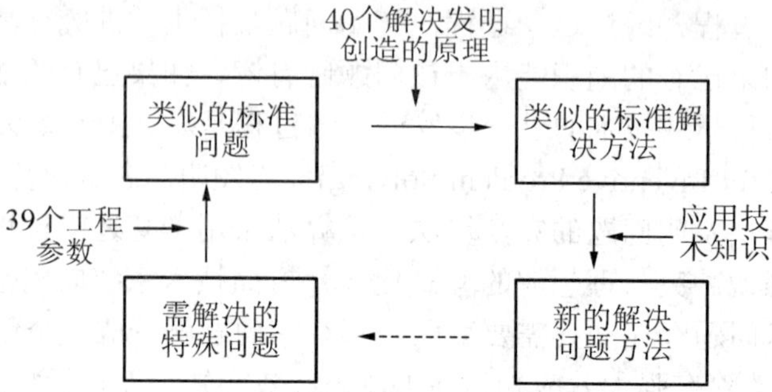

图 9.2　TRIZ 解决发明创造问题的一般方法

【例 9.1】 需要设计一台旋转式切削机器。该机器需要具备低转速(100r/min)、高动力以取代一般高转速(3600r/min)的交流电动机。具体的分析解决该问题的框图如图 9.3 所示。

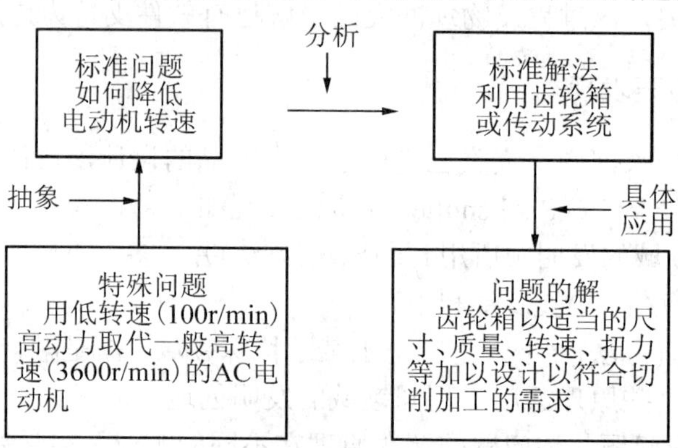

图 9.3　设计低转速高动力机器的分析框图

9.1.4　TRIZ 理论的应用

TRIZ 理论是专门研究创新和概念设计的理论，已经建立了一系列的普适性工具，以帮助设计者尽快获得满意的领域解，不仅在苏联得到了广泛的应用，而且在美国的很多企业特别是大企业，如波音、通用、摩托罗拉等公司的新产品开发中也得到了应用，取得了可观的经济效益。TRIZ 理论广泛应用于工程技术领域，目前已逐步向其他领域渗透和扩展，应用范围也越来越广。由原来擅长的工程技术领域分别向自然科学、社会科学、管理科学、教育科学、生物科学等领域发展，用于指导各领域矛盾问题的解决。Rockwell Automotive 公司针对某型号汽车的刹车系统应用 TRIZ 理论进行了创新设计，通过 TRIZ 理论的应用，刹车系统发生了重要变化，系统由原来的 12 个零件缩减为 4 个，成本减少了 50%，但刹车系统的功能却没有变化。Ford Motor 公司遇到了推力轴承在大负荷时出现偏移的问题，通过应用 TRIZ 理论，产生了 28 个问题的解决方案，其中一个非常吸引人的方案是利用小热膨胀系数的材料制造这种轴承，克服上述问题，最后很好地解决了推力轴承在大负荷时出现偏移的问题。在俄罗斯，TRIZ 理论的培训已扩展到小学生、中学生和大学生，其结果是学生们正在改变他们思考问题的方法，能用相对容易的方法处理比较困难的问题，使其创新能力迅速提高。由于 TRIZ 理论既适用于产品设计，又适用于零部件设计，因此在机械创新设计课程中引进 TRIZ 理论已经成为课程进化的必然要求。

9.2　设计中的冲突及其解决原理

9.2.1　概述

1. 冲突的概念

产品是多种功能的复合体，为了实现这些功能，产品要由具有相互关系的多个零部件组成。为提高产品的市场竞争力，需要不断根据市场的潜在需求对产品进行改进设计。当改变某个零部件的设计，即提高产品某方面的性能时，可能会影响到与其相关联的零部件，结果可能使产品或系统的另一些方面的性能受到影响。如果这些影响是负面影响，那么设计就出现了冲突。

冲突普遍存在于各种产品的设计中。按传统设计中的折中法，冲突并没有得到彻底解决，而只是在冲突双方取得折中方案，或称降低冲突的程度。TRIZ 理论认为，产品创新的核心是解决设计中的冲突，产生新的有竞争力的解，未克服冲突的设计不是创新设计。产品进化过程就是不断地解决产品所存在冲突的过程，一个冲突解决后，产品进化过程处于停顿状态；之后的另一个冲突解决后，产品移到一个新的状态。设计人员在设计过程中不断地发现并解决冲突，是推动设计向理想化方向进化的动力。

2. 冲突的分类

1) 通常的分类

图 9.4 所示是冲突的一般分类。冲突分为两个层次，第一个层次分为 3 种冲突：自然冲突、社会冲突及工程冲突，这 3 类冲突中的每一类又可细分为若干类。在图中冲突解决的程度自下向上，自左向右，解决越来越困难，即技术冲突最容易解决，自然冲突最不容易解决。

(1) 自然冲突分为自然定律冲突及宇宙定律冲突。自然定律冲突是指由于自然定律所限制的不可能的解。如就目前人类对自然的认识，温度不可能低于华氏零度以下，速度不可能超过光速，如果设计中要求的温度低于华氏温度零度或速度超过光速，则设计中出现了自然定律冲突，不可能有解。随着人类对自然认识程度的不断深化，今后也许上述冲突会被解决。宇宙定律冲突是指由于地球本身的条件限制所引起的冲突，如由于地球引力的存在，一座桥梁所能承受的物体质量不能是无限的。

(2) 社会冲突分为个性、组织及文化冲突。如果只熟悉绘图，而不具备创新知识的设计人员从事产品创新就出现了个性冲突；一个企业中部门与部门之间的不协调造成组织冲突；对改革与创新的偏见就是文化冲突。

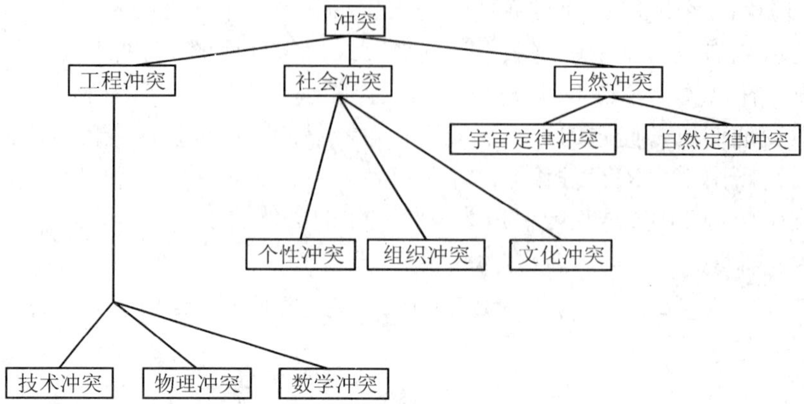

图 9.4　冲突分类树

(3) 工程冲突分为技术冲突、物理冲突及数学冲突 3 类，其主要内容正是解决发明创造问题的理论(TRIZ)研究的重点。

2) 基于 TRIZ 理论的冲突分类

TRIZ 理论将冲突分为 3 类，即管理冲突、物理冲突及技术冲突。管理冲突是指为了避免某些现象或希望取得某些结果，需要做一些事情，但不知道如何去做。如希望提高产品质量，降低原材料的成本，但不知道方法。管理冲突本身具有暂时性，而无启发价值。因此，不能表现出问题解的可能方向，不属于 TRIZ 的研究内容。物理冲突、技术冲突是 TRIZ 的主要研究内容，下面将分别论述这两种冲突。

9.2.2　物理冲突及其解决原理

1. 物理冲突的概念及类型

所谓物理冲突是指为了实现某种功能，一个子系统或元件应具有一种特性，但同时出现了与该特性相反的特性。

物理冲突是 TRIZ 理论需要解决的关键问题之一。当对一个子系统具有相反的要求时就出现了物理冲突。例如，为了容易起飞，飞机的机翼应有较大的面积，但为了高速飞行，机翼又应有较小的面积，这种要求机翼同时具有大面积与小面积的情况，对于机翼的设计就是物理冲突，解决该冲突是机翼设计的关键。

物理冲突出现的情况有以下两种。

(1) 一个子系统中有害功能降低的同时导致该子系统中有用功能的降低。

(2) 一个子系统中有用功能加强的同时导致该子系统中有害功能的加强。

物理冲突的表达方式较多，设计者可以根据特定问题，采用容易理解的表达方法描述即可。

2. 物理冲突的解决原理

物理冲突的解决方法一直是 TRIZ 理论研究的重要内容，Altshuller 在 20 世纪 70 年代提出了 11 种解决方法，20 世纪 90 年代 Savransky 提出了 14 种解决方法。现代 TRIZ 理论在总结物理冲突各种解决方法的基础上，提出了采用如下的分离原理解决物理冲突，分离原理包括以下 4 种方法，如图 9.5 所示。

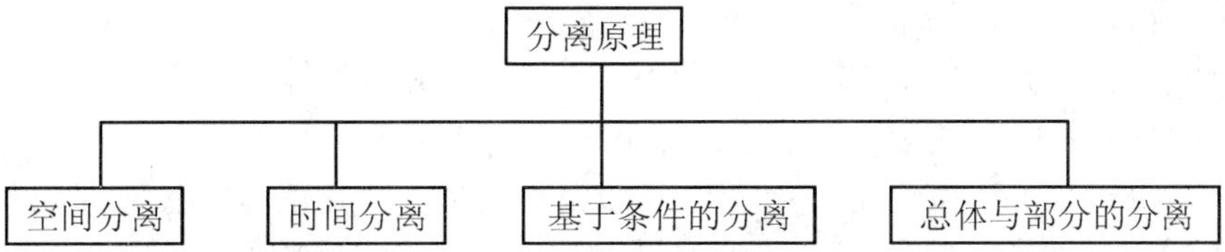

图 9.5　分离原理的组成

1) 空间分离原理

所谓空间分离原理是指将冲突双方在不同的空间上分离，以降低解决问题的难度。当关键子系统冲突双方在某一空间只出现一方时，空间分离是可能的。在应用该原理时，首先应回答如下两个问题。

(1) 是否冲突一方在整个空间中“正向”或“负向”变化？

(2) 在空间中的某一处，冲突的一方是否可以不按一个方向变化？

如果冲突的一方可不按一个方向变化，利用空间分离原理解决冲突是可能的。

【例 9.2】 自行车采用链轮与链条传动是一个采用空间分离原理的典型例子。在链轮与链条发明之前，自行车存在两个物理冲突，其一为高速行走需要一个直径大的车轮，而为了乘坐舒适，需要一个直径小的车轮，车轮既要大又要小便形成物理冲突；其二骑车人既要快蹬脚蹬，以提高速度，又要慢蹬以感觉舒适。链条、链轮及飞轮的发明解决了这两组物理冲突。首先，链条在空间上将链轮的运动传给飞轮，飞轮驱动自行车后轮旋转；其次链轮直径大于飞轮直径，链轮以较慢的速度旋转将导致飞轮以较快的速度旋转。因此，骑车人可以以较慢的速度蹬踏脚蹬，自行车后轮将以较快的速度旋转，自行车车轮直径也可以较小，使乘坐舒适。

又如为了使煎锅很好地加热食品，要求煎锅是热的良导体，而为了避免从火上取下煎锅时烫手，又要求煎锅是热的不良导体。为解决这一矛盾，设计了带手柄的煎锅，把对导热的不同要求分隔在锅的不同空间。

2) 时间分离原理

所谓时间分离原理是指将冲突双方在不同的时间段上分离，以降低解决问题的难度。当关键子系统冲突双方在某一时间段上只出现一方时，时间分离是可能的。在应用该原理时，首先应回答如下两个问题。

(1) 是否冲突一方在整个时间段中“正向”或“负向”变化？

(2) 在时间段中冲突的一方是否可不按一个方向变化？

如果冲突的一方可不按一个方向变化，那么利用时间分离原理是可能的。

【例 9.3】 一加工中心用快速夹紧机构，在机床上加工一批零件时，夹紧机构首先在一个较大的行程内作适应性调整，加工每一个零件时要在短行程内快速夹紧与松开以提高工作效率。同一子系统既要求快速又要求慢速，出现了物理冲突。因为在较大的行程内适应性调整与在之后的短行程快速夹紧与松开发生在不同的时间段，所以可直接应用时间分离原理来解决冲突。

3) 基于条件的分离原理

所谓基于条件的分离原理是指冲突双方在不同的条件下分离，以降低解决问题的难度。当关键子系统的冲突双方在某一条件下只出现一方时，那么基于条件分离是可能的。在应用该原理时，首先应回答如下两个问题。

(1) 是否冲突一方在所有的条件下都要求“正向”或“负向”变化？

(2) 在某些条件下，冲突的一方是否可不按一个方向变化？

如果冲突的一方可不按一个方向变化，那么利用基于条件的分离原理是可能的。

【例 9.4】 对输水管路而言，冬季如果水结冰，那么管路将被冻破。采用弹塑性好的材料制成的管路可以解决该问题。

4) 总体与部分的分离原理

所谓总体与部分的分离原理是指将冲突双方在不同的层次上分离，以降低解决问题的难度。当冲突双方在关键子系统的层次上只出现一方，而该方在子系统、系统或超系统层次上不出现时，总体与部分的分离是可能的。

【例 9.5】 自行车链条微观层面上是刚性的，宏观层面上是柔性的。

9.2.3 技术冲突及其解决原理

1. 技术冲突的概念

技术冲突是指一个作用同时导致有用及有害两种结果，也可指有用作用的引入或有害效应的消除导致一个或几个子系统或系统变坏。技术冲突常表现为一个系统中两个子系统之间的冲突。技术冲突出现的几种情况如下。

(1) 一个子系统中引入一种有用功能后，导致另一个子系统产生一种有害功能，或加强了已存在的一种有害功能。

(2) 消除一种有害功能导致另一个子系统的有用功能变坏。

(3) 有用功能的加强或有害功能的减少使另一个子系统或系统变得更加复杂。

【例 9.6】 波音公司在改进 737 的设计时，需要将使用中的发动机改为功率更大的发动机。而发动机功率越大，工作时需要的空气就越多，发动机机罩的直径就必须增大。而发动机机罩直径的增大，使机罩离地面的距离就会减少，但该距离的减少是设计所不允许的。

上述的改进设计中已出现了一个技术冲突，既希望发动机吸入更多的空气，但是又不希望发动机机罩与地面的距离减少。

2. 技术冲突的一般化处理

TRIZ 理论提出用 39 个通用工程参数描述冲突。在实际应用中，首先要把组成冲突的双方内部性能用该 39 个工程参数中的某两个来表示。目的是把实际工程设计中的冲突转化为一般的或标准的技术冲突。

1) 通用工程参数

39 个通用工程参数中常用到运动物体与静止物体两个术语：运动物体是指自身或借助于外力可在一定的空间内运动的物体；静止物体是指自身或借助于外力都不能使其在空间内运动的物体。表 9-1 是 39 个通用工程参数名称的汇总。

表 9-1　39 个通用工程参数名称的汇总

序 号	名　称	序 号	名　称
1	运动物体的质量	21	功率
2	静止物体的质量	22	能量损失
3	运动物体的长度	23	物质损失
4	静止物体的长度	24	信息损失
5	运动物体的面积	25	时间损失
6	静止物体的面积	26	物质或事物的数量
7	运动物体的体积	27	可靠性
8	静止物体的体积	28	测试精度
9	速度	29	制造精度
10	力	30	物体外部有害因素作用的敏感性
11	应力或压力	31	物体产生的有害因素
12	形状	32	可制造性
13	结构的稳定性	33	可操作性
14	强度	34	可维修性
15	运动物体作用时间	35	适应性及多用性
16	静止物体作用时间	36	装置的复杂性
17	温度	37	监控与测试的困难程度
18	光照度	38	自动化程度
19	运动物体的能量	39	生产率
20	静止物体的能量		

为了应用方便，上述 39 个通用工程参数可分为如下 3 类。

(1) 通用物理及几何参数：No.1～No.12、No.17～No.18、No.21。

(2) 通用技术负向参数：No.15～No.16、No.19～No.20、No.22～No.26、No.30～No.31。

(3) 通用技术正向参数：No.13～No.14、No.27～No.29、No.32～No.39。

负向参数是指当这些参数变大时，使系统或子系统的性能变差。如子系统为完成特定的功能所消耗的能量(No.19～No.20)越大，则设计越不合理。

正向参数指当这些参数变大时，使系统或子系统的性能变好。如子系统的可制造性(No.32)指标越高，子系统的制造成本就越低。

2) 应用实例

【例 9.7】 很多铸件或管状结构是通过法兰连接的，为了机器或设备维护，法兰连接处常常还要被拆开。有些连接处还要承受高温、高压，并要求密封良好。有的重要法兰需要很多个螺栓连接，如一些汽轮涡轮机的法兰需要 100 多个螺栓连接。但为了减轻质量、减少安装时间或维护时间、减少拆卸的时间，则螺栓越少越好。传统的设计方法是在螺栓数目与密封性之间取得折中方案。

分析可发现本例中存在的技术冲突如下。

(1) 如果密封性良好，则操作时间变长且结构的质量增加。

(2) 如果质量轻，则密封性变差。

(3) 如果操作时间短，则密封性变差。

按 39 个通用工程参数描述，希望改进的特性如下。

(1) 静止物体的质量。

(2) 可操作性。

(3) 装置的复杂性。

以上 3 种特性改善将导致如下特性的降低。

(1) 结构的稳定性。

(2) 可靠性。

3. 技术冲突与物理冲突

技术冲突总是涉及两个基本参数 A 与 B，当 A 得到改善时，B 变得更差。物理冲突仅涉及系统中的一个子系统或部件，而对该子系统或部件提出了相反的要求。技术冲突的存在往往隐含着物理冲突的存在，有时物理冲突的解比技术冲突的解更容易获得。

【例 9.8】 用化学方法为金属表面镀层的过程如下：金属制品放置于充满金属盐溶液的池子中，溶液中含有镍、钴等金属元素。在化学反应过程中，溶液中的金属元素凝结到金属制品表面形成镀层。温度越高，镀层形成的速度越快，但温度高，会使有用的元素沉淀到池子底部与池壁的速度也越快，而温度低又大大降低生产率。

该问题的技术冲突可描述为两个通用工程参数即生产率(A)与材料浪费(B)之间的冲突。如加热溶液使生产率提高，同时材料浪费增加。

为了将该问题转化为物理冲突，选温度作为另一参数(C)。物理冲突可描述为：溶液温度增加，生产率提高，材料浪费增加；反之，生产率降低，材料浪费减少；溶液温度既应该高，以提高生产率，又应该低，以减少材料消耗。

4. 技术冲突的解决原理

1) 概述

在技术创新的历史中，人类已完成了很多产品设计，一些设计人员或发明家已经积累了很多发明创造的经验。进入 21 世纪后，技术创新已逐渐成为企业市场竞争的焦点。为指导技术创新，一些研究人员开始总结前人发明创造的经验。这种经验的总结分为以下两类：适于本领域的经验与适用于不同领域的通用经验。

(1) 第一类经验主要由本领域的专家、研究人员本身总结，或是与这些人员讨论并整理总结出来。这些经验对指导本领域的产品创新有一定的参考意义，但对其他领域的创新意义不大。

(2) 第二类经验由研究人员对不同领域的已有创新成果进行分析、总结，得到具有普遍意义的规律，这些规律对指导不同领域的产品创新具有重要的参考价值。

TRIZ 理论的技术冲突解决原理属于第二类经验，这些原理是在分析全世界大量专利的基础上提出的。通过对专利的分析，TRIZ 理论研究人员发现，在以往不同领域的发明中所用到的规则并不多，不同时代的发明，不同领域的发明，这些规则被反复采用。每条规则并不限定于某一领域，它融合了物理的、化学的、几何学的和各工程领域的原理，适用于不同领域的发明创造。

2) 40 条发明创造原理

在对全世界专利进行分析研究的基础上，TRIZ 理论提出了 40 条发明创造原理，见表 9-2。实践证明：这些原理对于指导设计人员的发明创造、创新具有非常重要的作用。下面结合工程实例对各条发明创造原理进行详细介绍。

表 9-2　40 条发明创造原理

序号	原理名称	序号	原理名称	序号	原理名称	序号	原理名称
1	分割	11	预补偿	21	紧急行动	31	多孔材料
2	分离	12	等势性	22	变有害为有益	32	改变颜色
3	局部质量	13	反向	23	反馈	33	同质性
4	不对称	14	曲面化	24	中介物	34	抛弃与修复
5	合并	15	动态化	25	自服务	35	参数变化
6	多用性	16	未达到或超过的作用	26	复制	36	状态变化
7	嵌套	17	维数变化	27	低成本、不耐用的物体替代贵重、耐用物体	37	热膨胀
8	质量补偿	18	振动	28	机械系统的替代	38	加速氧化
9	预加反作用	19	周期性作用	29	气动与液压结构	39	惰性环境
10	预操作	20	有效作用的连续性	30	柔性壳体或薄膜	40	复合材料

(1) 分割原理如下。

① 将一个物体分成相互独立的部分。

② 使物体分成容易组装及拆卸的部分。

③ 增加物体相互独立部分的程度。

【例 9.9】 可拆卸铲斗唇缘设计(如图 9.6 所示)。

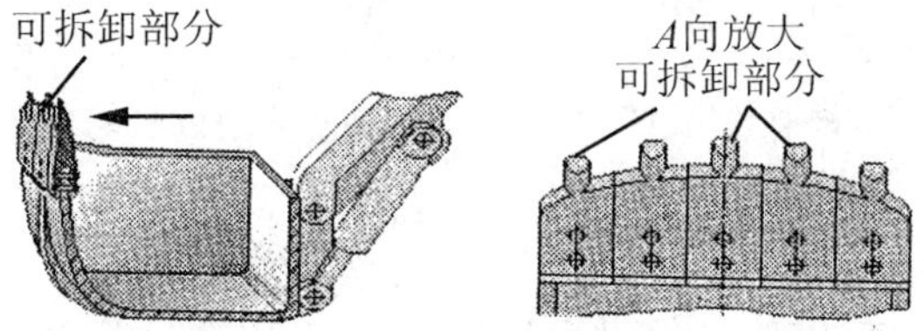

图 9.6　可拆卸铲斗

一个挖掘机铲斗的唇缘是由钢板制成的。只要它的一部分磨损或损坏，就必须更换整个唇缘。这是一项既费力又费时的工作，而且挖掘机也不得不停止工作，可使用分割原理来解决这一问题。将唇缘分割成单独的可分离的几部分，这样，可以快速方便地将毁坏或磨损的部分更换。

(2) 分离原理如下。

① 将一个物体中的“干扰”部分分离出去。

② 将物体中的关键部分挑选或分离出来。

如在飞机场环境中，为了驱赶各种鸟，采用播放刺激鸟类的声音是一种方便的方法，这种特殊的声音使鸟飞离机场，将产生噪声的空气压缩机放于室外。

(3) 局部质量原理如下。

① 将物体或环境的均匀结构变成不均匀结构。

② 使组成物体的不同部分完成不同的功能。

③ 使组成物体的每一部分都最大限度地发挥作用。

如带有橡皮的铅笔、带有起钉器的榔头。瑞士军刀带有多种常用工具，如螺钉起子、尖刀、剪刀等；电缆电视集电话、上网、电视功能于一体。

该原理在机械产品进化的过程中表现得非常明显，如机器由零部件组成，每个零部件在机器中都应占据一个最能发挥作用的位置。如果某零件未能最大限度地发挥作用，则应对其改进设计。

(4) 不对称原理如下。

① 将物体形状由对称变为不对称。

② 如果物体是不对称的，增加其不对称的程度。

【例 9.10】 考虑到外观美观，电动机和发电机的底座一般都设计成对称的形状。但是，因为它们需要旋转，左右底座所承受的载荷是不对称的。为减少机器的质量，节约材料，不翻转部件所对应的底座可以设计的小一些，能支持它们实际上所必须承受的载荷就可以了，如图 9.7 所示。

图 9.7　具有不对称结构的电动机

(5) 合并原理如下。

① 在空间上将相似的物体连接在一起，使其完成并行的操作。

② 在时间上合并相似或相连的操作。

【例 9.11】 在运输过程中，先用纸将玻璃片隔开，然后用纸片将其保护好放到一个木箱子里。虽然有这些预防措施，但是也经常发生玻璃的破损事件。

为减少玻璃的破损，可以将玻璃当作一个固体块运输，而不是让他们处于分离状态。每片玻璃上都涂上一层油(如图 9.8 所示)，然后将玻璃片粘在一起形成一个玻璃块，比起每片玻璃，玻璃块的强度要大很多。测试表明：即便将玻璃块从两米高的地方丢下，造成的损失也很小；相反的，一般的运输方法会有一半多的玻璃受到不同程度的损伤。

(6)多用性原理如下。

使一个物体能完成多项功能，可以减少原设计中完成这些功能多个物体的数量。如装有牙膏的牙刷柄；能用作婴儿车的儿童安全坐椅；小型货车的座位通过调节可以实现多种功能：坐，躺，支撑货物。

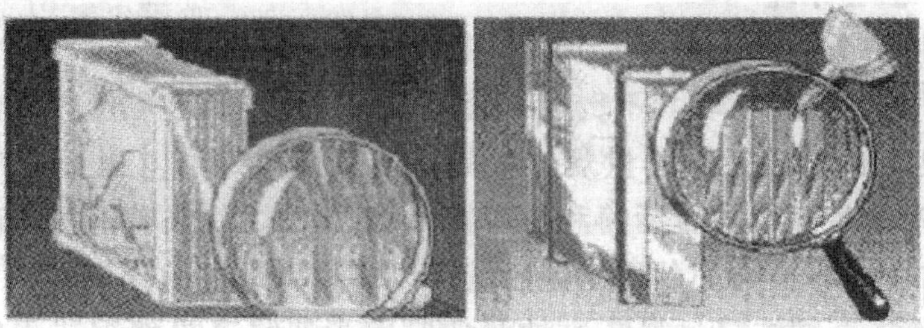

图 9.8　易于运输的“玻璃块”

(7) 嵌套原理如下。

① 将一个物体放在第二个物体中，将第二个物体放在第三个物体中，可这样再进行下去。

② 使一个物体穿过另一个物体的空腔。

如收音机的伸缩式天线；伸缩式钓鱼竿；伸缩教鞭；笔筒里放有铅芯的自动铅笔。

(8) 质量补偿原理如下。

① 用另一个能产生提升力的物体补偿第一个物体的质量。

② 通过与环境相互作用产生空气动力或液体动力的方法补偿第一个物体的质量。

如在圆木中注入发泡剂，使其更好地漂浮；用汽球携带广告条幅。

【例 9.12】 具有球形重物的速度调节器常被用来调节回转速度(如图 9.9 所示)

通过减少零件的尺寸大小(或零件质量)来改进传统设计。例如，速度调节器上的球形重物可以改作成机翼形，这样就会增加调节器的提升力。

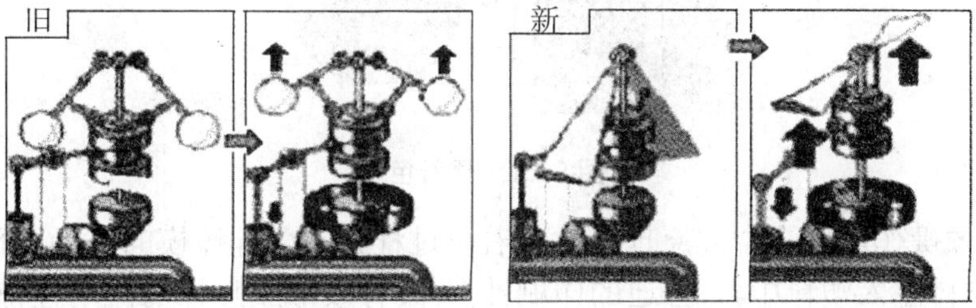

图 9.9　具有机翼状重物的速度调节器

(9) 预加反作用原理如下。

① 预先施加反作用。

② 如果一个物体处于或将处于受拉伸状态，则预先增加压力。

【例 9.13】 用割草机修剪的草坪不是很平整，因为草有一定的硬度，而且割草机在工作时其刀片接触到了即将要割的草，使草向前倾斜，这样就会使草在不同的高度上被修剪，当然修剪的草坪就会参差不齐(如图 9.10 所示)。

为得到平整的草坪，新设计的割草机有一个专用部件，可以在即将修剪的草上预加反作用力，使其向前倾斜，由于草具有一定的硬度，所以被释放后能产生足够的内部惯性力，使其反弹回来，这样割草机的刀片接触到的草就是直立的草，所有的草都是在同一垂直高度上被修剪的，所以修剪的草坪就会很平整。

图 9.10 改进后的割草机可以修剪出平整的草坪

(10) 预操作原理如下。

① 在操作开始前，使物体局部或全部产生所需的变化。

② 预先对物体进行特殊安排，使其在时间上有准备，或已处于易操作的位置。

【例 9.14】 预着色(如图 9.11 所示)。代替手工用刷子对塑料件进行着色，其中一种方法是机械着色。

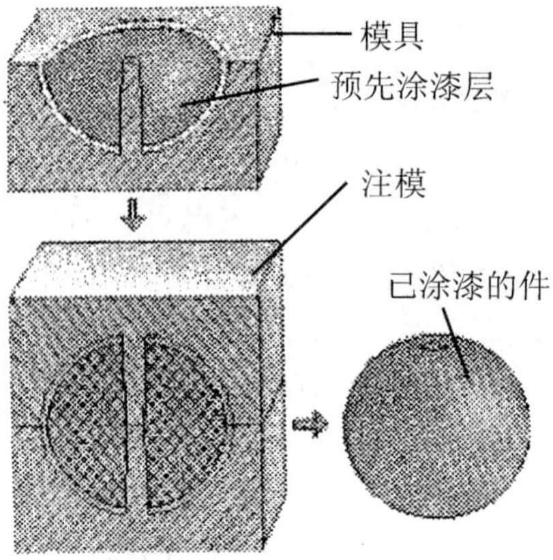

图 9.11 预着色

建议应用预操作原理与合并原理来改善着色过程。在分开铸模的孔洞中预先加染料套(甚至预先将染料注入塑料中)。普通的印刷油墨(具有成形胶片样的流动性)就可以这样应用，合模后注入塑料。零件的颜料具有较好的粘附性，因为颜料扩散到了表面内部。

(11) 预补偿原理如下。

采用预先准备好的应急措施补偿物体相对较低的可靠性。如飞机上的降落伞、航天飞机的备用输氧装置等。

【例 9.15】 汽车安全气囊(如图 9.12 所示)。

如果碰撞发生在车前部，安全带可以保护驾驶员。然而，安全带对侧面碰撞不起作用，所以建议使用侧面安全气囊。紧缩的气囊放在座位的后面。当侧面碰撞时，气囊因充气而膨胀，这样可以避免乘客受伤。

(12) 等势性原理如下。

改变工作条件，使物体不需要被升起或降低。如与冲床工作台高度相同的工件输送带，将冲好的零件输送到另一工位。

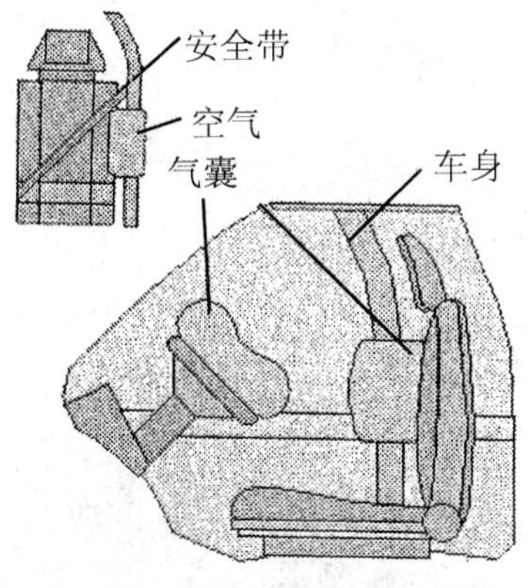

图 9.12　安全气囊

【例 9.16】 汽车旋转装置(如图 9.13 所示)。

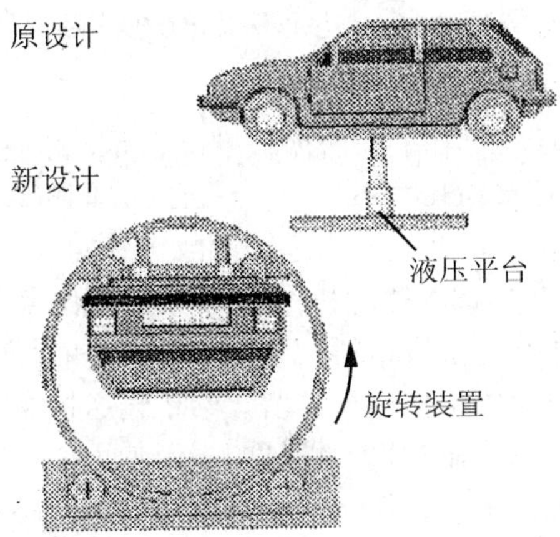

图 9.13　汽车旋转装置

要到汽车下面修理汽车，汽车必须停放在敞开的隧道上，或固定到液压平台上。而且在进行修理时，机修工必须在头顶上操作，这很不方便也很不安全。所以建议使用等势原理，将汽车固定在一个环形的旋转装置上，这样汽车就能够随意旋转甚至可以倒置，从而很好地改善了修理条件。

(13) 反向原理如下。

① 将一个问题中所规定的操作改为相反的操作。

② 使物体中的运动部分静止，静止部分运动。

③ 使一个物体的位置倒置。

如为了拆卸处于紧配合的两个零件，采用冷却内部零件的方法，而不采用加热外部零件的方法；机械加工中使工件旋转，而使刀具固定；为有效地训练运动员，可以使用健身器材中的跑步机；通过将一个部件或机器总成翻转，以便于安装紧固件。

(14) 曲面化原理如下。

① 将直线或平面部分用曲线或曲面代替，立方体用球体代替。

② 采用辊、球和螺旋。

③ 用旋转运动代替直线运动，采用离心力。

【例 9.17】 当土豆收割机的滚筒运动时，它的形状会和变化的地面始终保持相应的一致(如图 9.14 所示)。

滚筒可以成为一个旋转的双曲面体，这个双曲面由两个直立的盘子组成，用木棍通过圆周上的点互相连接起来。两个盘子可以相对旋转，通过机械轴可以将这两个盘子和收割机连接起来。当盘子相对旋转时，滚筒外部的轮廓就会随着地形的改变而改变。

图 9.14　与地形保持一致的滚筒

(15) 动态化原理如下。

① 使一个物体或其环境在操作的每一阶段自动调整，以达到优化性能。

② 把一个物体划分成具有相互关系的元件，元件之间可以改变相对位置。

③ 如果一个物体是静止的，使之变为运动的或可变的。

【例 9.18】 螺旋角可变的螺杆输送机(如图 9.15 所示)。

传送矿物或化学药品之类的松散材料，传统的装置是螺杆输送机。为更好地控制材料的输送速度和相对于不同密度的材料进行调节，希望输送机螺杆的螺旋角是可调的。建议使用变参数原理和动态原理设计输送机。螺杆的表面使用如橡胶之类的弹性材料制成。两个螺旋弹簧控制螺旋的形状。弹簧沿着旋转轴的伸长/压缩可控制螺杆的螺旋角，从而控制松散材料的传送速度。

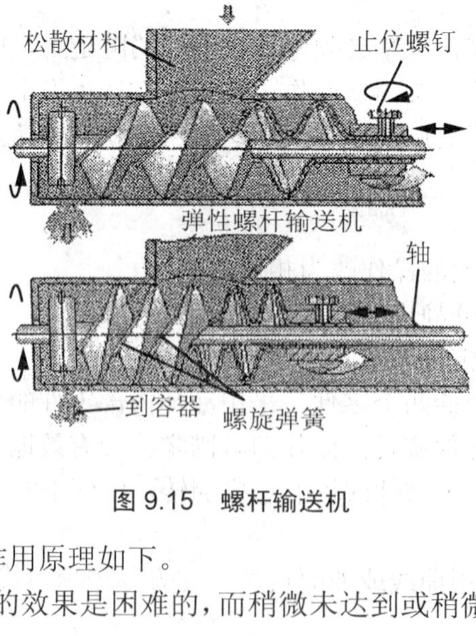

图 9.15　螺杆输送机

(16) 未到达或超过的作用原理如下。

要想 100%达到所希望的效果是困难的，而稍微未达到或稍微超过预期的效果将大大简化问题。

如当缸筒外壁需要刷涂料时，可将缸筒浸泡在盛涂料的容器中完成，但取出缸筒后，其外壁粘涂料太多，通过快速旋转可以甩掉多余的涂料。

(17) 维数变化原理如下。

① 将一维空间中运动或静止的物体变成二维空间中运动或静止的物体，将二维空间中的物体变成三维空间中的物体。

② 将物体用多层排列代替单层排列。

③ 使物体倾斜或改变方向，如自卸车。

④ 使用给定表面的反面，如叠层集成电路。

【例 9.19】 矿车进入垂直面(如图 9.16 所示)。

当空矿车和负载矿车在矿井中需要对调时，通过增加隧道宽度来解决是不理想的。因为隧道宽度的增大会使隧道顶部的安全性降低。建议应用维数变化原理、动态原理和分离原理来解决。可以通过垂直面来重新排列矿车，如图 9.16 所示将空车抓到负载车的上面，负载车向前行，在合适位置将空车放下。这样矿车队列变得更为动态化，此过程中所有矿车就像一堆纸牌一样易操作。通过这种方法，可以大大改善矿井工人的安全。

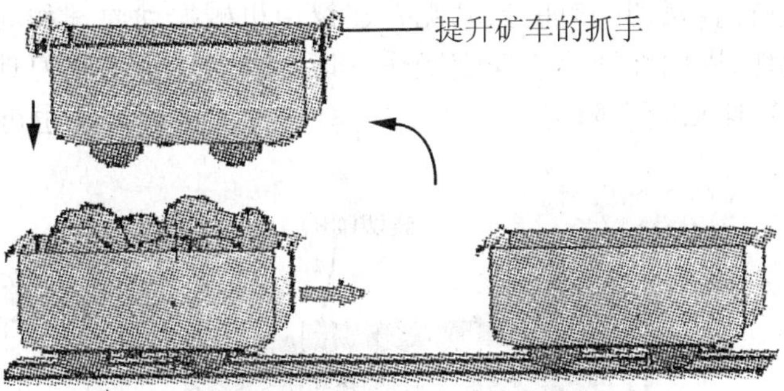

图 9.16　进入垂直面的矿车

(18) 振动原理如下。

① 使物体处于振动状态，如电动雕刻刀具具有振动刀片、电动剃须刀。

② 如果振动存在，则增加其频率，甚至可以增加到超声。

③ 使用共振频率，如利用超声共振消除胆结石或肾结石。

④ 使用电振动代替机械振动，如石英晶体振动驱动高精度表。

⑤ 使用超声波与电磁场耦合，如在高频炉中混合合金。

【例 9.20】 产品计数装置(如图 9.17 所示)。

流水线上的机械计数系统如果长时间使用就会磨损。同时由于灰尘的积累，光学装置的可靠性将降低。建议用气流和产品间相互作用产生的声波来计数。让产品沿着一个路径传送，到达终点后和气流接近。产品和气流相互作用产生声波，声波通过麦克风转变成电信号，电信号可用来计数。

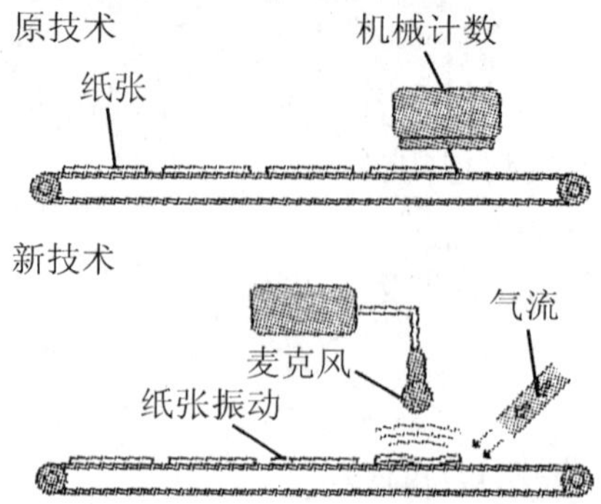

图 9.17　产品计数装置

(19) 周期性作用原理如下。

① 用周期性运动或脉动代替连续运动，如用鼓锤反复地敲击某物体。

② 对周期性的运动改变其运动频率，如通过调频传递信息。

③ 在两个无脉动的运动之间增加脉动。

【例 9.21】 控制振动的方法(如图 9.18 所示)。

如何控制车床进行金属切削时的振动呢？建议用机械振动原理和周期作用原理，按预先确定的频率，短时间周期性地停止切削操作。切削数圈后，撤回刀具。切削圈数与车床的振动阻尼(刚度、转速和固有阻尼)及工件的材料有关。这种方法也可以防止切屑堆积在刀具边缘。

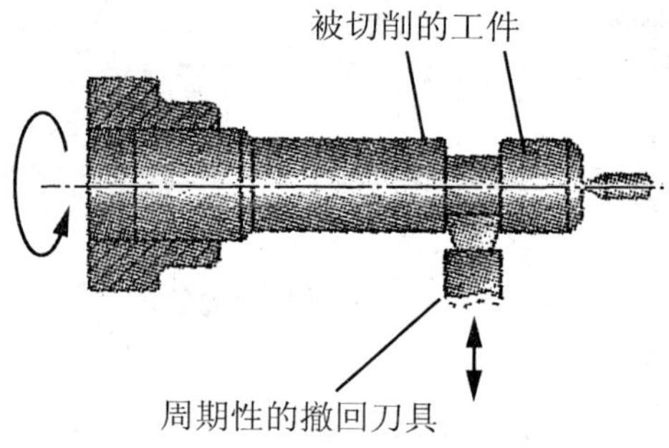

图 9.18　控制切削振动

(20) 有效作用的连续性原理如下。

① 不停顿地工作，物体的所有部件都应满负荷工作。

② 消除运动过程中的中间间歇，如针式打印机的双向打印。

③ 用旋转运动代替往复运动。

【例 9.22】 连续工作(如图 9.19 所示)。

由于机器需要等待新毛坯进入工作面，所以流水线的生产效率受到限制。建议在加工毛坯时，让毛坯与工装一同运动，这项技术可用于回转机械中。由于减少了空转时间，使得旋转流水线的生产效率得到提高。

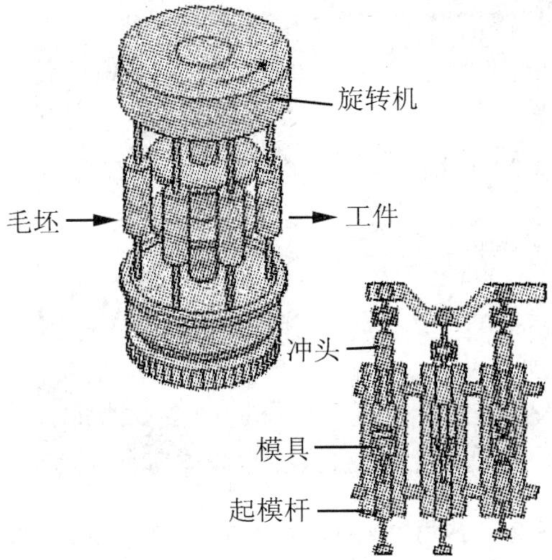

图 9.19　连续工作

(21) 紧急行动原理如下。

以最快的速度完成有害的操作，如修理牙齿的钻头高速旋转，以防止牙组织升温。

【例 9.23】 高速切断管路(如图 9.20 所示)。

当用传统方法截断大直径薄壁管路时，管路变形与过渡挤压是个大缺陷，建议使用加速原理。刀具以极快的速度切削使管路没有时间变形。

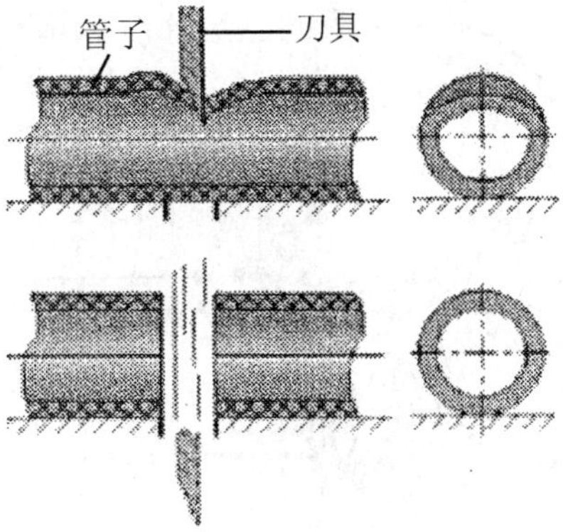

图 9.20　切断管路的方法

(22) 变有害为有益原理如下。

① 利用有害因素，特别是对环境有害的因素，获得有益的结果。

② 通过与另一种有害因素结合消除一种有害因素。

③ 加大一种有害因素的程度使其不再有害。如森林灭火时用逆火灭火，“以毒攻毒”。

【例 9.24】 不平坦的地基容易造成建筑物的倾斜，墙壁上产生危险压力，在这种情况下，通常需要拆掉建筑物重建，这是一种很不经济的解决方案。

建议方法是沿最大压力线将建筑物分成两部分，每一部分根据实际压力进行加固。这样，有害因素的影响就提供了如下的有益因素；受压区域可以很容易根据墙壁的裂纹判断出来，进而确定切割线(如图 9.21 所示)。

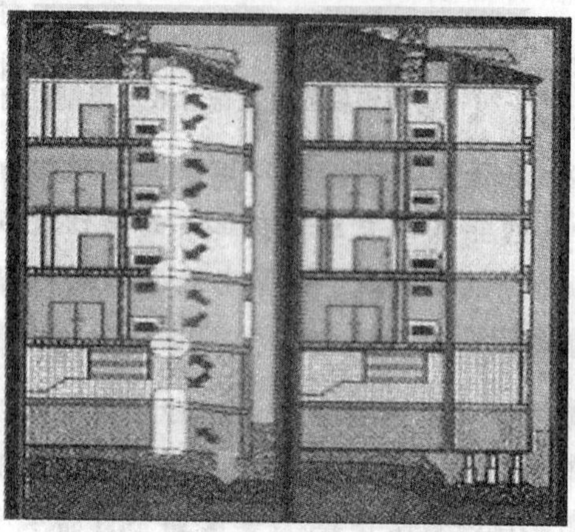

图 9.21　应用“变有害为有益”原理确定切割线

(23) 反馈原理如下。

① 引入反馈以改善过程或动作，如加工中心的自动检测装置、自动导航系统。

② 如果反馈已经存在，则改变反馈控制信号的大小或灵敏度。

【例 9.25】 轧钢机钢板厚度控制(如图 9.22 所示)。

控制被轧钢板的厚度，重要的是控制钢板温度。最终的厚度是温度和接近辊子的板厚度共同作用的结果。建议使用反馈控制输出厚度，可以将接近棍子的钢板的厚度与加热器(电子枪)电子束的进给速度结合起来，电子束通过钢板被传感器监控。钢板越厚，接受到的辐射密度就越低。那么发信号降低电子束的进给速度以增加钢板的温度，这种反馈控制改善了输出厚度的精度。

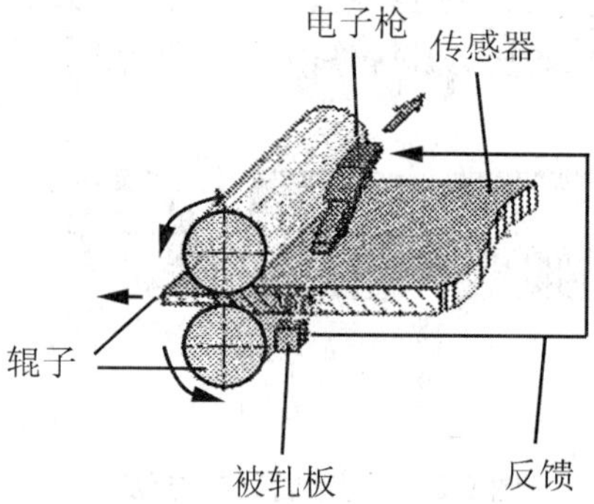

图 9.22　轧机控制

(24) 中介物原理如下。

① 使用中介物传送某一物体或某一种中间过程，如机械传动中的惰轮。

② 将一容易移动的物体与另一物体暂时结合，如机械手抓取重物并移动该重物到另一处，用钳子、镊子帮助或代替人手。

(25) 自服务原理如下。

① 使一物体通过附加功能产生自己服务于自己的功能。

② 利用废弃的材料、能量与物质，如钢厂余热发电装置。

【例 9.26】 自服务挖掘机(如图 9.23 所示)。

给挖掘机的铲斗提供气体润滑以减少土壤和铲斗的摩擦，也可以防止卸土时土壤附着在铲斗上。然而在发动机上安装压缩机会增加能量的消耗，建议使用自服务原理来解决问题。用作业时挖掘机悬臂的运动来给铲斗提供空气，这要通过在悬臂上安装一个双作用的气缸来实现。

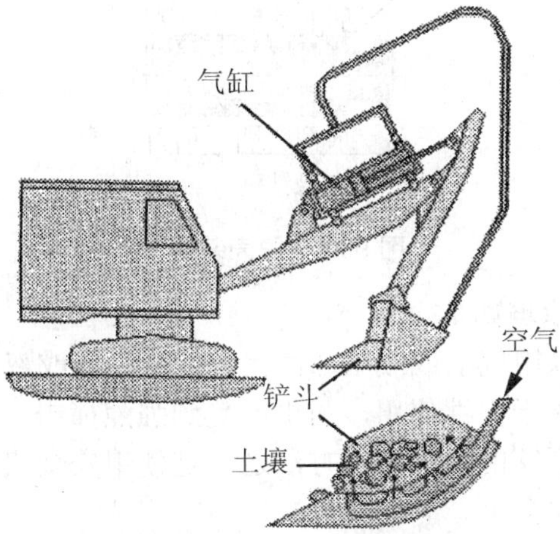

图 9.23　自服务挖掘机

(26) 复制原理如下。

① 用简单、低廉的复制品代替复杂的、昂贵的、易碎的或不易操作的物体。

② 用光学复制或图像代替物体本身，可以放大或缩小图像。

③ 如果已使用了可见光复制，那么可用红外线或紫外线代替。

如通过虚拟现实技术可以对未来的复杂系统进行研究；通过对模型的试验来代替对真实系统的试验；通过看一名教授的讲座录像可代替亲自参加他的讲座；利用红外线成像可探测热源。

(27) 低成本、不耐用的物体代替贵重、耐用的物体原理如下。

用一些低成本物体代替昂贵物体，用一些不耐用物体代替耐用物体，如一次性的纸杯子、一次性的餐具、一次性尿布、一次性拖鞋等。

(28) 机械系统的替代原理如下。

① 用视觉、听觉、嗅觉系统代替部分机械系统。

② 用电场、磁场及电磁场完成物体间的相互作用。

③ 将固定场变为移动场，将静态场变为动态场，将随机场变为确定场。

④ 将铁磁粒子用于场的作用之中。

【例 9.27】 磁场移去弹性外壳(如图 9.24 所示)。

从成形机的轴上移去弹壳使用的是机械装置控制的推动器。这种装置可靠性低，而且弹壳经常被刺穿。建议使用机械代替原理改善推动器的效率，用永久磁铁作为推动器放在磁场中提供动力，反作用力由一个外部磁场(电磁铁)控制。

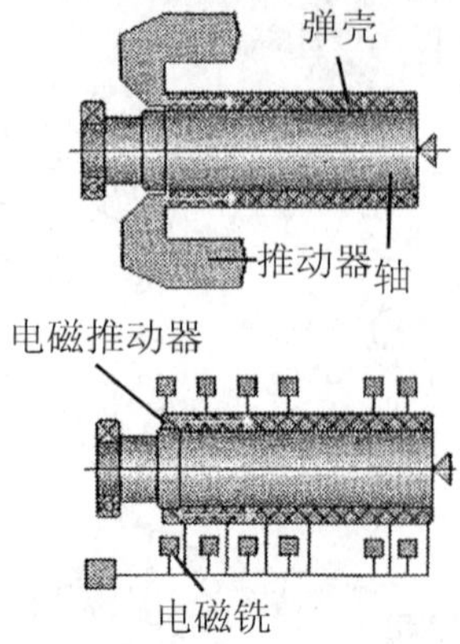

图 9.24　脱壳装置

(29) 气动与液压结构原理如下。

物体的固体零部件可以用气动或液压部件代替，将气体或液体用于膨胀或减振。

当发生交通事故时，由于惯性作用，司机会受到强烈撞击，尽管安全带可以起到一定的防护作用，但这是远远不够的，解决的方法之一是使用安全气囊。当汽车受到撞击时它会迅速膨胀以保护司机的安全。

(30) 柔性壳体或薄膜原理如下。

① 用柔性壳体或薄膜代替传统结构。

② 使用柔性壳体或薄膜将物体与环境隔离。

【例 9.28】 货舱内货物的移动是航行中的一种潜在危险。防止货物移动的一种方法是将其放在一个比较广阔的空间里，用带有弹性衬垫的材料密封好货物，然后抽出里面的空气，产生低压，这样衬垫的内表面就可以贴近货物了，防止货物移动(如图 9.25 所示)。

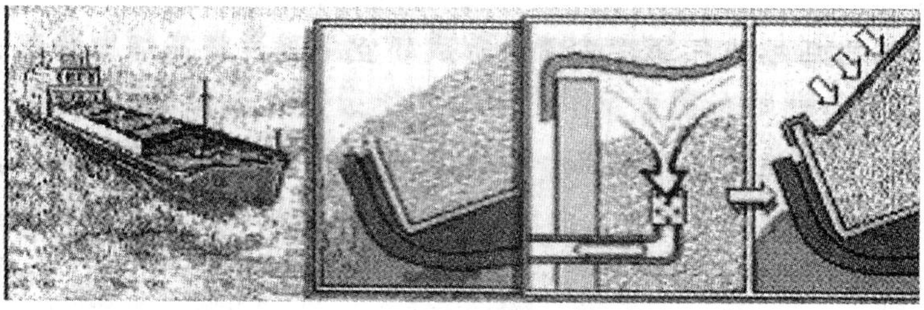

图 9.25　应用柔性壳体或薄膜原理防止货物移动

(31) 多孔材料原理如下。

① 使物体多孔或通过插入、涂层等增加多孔元素，如在一结构上钻孔，以减轻质量。

② 如果物体已是多孔的，则用这些孔引入有用的物质或功能，如利用一种多孔材料吸收接头上的焊料。

为了实现更好的冷却效果，机器上的一些零部件内充满了一种已经浸透冷却液的多孔材料。在机器工作过程中，冷却液蒸发，可以提供均匀冷却。

(32) 改变颜色原理如下。

① 改变物体或环境的颜色，如在洗相片的暗房中要采用安全的光线。

② 改变一个物体的透明度，或改变某一过程的可视性。

③ 采用有颜色的添加物，使不易观察到的物体或过程被观察到。

④ 如果已增加了颜色添加剂，则采用发光的轨迹。

【例 9.29】 1903 年，德国北极探险队的一艘轮船不幸卡在冰面上不能移动，尽管距离流动海水只有 2km，船员们还是不能打破冰面，甚至使用炸药也不能解决问题。

最后使用炉灰解决了这个难题，船员们把炉灰撒在冰面上，黑色的炉灰吸收极地日光的能量，沿着冰面就融化出一条水路，从而使轮船顺利航行(如图 9.26 所示)。

图 9.26 使用黑色炉灰吸收的能量融化冰面

(33) 同质性原理如下。

采用相同或相似的物体制造与某物体相互作用的物体，如用金刚石切割钻石。

如存放在一般容器里的高纯度铜都很容易被污染，进而降低本身所固有的属性。为避免出现这种情况，可以将高纯度铜存储在以同质材料制成的容器里，以保证被存储的高纯度铜不被污染。

(34) 抛弃与修复原理如下。

① 当一个物体完成了其功能或变得无用时，抛弃或修复该物体中的一个物体，如用可溶解的胶囊作为药面的包装；可降解餐具。

② 立即修复一个物体中所损耗的部分，如割草机的自刃磨刀具。

【例 9.30】 某些零部件，其内部流道非常复杂，有很多复杂的凹槽，这些凹槽是很难加工的(如图 9.27 所示)。

解决的方法是：先把电线弯成所需形状，然后紧贴在板面上以形成这些凹槽，再在各条电线之间的空余地方添加熔融的金属或环氧树脂。当添加物变硬后，利用化学腐蚀的方法把其余的电线除掉就形成了所需要的复杂的内部凹槽。

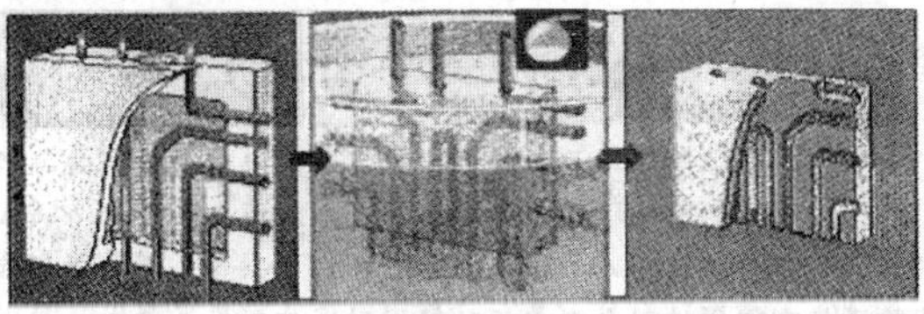

图 9.27 利用“抛弃与修复”原理形成复杂凹槽

(35) 参数变化原理如下。

① 改变物体的物理状态，即让物体在气态、液态、固态之间变化。

② 改变物体的浓度和粘度，如液态香皂的粘度高于固态香皂，且使用更方便。

③ 改变物体的柔性，如用三级可调减振器代替轿车中的不可调减振器。

④ 改变温度，如使金属的温度升高到居里点以上，金属由铁磁体变为顺磁体。

【例 9.31】 通过将颗粒材料和液体相混合的方法，可以实现材料按颗粒大小逐渐分层。具有不同颗粒的材料与液体混合后，颗粒材料逐渐沉淀，大颗粒会逐渐沉到最底端，依次是比较小的颗粒。尽管如此，人们仍然很难移走材料层，因为轻微的动作都会引起不同颗粒的材料再次混合。但如果将已经分开的材料冻结，那么就会很容易地分开颗粒层了(如图 9.28 所示)。

图 9.28　利用冻结的方法移走分离层

(36) 状态变化原理如下。

在物质状态变化过程中实现某种效应，如利用水在结冰时体积膨胀的原理。

【例 9.32】 水冻结的时候体积膨胀很大，但是产生的压力很有限。已设计的冰压设备可以用来克服这个缺陷。该设备包括 3 个形状相同尺寸不同的锥形瓶，每次只冻结一个锥形瓶。第一个瓶子里的冻结水通过一个小孔在其余两个瓶子里产生很大的压力；然后，第二个瓶子里的冻结水会在第 3 个瓶子里产生很大的压力；最终第三个瓶子里的冻结水会产生很大的压力。这种压力可以被用在钢板冲床上，压力可达几千吨。整个冰压设备(不包括冷藏库)的质量只有几千克重，同时该设备携带方便(如图 9.29 所示)。

图 9.29　利用状态变化原理实现增压

(37) 热膨胀原理如下。

① 利用材料的热膨胀或热收缩性质，如在装配过盈配合的两个零件时，将内部零件冷却，外部零件加热，之后装配在一起并置于常温中。

② 使用具有不同热膨胀系数的材料，如双金属片传感器等。

为控制温室天窗的闭合，在天窗上连接了双金属板。当温度改变时双金属板就会相应地弯曲，这样就可以控制天窗的闭合。

(38) 加速强氧化原理如下。

使氧化从一个级别转变到另一个级别，如从环境气体到充满氧气，从充满氧气到纯氧气，从纯氧气到离子态氧。

【例 9.33】 当用乙炔切割钢板时，在气体压力下熔化的金属会带着火星飞溅出来。

解决的方法是：可以在乙炔气流周围环绕一层纯氧气，当切割中心的火焰温度达到 1500℃时，飞溅出来的金属熔物就会在纯氧气层里发生燃烧而不会再带着火星飞溅出来(如图 9.30 所示)。

图 9.30　利用纯氧消除火星

(39) 惰性环境原理如下。

① 用惰性环境代替通常环境，如为防止白炽灯灯丝的失效，让其置于氩气中。

② 让一个过程在真空中发生。

【例 9.34】 清洁过滤器(如图 9.31 所示)。

在冶金生产中，往往是用从熔炉气体中分离出的一氧化碳在燃烧室中燃烧来加热水和金属。在给燃烧室供气之前，应先将灰尘过滤掉。如果过滤器被阻塞，就应该使用压缩空气将灰尘清除。然而，这样形成的一氧化碳和空气的混合物容易发生爆炸，建议使用惰性气体代替空气，例如，将氮气通过过滤器以保证过滤器的清洁和工作过程的安全。

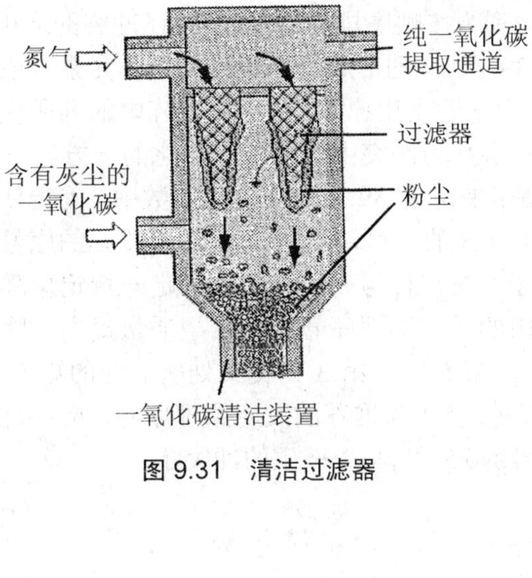

图 9.31　清洁过滤器

(40) 复合材料原理如下。

将材质单一的材料改为复合材料，如玻璃纤维与木材相比较轻，其在形成不同形状时更容易控制。

【例 9.35】 一般使用轻且薄的材料制造防火服。然而，轻薄材料的隔热性能一般都比较低。

聚乙烯纤维层是由弹性体或弹性材料组成的，这些材料可以在外界温度升高的同时逐渐膨胀，这样就可以有效地起到隔热的作用，是制作防火服的合适材料之一(如图 9.32 所示)。

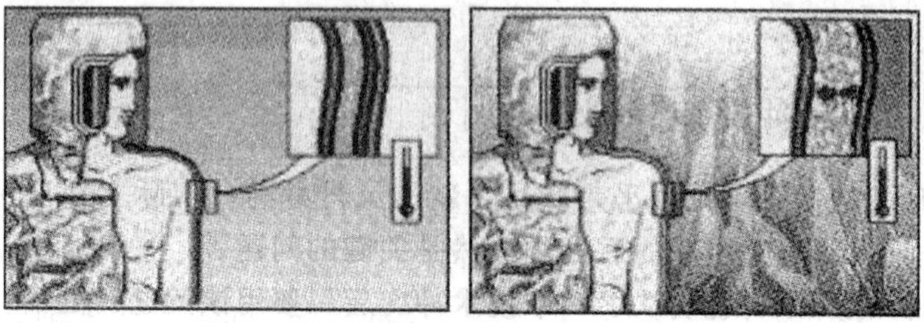

图 9.32 复合材料制造的防火服

上述这些原理都是通用发明创造原理，未针对具体领域，其表达方法是描述可能解的概念。如建议采用柔性方法，问题的解是在某种程度上改变已有系统的柔性或适应性，设计人员应根据建议提出已有系统的改进方案，这样才有助于问题的迅速解决。还有一些原理范围很宽，应用面很广，既可应用于工程，又可用于管理、广告和市场等领域。

9.2.4 冲突矩阵

1. 冲突矩阵的组成

在设计过程中，如何选用发明原理产生新概念是一个具有现实意义的问题。通过多年的研究、分析和比较，Aitshuller 提出了冲突矩阵。该矩阵将描述技术冲突的 39 个通用工程参数与 40 条发明创造原理建立了对应关系，很好地解决了设计过程中选择发明原理的难题。

冲突矩阵是一个 40 行 40 列的矩阵，如图 9.33 所示，该图为冲突矩阵简图，详见有关专著。其中第一行或第一列为按顺序排列的 39 个描述冲突的通用工程参数序号。除了第一行与第一列外，其余的 39 行 39 列形成一个矩阵，矩阵元素中或空、或有几个数字，这些数字表示 40 条发明原理中推荐采用原理的序号。矩阵中的列所代表的工程参数是希望改善的一方，行所描述的工程参数为冲突中可能引起恶化的一方。

应用该矩阵的过程是：首先在 39 个通用工程参数中，确定使产品某一方面质量提高及降低(恶化)的工程参数 *A* 及 *B* 的序号，然后由参数 *A* 及 *B* 的序号从第一列及第一行中选取对应的序号，最后在两序号对应行与列的交叉处确定一特定矩阵元素，该元素所给出的数字为推荐解决冲突可采用的发明原理序号。如希望质量提高与降低的工程参数序号分别为 No.5 及 No.3，在矩阵中，第 5 行与第 3 列交叉处所对应的矩阵元素如图 9.33 所示，该矩阵元素中的数字 14、15、18 及 4 为推荐的发明原理序号，应用这 4 个或 4 个中的某几个就可以解决由工程参数序号 No.5 和 No.3 产生的冲突了。

希望改善的技术特性 \ 恶化的技术特性	1 运动物体质量	2 静止物体质量	3 运动物体尺寸	4 静止物体尺寸	5 运动物体面积	22 能量的浪费	30 作用于物体的坏因素	39 生产性
1 运动物体质量			15,8 29,34		29,17 38,34	6,12 34,19	22,21 18,27	35,3 24,37
2 静止物体质量				10,1 29,35		18,19 28,15	2,19 22,7	1,28 15,35
3 运动物体尺寸	8,15 29,34				15,17 4	7 35,9	1,15 17,24	14,4 28,29
4 静止物体尺寸		35,28 40,29				6,28	1,18	30,14 7,26
5 运动物体面积	2,17 29,4		14,15 18,4			15,17 30,26	22,23 28,1	10,26 34,2
33 操作性	25,2 15,13	6,13 1,25	1,17 13,12		1,17 13,16	2 19,13	2,25 28,39	15,1 28
39 生产性	35,26 24,37	28,27 15,3	18,4 28,38	30,7 14,26	10,26 34,31	28,10 29,5	22,35 13,24	

注：希望改善的技术特性和恶化的技术生性的项目均有相同的 39 项，具体项目见下面说明。

1. 运动物理质量　2. 静止物理质量　3. 运动物理尺寸　4. 静止物理尺寸　5. 运动物理面积
6. 静止物理面积　7. 运动物理体积　8. 静止物理体积　9. 速度　10. 力　11 拉伸力、压力
12. 形状　13. 物体的稳定性　14. 强度　15. 运动物体的耐久性　16. 静止物体的耐久性　17. 温度
18. 亮度　19. 运动物体的能量　20. 静止物体使用的能量　21. 动力　22. 能量　23. 物质的浪费
24. 信息的浪费　25. 时间的浪费　26. 物质的量　27. 可靠性　28. 测定精度　29. 制造精度
30. 作用于物体的坏因素　31. 副作用　32. 制造性　33. 操作性　34. 修正性　35. 适应性
36. 装置的复杂程度　37. 控制的复杂程度　38. 自动化水平　39. 生产性

图 9.33　冲突矩阵简图

2. 利用冲突矩阵实现创新

TRIZ 的冲突理论似乎是产品创新的灵丹妙药。实际上，在应用该理论之前的前处理与应用后的后处理仍然是关键问题。

当针对具体问题确认了一个技术冲突后，要用该问题所处的技术领域中的特定术语来描述该冲突。然后，要将冲突的描述翻译成一般术语，由这些一般术语选择通用工程参数。由通用工程参数在冲突矩阵中选择可用的解决原理。一旦某一个或某几个发明创造原理被选定后，必须根据特定的问题将发明创造原理转化并产生一个特定的解。对于复杂的问题一条原理是不够的，原理的作用是使原系统向着改进的方向发展。在改进过程中，对问题的深入思考、创造性和经验都是必须的。

可把应用技术冲突解决问题的步骤具体化为以下 12 步。

(1) 定义待设计系统的名称。

(2) 确定待设计系统的主要功能。

(3) 列出待设计系统的关键子系统、各种辅助功能。

(4) 对待设计系统的操作进行描述。

(5) 确定待设计系统应改善的特性、应该消除的特性。

(6) 将涉及的参数按通用的 39 个工程参数重新描述。

(7) 对技术冲突进行描述：如果某一工程参数要得到改善，那么将导致哪些参数恶化。

(8) 对技术冲突进行另一种描述：假如降低参数恶化的程度，要改善参数将被削弱，或另一恶化参数将被加强。

(9) 在冲突矩阵中由冲突双方确定相应的矩阵元素。

(10) 由上述元素确定可用的发明原理。

(11) 将所确定的原理应用于设计者的问题中。

(12) 找到、评价并完善概念设计及后续的设计。

通常所选定的发明原理多于一个，这说明前人已用这几个原理解决了一些特定的技术冲突。这些原理仅仅表明解的可能方向，即应用这些原理过滤掉了很多不太可能的解的方向，尽可能将所选定的每条原理都用到待设计过程中去，不要拒绝采用推荐的任何原理。假如所有可能的解都不满足要求，那么就对冲突重新定义并求解。

【例 9.36】 呆扳手的创新设计。呆板手在外力的作用下拧紧或松开一个六角螺栓或螺母。由于螺栓或螺母的受力集中到两条棱边，容易产生变形，而使螺栓或螺母的拧紧或松开困难，如图 9.34 所示。

呆扳手已有多年的生产及应用历史，在产品进化曲线上应该处于成熟期或退出期，但对于传统产品很少有人去考虑设计中的不足并且改进设计。按照 TRIZ 理论，处于成熟期或退出期的改进设计，必须发现并解决深层次的冲突，提出更合理的设计概念。目前的呆扳手容易损坏螺母/螺栓的棱边，新的设计必须克服以前设计的缺点。下面应用冲突矩阵解决该问题。

首先从 39 个通用工程参数中选择能代表技术冲突的一对特性参数。

(1) 质量提高的参数：物体产生的有害因素(No.31)，减少对螺栓/螺母棱边的磨损。

(2) 带来负面影响的参数：制造精度(No.29)，新的改进可能使制造困难。

将上述的两个通用工程参数 No.31 和 No.29 代入冲突矩阵，可以得到如下 4 条推荐的发明原理，分别为 No.4 不对称、No.17 维数变化、No.34 抛弃与修复和 No.26 复制。

对 No.17 及 No.4 两条发明原理进行深入分析表明：如果呆扳手工作面的一些点能与螺母/螺栓的侧面接触，而不是与其棱边接触，问题就可解决。美国专利 USPatent5406868 正是基于这两条原理设计出如图 9.35 所示的新型呆扳手。

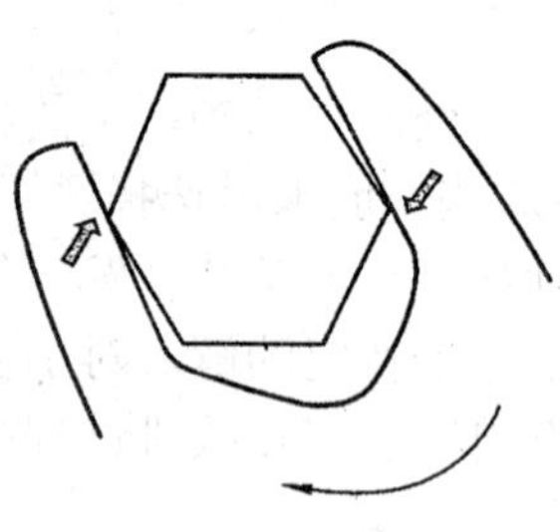

图 9.34　呆扳手受力情况

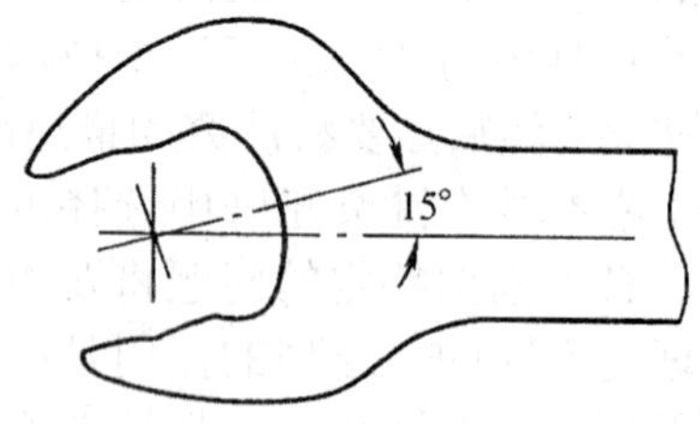

图 9.35　美国专利新型呆扳手

【例 9.37】 振动筛在选矿、化工原料分选、粮食分选以及垃圾的分选中都是主要的设备。其中筛网的损坏是设备报废的原因之一。尤其对筛分垃圾的振动筛更是如此。分析其原因，分别确定对设备有利和有害的环节，并寻求解决问题的方法。

经分析，认为筛网面积大、筛分效率高，是有利的一个方面，但由此筛网接触物料的面积也就增大，则物料对筛网的伤害也就增大。

将分析的结果用抽象的技术参数描述，有利的因素是第 5 条参数，即“运动物体的面积”；有害的因素则是第 30 条“物体外部有害因素作用的敏感性”。根据冲突解决原理矩阵可确定原理解为 22、1、33、28。

其中第 1 条发明原理是“分割”，根据这条原理，设计时可考虑将筛网制成小块状，再连接成一体，局部损坏，局部更换。第 33 条是“同质性”，即采用相似或相同的物质制造与某物体相互作用的物体。分析这条原理，认为用于筛分垃圾的振动筛筛网易损的主要原因是物料的粘湿性与腐蚀性所致。参考发明原理，采用同质性材料制作筛网，例如耐腐蚀的聚氨酯。经过这样的改进，取得了很好的应用效果。

9.3　利用技术进化模式实现创新

9.3.1　概述

人类需求的质量、数量及对产品实现形式的不断变化，迫使企业不得不根据需求变化及实现的可能，增加产品的辅助功能、改变其实现形式，快速、有效地开发新产品，这是企业在竞争中取胜的重要武器，因此产品处于进化之中。企业在新产品的开发决策过程中，要预测当前产品的技术水平及新一代产品可能的进化方向，TRIZ 理论中的技术系统进化理论为此提供了强有力的技术预测工具。

Altshuller 通过研究发现了技术系统的进化规律、模式和路线，同时还发现，在一个工程领域中总结出的进化模式及进化路线可以在另一工程领域中得以实现，即技术进化模式与进化路线具有可传递性。该理论不仅能预测技术的发展，而且还能展现预测结果实现产品的可能状态，对于产品创新具有指导作用。

技术进化的过程不是随机的，通过研究表明：技术的性能随时间变化的规律呈现出 S 形曲线，但进化过程是靠设计者推动的，当前的产品如果没有设计者引进新的技术，它将停留在当前的水平上，设计人员的不断努力，是推动产品的核心技术从低级到高级进化的根本动力。对于一种核心技术，产品应不断地对其子系统或部件进行改进，以提高其性能。如图 9.36 所示分别给出了 S 曲线和分段 S 曲线，可以看出两个 S 曲线明显地趋近于一条直线，该直线是由于技术的自然属性所决定的性能极限。图中横坐标为时间，即依据一项核心技术所推出的一系列产品的时间；纵坐标为产品的性能极限参数，该参数值不能超过自然限制。沿横坐标可以将产品或技术分为新发明、技术改进和技术成熟 3 个阶段或婴儿期、成长期、成熟期和退出期 4 个阶段。

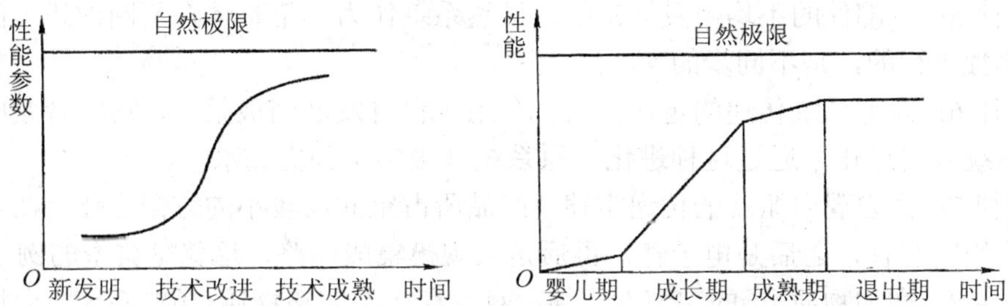

(a) S 曲线　　(b) 分段 S 曲线

图 9.36　S 曲线

(1) 在新发明阶段，一项新的、物理的、化学的、生物的发现被设计人员转变为产品。不同的设计人员对同一原理的实现是不同的，已设计出的产品还要不断地进行改善。因此，随着时间的推移，产品的性能会不断提高。

(2) 在上一阶段结束时，很多企业已经认识到，基于该发现的产品有很好的市场潜力，应该大力开发，因此将投入很多的人力、物力和财力用于新产品的开发，新产品的性能参数会快速增长，这就是技术改进阶段。

(3) 随着产品进入成熟阶段，所推出的新产品性能参数只有少量的增长，继续投入，进一步完善已有技术所产生的效益减少，企业应研究新的核心技术以在适当的时间替代已有产品的核心技术。

对于企业决策，具有指导意义的是分段 S 曲线上的拐点。第一个拐点之后，企业应从原理实现的研究转入商品化开发，否则，该企业会被恰当转入商品化开发的企业甩在后面。当出现第二个拐点后，产品的技术已经进入成熟期，企业因生产该类产品获取了丰厚的利润，同时要继续研究优于该产品核心技术的更高一级的核心技术，以便将来在适当的时机转入下一轮的竞争。

一代产品的发明要依据某一项核心技术，然后经过不断完善使该技术逐渐成熟。在这期间，企业要有大量的投入，但如果技术已经成熟，那么推进技术更加成熟的投入不会取得明显的收益。此时，企业应转入研究，选择替代技术或新的核心技术。

9.3.2　技术系统进化定律

通过对大量专利的分析，Altshuller 发现产品通过不同的技术路线向理想解方向进化，并提出了 8 条产品进化定律。

(1) 定律 1：组成系统的完整性定律。一个完整系统必须由四部分组成，即能源装置、执行机构、传动部件和控制装置。能源装置为整个系统提供能源；执行机构具体完成系统的功能；传动部件将能源装置中的能量传递到执行机构；控制装置对其他 3 个部分进行控制，以协调其工作。

(2) 定律 2：能量传递定律。技术系统的能量从能源装置到执行机构的传递效率向逐渐提高的方向进化。选择能量传递形式是很多发明问题的核心。

(3) 定律 3：交变运动和谐性定律。技术系统向着交变运动与零部件自然频率相和谐的方向进化。

(4) 定律 4：增加理想化水平定律。技术系统向增加其理想化水平的方向进化。

(5) 定律 5：零部件的不均衡发展定律。虽然系统作为一个整体在不断改进，但零部件的改进是单独进行的，是不同步的。

(6) 定律 6：向超系统传递的定律。当一个系统自身发展到极限时，它向着变成一个超系统的子系统方向进化，通过这种进化，原系统升级到一种更高水平。

(7) 定律 7：由宏观向微观的传递定律。产品所占空间向较小的方向进化。在电子学领域，先是应用真空管，之后是电子管，再后是大规模集成电路，这就是典型的例子。

(8) 定律 8：增加物质-场的完整性定律。对于存在不完整物质-场的系统，向增加其完整性方向进化。物质-场中的场从机械或热能向电子或电磁的方向进化。

9.3.3 技术系统进化模式

1. 概述

多种历史数据分析表明：技术进化过程有其自身的规律与模式，是可以预测的。与西方传统预测理论的不同之处在于，通过对世界专利库的分析，TRIZ 研究人员发现并确认了技术从结构上的进化模式与进化路线。这些模式能引导设计人员尽快发现新的核心技术。充分理解以下 11 条进化模式(如图 9.37 所示)，将会使今天设计明天的产品变为可能。

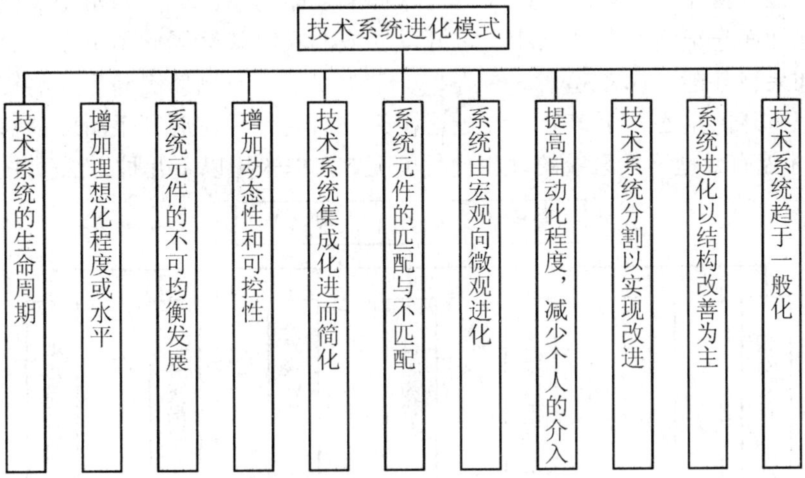

图 9.37 11 种技术系统进化模式

2. 各种技术系统进化模式分析

(1) 进化模式 1：技术系统的生命周期为出生、成长、成熟、退出。

这种进化模式是最一般的进化模式，因为这种进化模式从一个宏观层次上描述了所有系统的进化。其中最常用的是 S 曲线，它用来描述系统性能随时间的变化。对于许多应用实例而言，S 曲线都有一个周期性的生命：出生、成长、成熟、退出。考虑到原有技术系统与新技术系统的交替，可用 6 个阶段描述：孕育期、出生期、幼年期、成长期、成熟期、退出期。所谓孕育期就是以产生一个系统概念为起点，以该概念已经足够成熟(外界条件已经具备)并可以向世人公布为终点的这个时间段，也就是说系统还没有出现，但是出现的重要条件已经发现。出生期标志着这种系统概念已经有了清晰明确的定义，而且还实现了某些功能。如果没有进一步的研究，这种初步的构想就不会有更进一步的发展，不会成为一个“成熟”的技术系统。理论上认为并行设计可以有效地减少发展所需的时间。最长的时间间隔就是产生系统概念与将系统概念转化为实际工程之间的时间段。研究组织可以花费 15 年或者 20 年(孕育期)的时间去研究一个系统概念直到真正的发展研究开始为止。一旦面向发展的研究开始，就会用到 S 曲线。

(2) 进化模式 2：增加理想化水平。

每一种系统完成的功能在产生有用效应的同时都会不可避免地产生有害效应。系统改进的大致方向就是提高系统的理想化程度，可以通过系统改进来增大系统有用功能和减小系统有害功能。

$$理想化(度)=所有有用效应/所有有害效应$$

人们总是在努力提高系统的理想化水平，如同人们总是要创造和选择具有创新性的解决方案一样。一个理想的设计是在实际不存在的情况下，给人们提供需要的功能。应用常用资源而实现的简单设计就是一个一流的设计。理想等式说明应该正确识别每一个设计中的有用效应和有害效应。确定比值有一定的局限性，例如很难量化人类为环境污染所付出的代价及环境污染对人体生命所造成的损害。同样的，多功能性和有用性之间的比值也是很难测量的。

【例 9.38】 熨斗对于健忘的人来说是一件危险的物品。可能经常由于沉浸于幻想或者忙于去接电话而忘记将熨斗从衣物上拿开，心爱的衣物就会因此留下了一个大洞。在这种情况下，如果熨斗能自己立起来该多好！于是出现了“不倒翁熨斗”，将熨斗的背部制成球形，并把熨斗的重心移至该处，经过这样改进后的熨斗在放开手后就能够自动直立起来。那么怎样才能有效地增加系统的理想化程度呢？可以采用以下几种方法(如图 9.38 所示)。

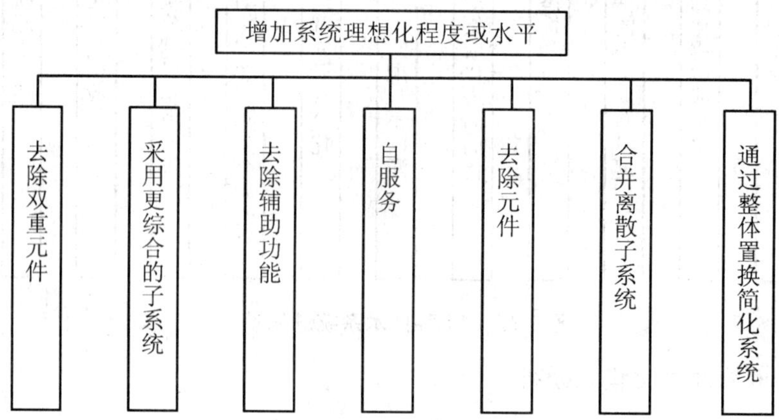

图 9.38　增加系统理想化的 7 种方法

(3) 进化模式 3：系统元件的不均衡发展导致冲突的出现。

系统的每一个组成元件和每个子系统都有自身的 S 曲线。不同的系统元件/子系统一般都是沿着自身的进化模式来演变的。同样的，不同的系统元件达到自身固有的自然极限所需的次数是不同的。首先达到自然极限的元件就“抑制”了整个系统的发展。它将成为设计中最薄弱的环节。一个不发达的部件也是设计中最薄弱的环节之一。在这些处于薄弱环节的元件得到改进之前，整个系统的改进也将会受到限制。技术系统进化中常见的错误是非薄弱环节，引起了设计人员的特别关注，如在飞机的发展过程中，人们总是把注意力集中在发动机的改进上，试图开发出更好的发动机，但对飞机影响最大的是其空气动力学系统，因此设计人员把注意力集中在发动机的改进上对提高飞机性能的作用影响不大。

(4) 进化模式 4：增加系统的动态性和可控性。

在系统的进化过程中，技术系统总是通过增加动态性和可控性而不断地得到进化。也就是说，系统会增加本身的灵活性和可变性以适应不断变化的环境和满足多重需求。

增加系统动态性和可控性最困难的是如何找到问题的突破口。在最初的链条驱动自行车(单速)上，链条从脚蹬链轮传到后面的飞轮。链轮传动比的增加表明了自行车进化路线是从静态到动态的，从固定的到流动的或者从自由度为零到自由度无限大。如果能正确理解目前产品在进化路线上所处的位置，那么顺应顾客的需要，沿着进化路线进一步发展，就可以正确地指引未来的发展。因此通过调整后面链轮的内部传动比就可以实现自行车的三级变速。五级变速自行车前边有一个齿轮，后边有 5 个嵌套式齿轮。一个绳缆脱轨器可以实现后边 5 个齿轮之间相互位置的变换。可以预测，脱轨器也可以安装在前轮。更多的齿轮安装在前轮和后轮，例如前轮有 3 个齿轮，后轮有 6 个齿轮，这就初步建立了 18 级变速自行车的大体框架。很明显，以后的自行车将会实现齿轮之间的自动切换，而且还能实现更多的传动比。理想的设计是实现无穷传动比，可以连续地变换，以适应任何一种地形。

这个设计过程开始是一个静态系统，逐渐向一个机械层次上的柔性系统进化，最终是一个微观层次上的柔性系统。

如何增加系统的动态性，如何增加系统本身的灵活性和可变性以适应不断变化的环境，满足多重需求，有以下 5 种方法可以帮助人们快速有效地增加系统的动态性(如图 9.39 所示)。

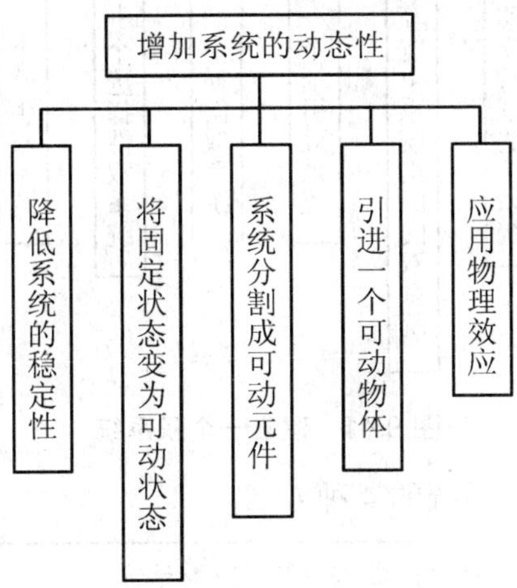

图 9.39　增加系统动态性的 5 种方法

图 9.40 所示的方法可以帮助人们更有效地增加系统的可控性。

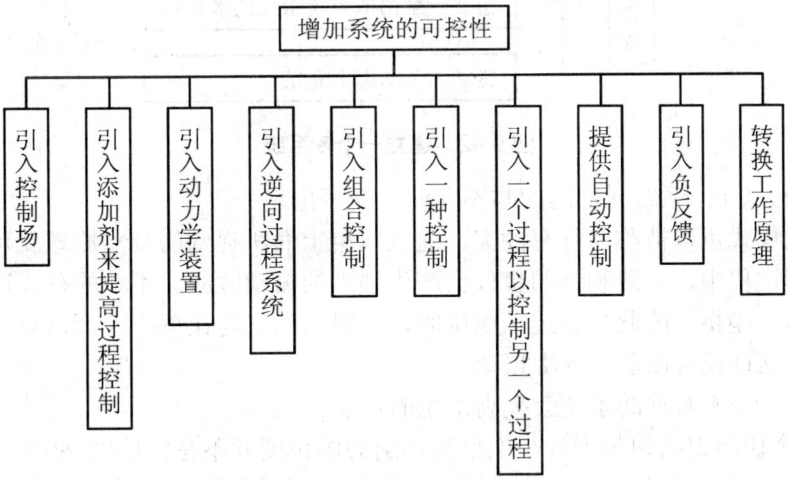

图 9.40　增加系统可控性的 10 种途径

(5) 进化模式 5：通过集成以增加系统的功能，然后再逐渐简化系统。

技术系统总是首先趋向于结构复杂化(增加系统元件的数量，提高系统功能的特性)，然后逐渐精简(可以用一个结构稍微简单的系统实现同样的功能或者实现更好的功能)。把一个系统转换为双系统或多系统就可以实现这些。

例如组合音响将 AM/FM 收音机、磁带机、VCD 机和喇叭等集成为一个多系统，用户可以根据需要来选择相应的功能。

如果设计人员能熟练掌握如何建立双系统、多系统，那将会实现很多创新性的设计。建立一个双系统可以用如图 9.41 中所示的几种方法。

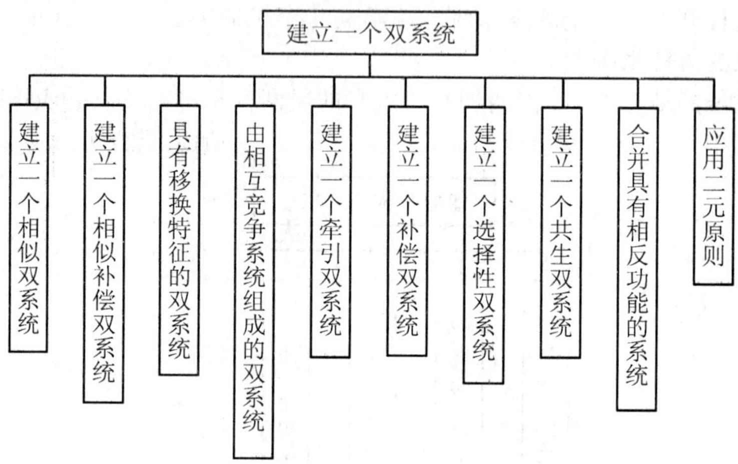

图 9.41　建立一个双系统

图 9.42 描述了建立一个多系统的 4 种方法。

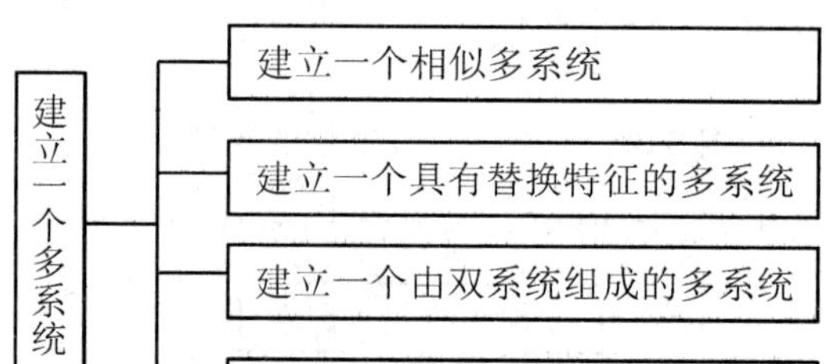

图 9.42　建立一个多系统

(6) 进化模式 6：系统元件匹配与不匹配的交替出现

这种进化模式可以被称为行军冲突。通过应用上面所提到的分离原理就可以解决这种冲突。在行军过程中，一致和谐的步伐会产生强烈的振动效应。不幸的是，这种强烈的振动效应会毁坏一座桥。因此当通过一座桥时，一般的做法是让每个人都以自己正常的脚步和速度前进，这样就可以避免产生振动。

有时候造一个不对称的系统会提高系统的功能。

具有 6 个切削刃的切削工具，如果其切削刃的角度并不是精确的 60°，例如分别是 60.5°、59°、61°、62°、58°、59.5°，那么这样的一种切削工具将会更有效。因为这样会产生 6 种不同的频率，可以避免加强振动。

在这种进化模式中，为改善系统功能，消除系统负面效应，系统元件可以匹配，也可以不匹配。

【例 9.39】 早期的轿车采用板簧吸收振动，这种结构是从当时的马车上借用的。随着轿车的进化，板簧和轿车的其他部件已经不匹配，后来就研制出了轿车的专用减震器。

(7) 进化模式 7：由宏观系统向微观系统进化。

技术系统总是趋向于从宏观系统向微观系统进化。在这个演变过程中，不同类型的场可以用来获得更好的系统功能，实现更好的系统控制。从宏观系统向微观系统进化的流程有以下 7 个阶段(如图 9.43 所示)。

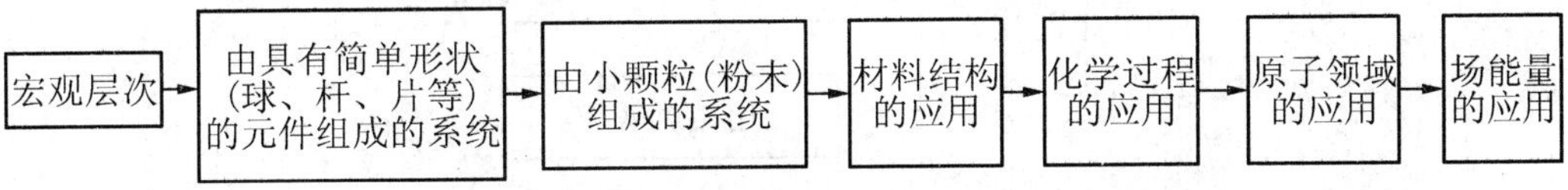

图 9.43　从宏观系统向微观系统进化的 7 个阶段

【例 9.40】 烹饪用灶具的进化过程可以用以下 4 个阶段进行描述。

① 浇铸而成的大铁炉子，以木材为燃料。

② 较小的炉子和烤箱，以天然气为燃料。

③ 电热炉子和烤箱，以电为能源。

④ 微波炉，以电为能源。

(8) 进化模式 8：提高系统的自动化程度，减少人的介入。

人们之所以要不断地改进系统，目的就是希望系统能代替人类完成那些单调乏味的工作，而人类去完成更多的有创造性的脑力工作。

【例 9.41】 一百多年前，洗衣服是一件纯粹的体力活，同时还要用到洗衣盆和搓衣板。最初的洗衣机可以减少所需的体力，但是操作需要很长时间。全自动洗衣机不仅减少了操作所需的时间，还减少了操作所需的体力。

(9) 进化模式 9：系统的分割。

在进化过程中，技术系统总是通过各种形式的分割来实现改进。一个已分割的系统会有更高的可调性、灵活性和有效性。分割可以在元件之间建立新的相互关系，因此新的系统资源可以得到改进。图 9.44 中的几种建议可以帮助人们快速实现更有效的系统分割。

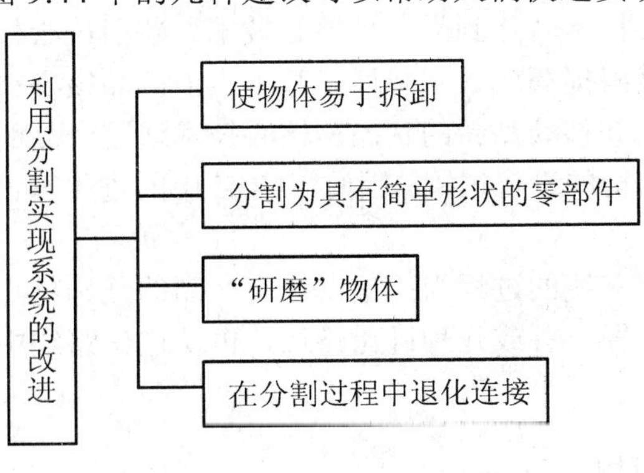

图 9.44　分割的 4 种方法

(10) 进化模式 10：系统进化从改善物质的结构入手。

在进化过程中，技术系统总是通过材料(物质)结构的发展来改进系统。结果结构就会变得更加不均匀，以和不均匀的力、能量、物流等相一致。图 9.45 中的几种建议可以帮助人们更有效地改善物质结构。

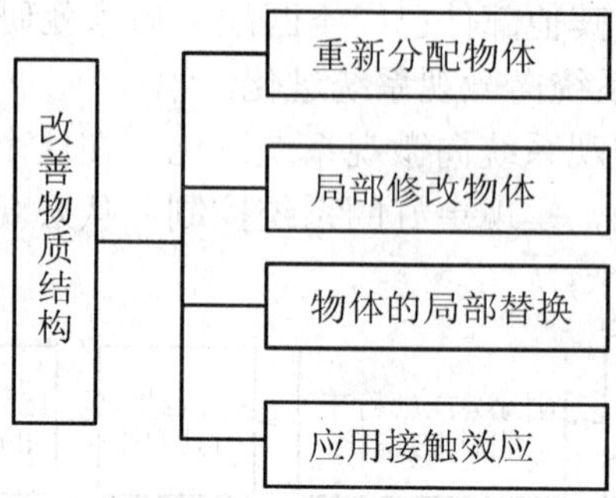

图 9.45　改善物质结构

(11) 进化模式 11：系统元件的一般化处理。

在进化过程中，技术系统总是趋向于具备更强的通用性和多功能性，这样就能提供便利和满足多种需求。这条进化模式已经被“增加系统动态性”所完善，因为更强的普遍性需要更强的灵活性和“可调整性”。图 9.46 中的几种建议可以帮助人们以更有效的方法去增加元件的通用性。

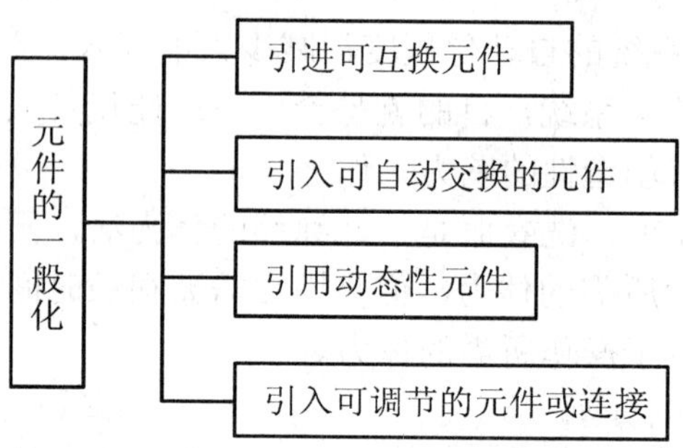

图 9.46　增加元件通用性的方法

产品进化模式导致不同的进化路线，进化路线指出了产品结构进化的状态序列，其实质是产品如何从一种核心技术转移到另一种核心技术。新旧核心技术所完成的基本功能相同，但是新技术的性能极限提高或成本降低。基于当前产品核心技术所处的状态，按照进化路线，通过设计，可使其移动到新的状态。核心技术通过产品的特定结构实现，产品进化过程实质上就是产品结构的进化过程。因此，TRIZ 中的进化理论是预测产品结构进化的理论。

应用进化模式与进化路线的过程为：根据已有产品的结构特点选择一种或几种进化模式，然后从每种模式中选择一种或几种进化路线，再从进化路线中确定新的核心技术可能的结构状态。

9.3.4　技术进化理论的应用

TRIZ 理论中的技术进化理论的主要成果为：S 曲线、产品进化定律及产品进化模式。这些关于产品进化的知识具有定性技术预测、产生新技术、市场创新 3 个方面的应用。

1. 定性技术预测

S-曲线、产品进化定律及产品进化模式可对目前产品提出如下预测。

(1) 指出需要改进的子系统。

(2) 避免对处于技术成熟期或退出期的产品大量投入，进行改进设计。

(3) 指出技术发展的可能方向。

(4) 指出对处于婴儿期与成长期的产品应尽快申请专利进行产权保护，以使企业在今后的市场竞争中处于最有利的地位。

上述 4 条预测将为企业设计、管理、研发等部门及企业领导决策提供重要的理论依据。

2. 产生新技术

产品的基本功能在产品进化的过程中基本不变，但其实现形式及辅助功能一直发生变化。因此，按照进化理论对当前产品进行分析的结果可用于功能实现的分析，以找出更合理的功能实现结构。其分析步骤如下。

(1) 对每一个子系统的功能实现进行评价，如果有更合理的实现形式，则取代当前不合理的子系统。

(2) 对新引入子系统的效率进行评价。

(3) 对物质、信息、能量流进行评价，如果需要，则选择更合理的流动顺序。

(4) 对成本或运行费用高的子系统及人工完成的功能进行评价及功能分离，确定是否用成本低的其他系统代替。

(5) 评价用高一级的相似系统、反系统等代替步骤(4)中所评价的已有子系统的可能性。

(6) 分离出能由一个子系统完成的一系列功能。

(7) 对完成多于一个功能的子系统进行评价。

(8) 将步骤(4)分离出的功能集成到一个子系统中。

上述的分析过程将协助设计人员完成所选定技术或子系统的直接进化。

3. 市场创新

质量功能布置(QFD)是市场研究的有力手段之一。目前，用户的需求主要通过用户调查法获得。负责市场调研的人员一般不知道正在被调研中技术的未来发展细节。因此，QFD 的输入，即市场调研的结果，往往是主观的、不完善的、甚至是过时的。

TRIZ 理论中的产品进化定律与进化模式是由专利信息及技术发展的历史得出的，具有客观及不同领域通用的特点。一种合理的观点是用户从可能的进化趋势中选择最有希望的进化路线，之后经过市场调研人员及设计人员等的加工将其转变为 QFD 的输入。

9.4 计算机辅助创新设计软件

9.4.1 概述

目前以 TRIZ 理论为基础开发的计算机辅助创新设计软件(CAI，Computer Aided Innovation)按功能多少、结构复杂程度以及用途的不同有数十种之多，软件所用的开发语言以英文为主，也有俄文、中文等其他语言开发的软件，主要有美国 Invention Machine 公司的 TechOptimizer 和 Ideation Interntional 公司的 Innovation Workbench(IWB)等，它们是产品开发中解决技术难题、实现创新设计的有效工具，在国外很多企业及研究机构得到了广泛的应用。其中 TechOptimizer 由 6 个功能模块组成：

① 问题分析定义模块；

② 整理模块；

③ 特征转换模块；

④ 工程学原理知识库；

⑤ 创新原理模块；

⑥ 系统改进与预测模块。

产品分析定义模块的主要目的是功能分解和产品分析，然后说明什么途径可以提高产品性能。整理模块和特征转换模块用来完善产品分析模块，主要方法是在保证产品的有用功能不受影响的前提下，通过去除产品的一些部件和特征，来改进或消除产品的有害功能。特征转换模块将一个部件或特征的功能转移到需要改进的构件或特征上。工程学原理模块存储了大量的物理、化学等多学科的原理，并配有图文并茂的说明和成功利用该原理解决问题的专利，通过功能检索可以得到。创新原理模块即为前述的 40 个发明创造原理，用来解决各种技术矛盾问题。系统改进与预测模块首先利用物质-场分析方法建立问题的模型，根据预测树可以改变模型中作用的方式、强度等，为问题的改进提供探索的方向，同时还可以对技术系统的发展方向加以预测，为产品创新提供正确导向。由于 TechOptimizer 中的产品改进过程由非常丰富的知识库支持，因此用它来解决产品的技术问题和进行创新比传统的方法更有效，可以帮助使用者快速找到完成所需功能的方法。与 TechOptimizer 紧密结合的软件是 Knowledgist，主要用于知识获取，它应用人工智能的最新成果即强大的语义处理技术代替人以极高的效率在浩瀚的信息海洋中查询相关信息，并对其进行提炼、概括和总结，建立针对某一专题的知识库，为产品创新设计提供极有价值的最新信息。应用 Knowledgist 可以加快获取知识的速度，缩短科研时间，提高效率，使得企业在最新资料的获取上取得竞争优势，并能最先发现新的市场需求，快速进行未来市场急需新产品的开发和研制。

CAI 工具已经有了十多年的历史，其发展历经了以下几个阶段。

(1) 1946—1986 年，TRIZ 理论的萌芽-成形期，主要是少数发明家在使用 TRIZ 理论。

(2) 1986—1992 年，TRIZ 理论日趋完善，进入了实际的工程化应用期，主要使用者是专家、学者。

(3) 1992—2000 年，TRIZ 理论与 IT 技术相结合，形成了早期的 CAI 软件。同时，本体论开始出现并取得一定的研究成果。这个时期的使用者为接受一定层次 TRIZ 理论训练的工程技术人员。

(4) 2000 年至今，TRIZ 理论与本体论相结合，形成了更为先进的 CAI 理论基础。同时，在易用性上做了很大的改进，软件的使用者已经可以包括任何接受过高等教育的工程技术人员。

现代 CAI 技术的出现具有重大的意义和深远的影响，它把过去只有专家、学者才能使用的高深技术，把过去需要熟知创新理论才能学好的传统 CAI 软件，变成了易学好用的计算机辅助创新平台和创新能力拓展平台，使得人们无须熟知创新理论，只要受过高等教育和工程训练，就能在这样的平台上来培养创新意识，直至作出发明创新。

9.4.2　创新能力拓展平台 CBT/NOVA

CBT/NOVA(Computer-Based Trainingfor Innovaion)是亿维讯公司开发的专门用于拓展创新能力的培训平台。使用者通过培训平台的学习，能够在较短的时间内掌握创新技法，激发创新潜能，学会运用创新思维和创新方法，进行自身创新能力的提高和拓展，进而在解决实际问题时能够产生创造性的解决方法。

CBT/NOVA 所提供的培训内容涵盖了当今世界先进、实用的创新理论和技法，以培养全新的思维方式，创造性地解决实际创新设计问题，还提供有丰富权威的创新能力测试题库，并能够自动生成创新能力测试试卷。其创新理论和技法主要来源于发明问题解决理论 TRIZ：40 个创新原理、物-场分析法、八大类技术进化法则、ARIZ 算法、76 种创新问题标准解法等。

CBT/NOVA 可以根据各专业(行业)特点，为不同课程定制教学平台。CBT/NOVA 还可以方便地添加科研中积累的知识和经验，加速知识的传递和共享；用户可以随时通过网络进行学习，自主安排学习进程。

CBT/NOVA 主要应用在企业员工创新能力拓展、企业智力资产储存和共享、高校创新教育体系的教学、社会再教育或咨询机构的创新能力培训、相关机构创新能力认证培训等方面。

在“信息化带动新型工业化”的国策下，提高企业创新能力的需求日益突显。以成熟的创新理论作为支撑的计算机辅助创新技术填补了 CAX 领域的技术空白，成功地把信息化技术应用到了产品生命周期的最前端，为制造业企业的信息化技术提供了新的应用，也为知识工程、产品策划、概念设计、方案设计、产品研发过程优化、先进工程环境(AEE)等具体的信息化项目提供了新的解决方案。

9.5　TRIZ 理论的发展趋势

TRIZ 理论今后的发展趋势主要集中在 TRIZ 理论本身的完善和进一步拓展新的研究分支两个方面，具体体现在以下几个方面。

(1) TRIZ 理论是前人知识的总结，如何进一步把它完善，使其逐步从“婴儿期”向“成长期”、“成熟期”进化，使之成为各界关注的焦点和研究的主要内容之一。例如，提出物质-场模型新的适应性更强的符号系统，以便于实现多功能产品的创新设计；进一步完善解决技术冲突的 39 个标准参数、40 条解决原理和冲突矩阵，以实现更广范围内的复杂产品创新设计。

(2) 如何合理有效地推广应用 TRIZ 理论，解决技术冲突和矛盾，使其受益面更广。例如，建立面向功能部件的创新设计技术集等，以推动我国功能部件的快速发展。

(3) TRIZ 理论的进一步软件化，并且开发出有针对性的、适合特殊领域、满足特殊用途的系列化软件系统。例如面向汽车开发领域，开发出有利于提高我国汽车产品自主创新能力的软件系统。

(4) 进一步拓展 TRIZ 理论的内涵，尤其是把信息技术、生命科学、社会科学等方面的原理和方法纳入到 TRIZ 理论中。由此可使 TRIZ 理论的应用范围越来越广。

(5) 将 TRIZ 理论与其他一些新技术有机集成，从而发挥更大的作用。

TRIZ 理论主要是解决设计中如何做的问题(How)，对设计中做什么的问题(What)未能给出合适的工具。大量的工程实例表明：TRIZ 的出发点是借助于经验发现设计中的冲突，冲突发现的过程也是通过对问题的定性描述来完成的。其他的设计理论，特别是 QFD 恰恰能解决做什么的问题。所以，将两者有机结合，发挥各自的优势，将更有助于产品创新。TRIZ 与 QFD 都未给出具体的参数设计方法，稳健设计则特别适合于详细设计阶段的参数设计。将 TRIZ、QFD 和稳健设计集成，能形成从产品定义、概念设计到详细设计的强有力的支持工具。因此三者的有机集成已经成为设计领域的重要研究方向。

小　结

介绍了 TRIZ 发明问题解决理论的产生背景、主要内容，TRIZ 理论的重要发现，TRIZ 解决发明创造问题的一般方法及 TRIZ 理论的应用，指出 TRIZ 理论是基于知识的、面向人的解决发明问题的系统化方法学，是实现发明创造、创新设计、概念设计的最有效方法。重点讨论了设计中的冲突及其解决原理，要求理解物理冲突和技术冲突的概念，掌握物理冲突和技术冲突的解决原理，明确 39 个工程参数和 40 条创新原理，能够利用冲突矩阵实现创新设计。了解技术系统进化定律和进化模式，理解技术进化理论在指导创新设计中的应用，能够利用技术进化模式实现创新。最后介绍了计算机辅助创新设计软件的发展和 TRIZ 理论的发展趋势。

习　题

9-1 TRIZ 发明问题解决理论的主要内容有哪些？

9-2 TRIZ 解决发明创造问题的一般方法是什么？

9-3 什么是物理冲突？解决物理冲突的原理有哪些？

9-4 什么是技术冲突？解决技术冲突的原理有哪些？如何利用冲突矩阵实现创新设计？

9-5 技术系统进化定律和进化模式的主要内容是什么？如何利用它们来指导创新设计？

9-6 简述计算机辅助创新设计软件的发展和 TRIZ 理论的发展趋势。

第 10 章 机械系统创新设计实例分析

教学提示：通过 4 个典型创新设计实例分析，重点展示创新思维和创新设计技法的理解和应用，期望从这些实例中悟出一些道理和认识，为今后的创新活动打下认识基础。

教学要求：重点阐述 4 个典型创新设计实例中创新思维和创新技法的应用，讲解如何提出问题、分析问题，解决的矛盾有哪些，创新点体现在哪里，发展前景如何等。要求基本理解所涉及的创新思维和创新技法，在对前述知识综合的基础上，激发和启迪创新意识，形成创新设计理念，掌握创新理论具体应用的技巧等。

10.1 新型内燃机的开发实例

动力机械中的燃气机按其工作方式分为内燃机和外燃机两大类。自 19 世纪 60 年代第一台实用的内燃机诞生以来，内燃机已发展了多种形式，并在国民经济各部门和国防工艺中得到了广泛的应用。

本实例就新型内燃机开发中的一些创新技法(运用类比、组合、替代等创新技法)进行简单分析。

1. 往复式内燃机的技术矛盾

目前，应用最广泛的往复式内燃机由气缸、活塞、连杆、曲轴等主要机件和其他辅助设备组成。

活塞式发动机的主体是曲柄滑块机构(图 10.1)。它利用气体燃爆使活塞 1 在气缸 3 内往复移动，经连杆 2 推动曲轴 4 做旋转运动，输出转矩。进气阀 5 和排气阀 6 的开启由专门的凸轮机构控制。

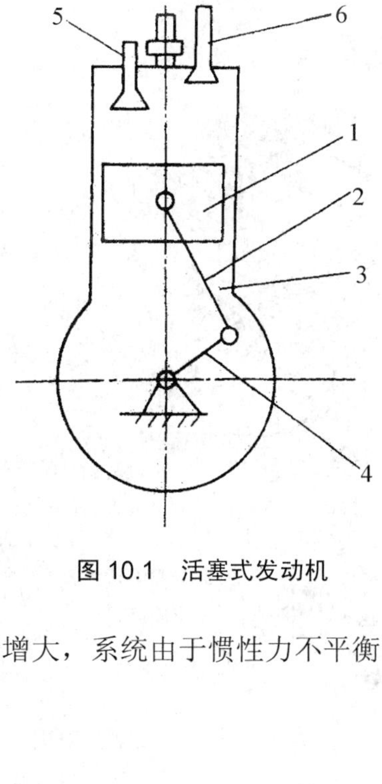

图 10.1 活塞式发动机

活塞式发动机工作时具有吸气、压缩、做功(燃爆)、排气 4 个冲程，如图 10.2 所示，其中，只有做功冲程输出转矩，对外做功。

这种往复式活塞发动机存在以下明显的缺点。

(1) 工作机构及气阀控制机构组成复杂，零件多；曲轴等零件结构复杂，工艺性差。

(2) 活塞往复运动造成曲柄连杆机构较大的往复惯性力，此惯性力随转速的平方增长，使轴承上的惯性载荷增大，系统由于惯性力不平衡而产生强烈振动。往复运动限制了输出轴转速的提高。

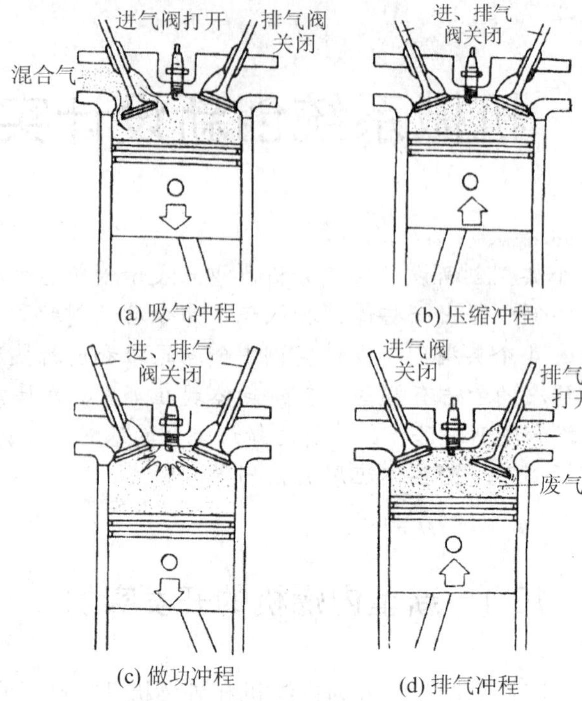

图 10.2 活塞式发动机的 4 个冲程

(3) 曲轴回转两圈才有一次动力输出，效率低。

上述问题引起了人们改变现状的愿望，社会的需求促进产品的改造和创新，多年来，在原有发动机的基础上不断开发了一些新型发动机。

2. 无曲轴式活塞发动机

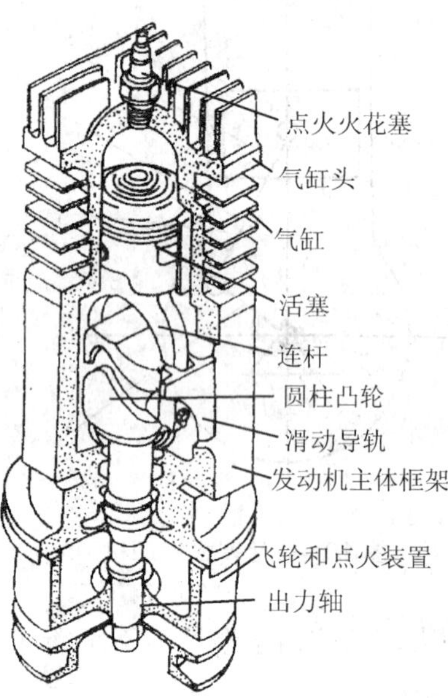

图 10.3 单缸无曲轴式活塞发动机

无曲轴式活塞发动机采用机构替代的方法，以凸轮机构代替发动机中原有的曲柄滑块机构，取消原有的关键件曲轴，使零件数量减少，结构简单，成本降低。

日本名古屋机电工程公司生产的二冲程单缸发动机采用无曲轴式活塞发动机，如图 10.3 所示。其关键部件是圆柱凸轮动力传输装置。

一般圆柱凸轮机构是将凸轮的回转运动变为从动杆的往复运动，而此处利用反动作，即当活塞往复运动时，通过连杆端部的滑块在凸轮槽中滑动而推动凸轮转动，经输出轴输出转矩。活塞往复两次，凸轮旋转 360°。系统中没有飞轮，控制回转运动平稳。

这种无曲轴式活塞发动机若将圆柱凸轮安装在发动机的中心部位，可在其周围设置多个气缸，制成多缸发动机。通过改变圆柱凸轮的凸轮轮廓形状可以改变输出轴的转速，达到减速增矩的目的。这种凸轮式无曲轴发动机已用于船舶、重型机械、建筑机械等行业。

3. 旋转式内燃发动机

在改进往复式发动机的过程中，人们发现如果能直接将燃料的动力转化为回转运动必将是更合理的途径。类比往复式蒸汽机到蒸汽轮机的发展，许多人都在探索旋转式内燃发动机的建造。

1910 年以前，人们曾提出过 2000 多个旋转式发动机的方案，但大多因机构复杂或无法解决气缸密封问题而不能实现。直到 1945 年德国工程师汪克尔经长期研究，突破了气缸密封这一关键技术，才使旋转式发动机首次运转成功。

1) 旋转式发动机的工作原理

汪克尔所设计的旋转式发动机简图如图 10.4 所示，它由椭圆形的缸体 1、三角形转子 2(转子的孔上有内齿轮)、外齿轮 3、吸气口 4、排气口 5 和火花塞 6 等组成。

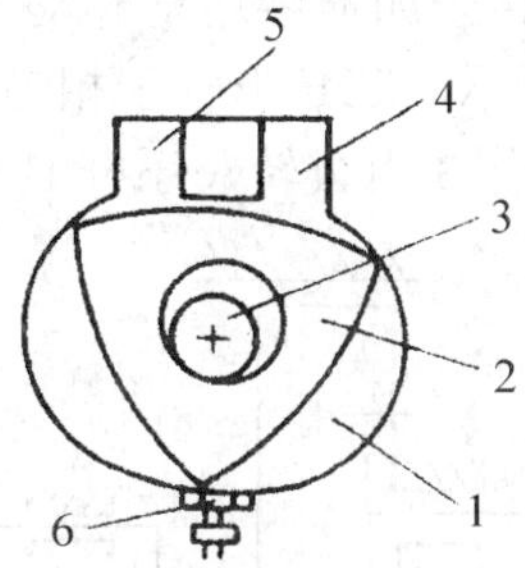

图 10.4　旋转式发动机简图

旋转式发动机在运转时同样也有吸气、压缩、燃爆(做功)和排气 4 个动作，如图 10.5 所示。当转子转一周时，以三角形转子上的 *AB* 弧进行分析。

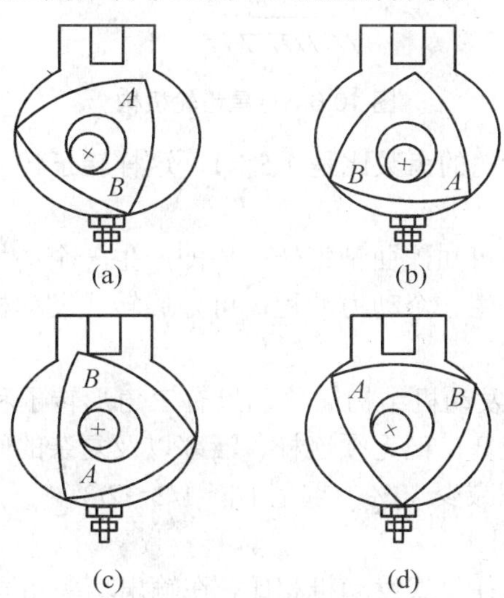

图 10.5　旋转式发动机的运行过程

(1) 吸气：转子处于如图 10.5(a)所示位置时，*AB* 弧所对的内腔容积由小变大，产生负压效应，由吸气口将燃料与空气的混合气体吸入腔内。

(2) 压缩：转子处于如图 10.5(b)所示位置时，内腔由大变小，混合气体被压缩。

(3) 燃爆：高压状态下，火花塞点火使混合气体燃爆并迅速膨胀，产生强大的压力驱动转子，并带动曲轴输出运动和转矩，对外做功。

(4) 排气：转子由如图 10.5(c)所示位置至如图 10.5(d)所示位置，内腔容积由大变小，挤压废气由排气口排出。

由于三角形转子有 3 个弧面，因此每转一周有 3 个动力冲程。

2) 旋转式发动机的设计特点

(1) 功能设计。内燃机的功能是将燃气的能量转化为回转的输出动力，通过内部容积变化，完成燃气的吸气、压缩、燃爆和排气 4 个动作以达到目的。旋转式发动机抓住容积变化这个主要特征，以三角形转子在椭圆形气缸中偏心回转的方法达到功能要求。而且三角形转子的每一个表面与缸体的作用相当于往复式发动机的一个活塞和气缸，依次平稳地连续工作。转子各表面还兼有开闭进排气阀门的功能，设计可谓巧妙。

(2) 运动设计。偏心的三角形转子如何将运动和动力输出？在旋转式发动机中采用了内啮合行星齿轮机构，如图 10.6 所示。三角形转子相当于行星内齿轮 2，它一面绕自身轴线自转，一面绕中心外齿轮 1 在缸体 3 内公转，系杆 H 则是发动机的输出曲轴。

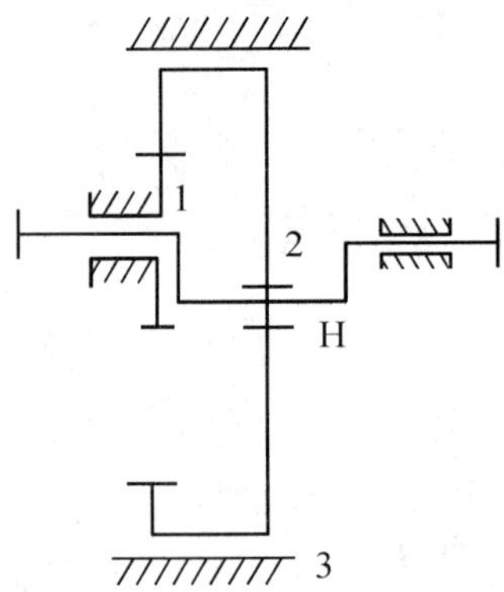

图 10.6　行星齿轮机构

转子内齿轮与中心外齿轮的齿数比是 1.5∶1，这样转子转一周，使曲轴转 3 周，输出转速较高。

根据三角形转子的结构可知，曲轴每转一周即产生一个动力冲程，相对四冲程往复式发动机，曲轴每转两周才产生一个动力冲程，可知旋转式发动机的功率容量比是四冲程往复式发动机的两倍。

(3) 结构设计。旋转式发动机结构简单，只有三角形转子和输出轴两个运动构件。它需要一个化油器和若干火花塞，但无须连杆、活塞以及复杂的阀门控制装置。零件数量比往复式发动机少 40%，体积减少 50%，重量下降 1/2～2/3。

3) 旋转式发动机的实用比

旋转式发动机与传统的往复式发动机相比，在输出功率相同时，具有体积小、重量轻、噪声低、旋转速度范围大以及结构简单等优点，但在实用化生产的过程中还有许多问题需要解决。

日本东泽公司从德国纳苏公司购得汪克尔旋转式发动机的专利后，进行实用化生产。经过样机运行和大量试验，发现气缸上产生振纹是最主要的问题。形成振纹的原因不仅在于摩擦体本身的材料，同时与密封片的形状和材料有关，密封片的振动特性对振纹影响很大。该公司抓住这个关键问题，开发出极坚硬的浸渍炭精材料作密封片，较成功地解决了振纹问题。他们还与多个厂家合作，相继开发出了特殊密封片 310 号、火花塞、化油器、O 型环、消音器等多种零部件，并采用了高级润滑油，使旋转式发动机在全世界首先达到实用化。100 年来该公司生产了 120 万台旋转式发动机用于汽车，市场效益很好。

随着生产科学技术的发展，必然会出现更多新型的内燃机和动力机械。人们总是在发现矛盾和解决矛盾的过程中不断取得进步。而在开发设计过程中敢于突破，善于运用类比、组合、替代等创新技法，认真进行科学分析，将会使人们得到更多创新的、进步的、高级的产品。

10.2　圆柱凸轮数控铣削装置的创新设计实例

本实例就圆柱凸轮加工原理开发中运用综合创新技法、反求创新法，通过创造性的综合和巧妙的构思，使综合体发生质的飞跃，做了简单的说明，从而体现出综合创新是一种更具实用性的创新思路。

1. 设计目的

圆柱凸轮作为一种机械传动控制部件，具有结构紧凑、工作可靠等突出优点，但其加工制作比较困难。东北大学东软集团生产的医用全身 CT 扫描机，有一对复杂的圆柱凸轮，过去一直采用手工加工，不仅制造精度低，而且劳动强度大，生产效率低，成本高。为此，负责机械加工的东北大学机械厂提出要研制一种精度较高、操作方便、成本较低的圆柱凸轮加工装置，故于 2002 年年末，其成立了跨年级的研究小组，开始对这一问题进行研究。经过一年多的时间，完成了圆柱凸轮数控铣削装置的综合创新设计，由东北大学机械厂完成制造，并成功地投入使用，满足了圆柱凸轮加工的精度和生产率的要求。

2. 工作原理

圆柱凸轮数控铣削装置包括工作台直线运动坐标轴和工件回转运动坐标轴，在加工圆柱凸轮时，本装置根据数控加工程序控制工件作旋转进给运动和直线进给运动，通过普通立式铣床工作台的垂直运动进行切深调整，这样就可以实现一条凸轮曲线槽的连续自动化加工。本装置的传动原理如图 10.7 所示。

由图 10.7 可见，本装置由简易 CNC 装置控制驱动器，驱动两个高精度步进电动机，两个电动机分别控制分度头的转动和滚珠丝杠的直线运动，由分度头带动工件做回转进给运动，滚珠丝杠则带动工作台做直线方向的进给运动，由普通立式铣床进行切深调整，从此实现了一条凸轮槽的连续加工。

3. 设计方案

在方案设计阶段，通过对圆柱凸轮的各种加工方案进行深入的分析研究得出：对于复杂的、多导程圆柱凸轮，理想的加工方法是采用带回转台的四轴立式加工中心或带自驱动式铣刀的车削中心加工，但这两种机床价格昂贵，东北大学机械厂近期难以购买这两种机床。

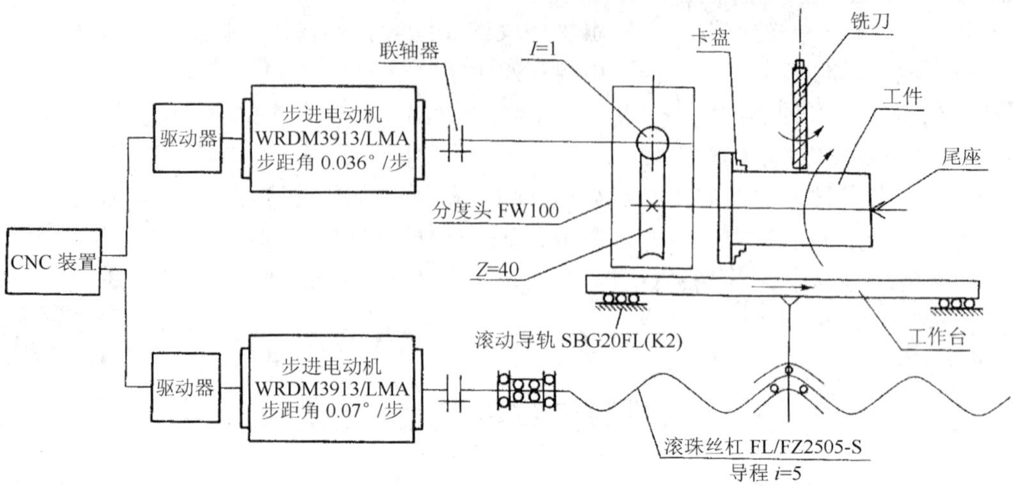

图 10.7　圆柱凸轮数控铣削装置传动原理图

创新思路拟在普通立式铣床上，加装高精度数控装置，将传统的机械技术与现代高新数控技术和电子技术等有机地综合在一起，从而实现高精度的可靠加工要求。

因此根据数控技术越来越普及以及简易数控系统价格比较便宜的现状和特点，东北大学机械厂决定设计一个简易的圆柱凸轮数控铣削装置。将该装置放置在普通立式铣床上，由普通立式铣床的主轴做切削运动，由其工作台的垂直方向运动进行切深调整，该装置则根据数控加工程序控制工件做旋转进给运动和直线进给运动，实现一条凸轮曲线槽的连续自动化加工。这种加工方法成本很低，加工自动化程度较高，操作方便，加工精度高，且能满足圆柱凸轮不断改型的要求。

4. 功能及特点

(1) 圆柱凸轮数控铣削装置包括工作台直线运动坐标轴(Z 轴)和工件回转运动坐标轴(X 轴)，采用德国 BERGER LAHR 高精度步进电动机驱动，德国 ENGEL HARDT 两轴 CNC 系统控制。X 向脉冲当量为 0.0009°；Z 向脉冲当量为 0.001mm，可以完成圆柱凸轮复杂凸轮槽的连续、自动化加工。

(2) 工件回转运动(即 X 轴)的机械传动由普通分度头完成，其蜗杆涡轮的降速比大(i=40)、传动精度高、价格便宜。

(3) 工作台的直线运动(即 Z 轴)采用双螺母垫片式滚珠丝杠螺母传动，并采用滚珠导轨支承，其摩擦力小、运动灵敏、精度高、刚度大。

(4) 数控编程采用 CAD/CAM 一体化编程方法。在 CAXA/ME 的支持下，首先绘制圆柱凸轮的展开曲线，然后生成 G 代码程序，最后利用 R232 接口将加工程序传输给数控系统。编程过程精确、直观、方便、灵活。

该装置可完成各种圆柱凸轮的精确自动化加工，另外还可以加工各种平面凸轮。

5. 主要创新点

(1) 工件回转运动采用标准分度头传动，简化了设计制造，降低了研制成本。在研制过程中，通过分析对比选择了合理的驱动位置，保证了传动精度，这种方法在国内尚属首次。

(2) 工作台的直线运动采用先进的滚珠丝杠传动，并采用滚动导轨支承，其传动灵活、精度高、刚度大。

(3) 该装置采用简易 CNC 系统控制，采用 CAD/CAM 一体化编程，选择廉价的 CAXA/ME 作为支撑软件，利用反求设计创新思维进行了创新改造，并进行了二次开发，对编程方法进行了合理的改进，使数控编程精确、直观、方便、灵活。因而其操作方便，使用灵活，能满足各种圆柱凸轮的加工。

(4) 该装置可在普通铣床上完成各种复杂圆柱凸轮曲线的精确、高效、自动化加工，其操作方便、价格低廉。此外，该装置也可用于各种平面凸轮的加工，因此颇具推广应用价值。

该装置已在东北大学机械厂投入使用，且已为东软集团加工了 4 种类型的医用 CT 机控制用圆柱凸轮。该装置一方面提高了 CT 机的运转平稳性，另一方面每个圆柱凸轮可节约制造成本 500～700 元，能够创造可观的经济效益。

6. 作品外形与控制面板照片

作品外形与控制面板照片如图 10.8 所示。

(a)

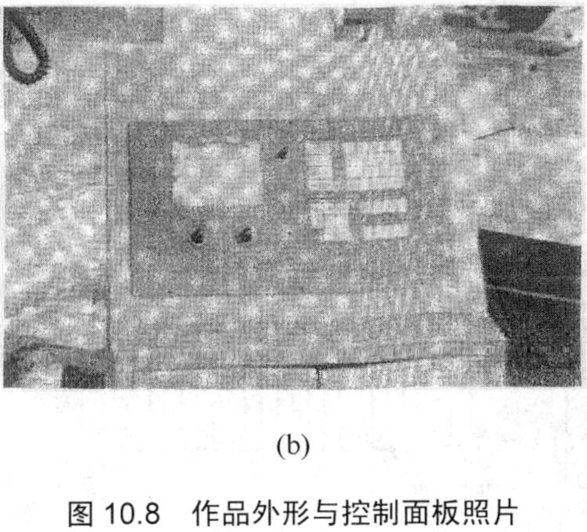

(b)

图 10.8 作品外形与控制面板照片

10.3　全自动送筷机创新设计实例

本实例就开发新型全自动送筷机采用的创新思维(新型、实用、快捷)和创新技法(系统分析法、组合创新法、形态分析法、机构构型创新设计法等)作了一些简单的介绍，以期对创新设计有所启发。

1. 设计目的

学生每天到食堂就餐都得从筷筒里胡乱地抓取筷子，这样既不方便又不卫生，久而久之便萌发了设计一种自动送筷机的灵感。如图 10.9 所示为全自动送筷机外观图。

图 10.9　全自动送筷机外观图

从设想到构思送筷原理，模拟送筷实验，再到产品试制、修改、定型，花费了数月的时间。目前，产品的各项技术指标均达到了设计要求，预计不久将批量投放市场。

2. 设计过程

1) 送筷方式的确定

初定的送筷方式(利用系统分析法和形态分析法进行论证分析)有 3 种：朝上竖直送(如图 10.10 所示)；水平横向送(如图 10.11 所示)；水平竖向送(如图 10.12 所示)。

通过反复多次模拟实验发现，朝上竖直送取筷子最为方便，但筷子的水平移动距离长，所需水平推力也大，会导致机器的结构复杂，成本增加。水平横向送筷子，由于筷子尺寸、形状、大小及摆放的不规则，能顺利取出筷子的概率不足 30%。而水平竖向送筷子不仅出筷顺畅，而且在抽出筷子后，在重力作用下筷子会自由下落，省去了机械传动成本，这种方式取筷也比较方便。因此，最终选择了第三种方案。

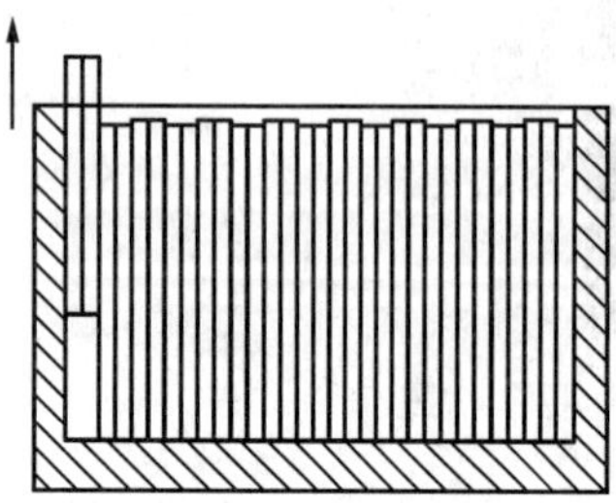

图 10.10　朝上竖直送

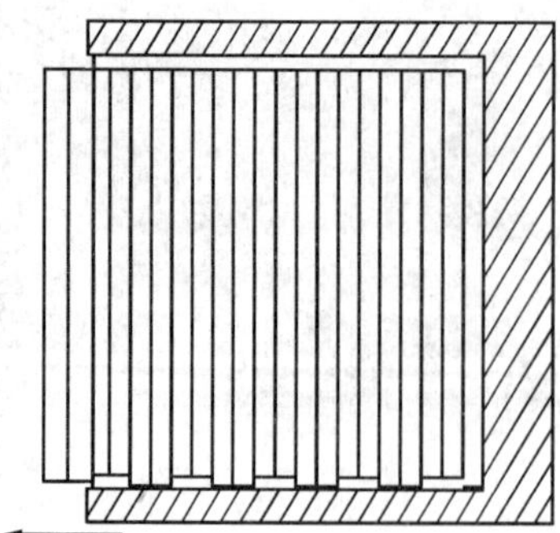

图 10.11　水平横向送

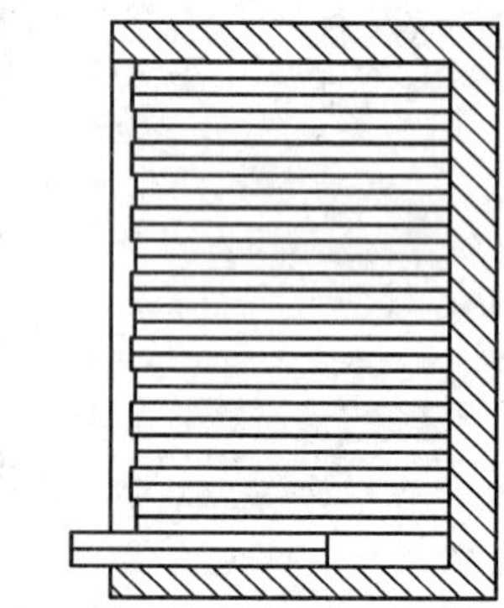

图 10.12　水平竖向送

2) 出筷机构的选择

可供选择的出筷机构(利用机构组合创新法和机构构型创新设计进行分析)有盘形凸轮机构、摆动导杆机构、曲柄摇杆机构、曲柄滑块机构等。通过模拟实验，分析对比，发现盘形凸轮机构虽然结构简单，但由于从动件行程较大(70mm)，使机构的总体结构尺寸过大；曲柄摇杆和导杆机构不仅平稳性较差，而且占据的空间也大；而曲柄滑块机构占据的空间最小，结构比较简单。因此，最后确定用曲柄滑块机构与移动凸轮组合机构作为出筷的执行结构，如图 10.13 所示。

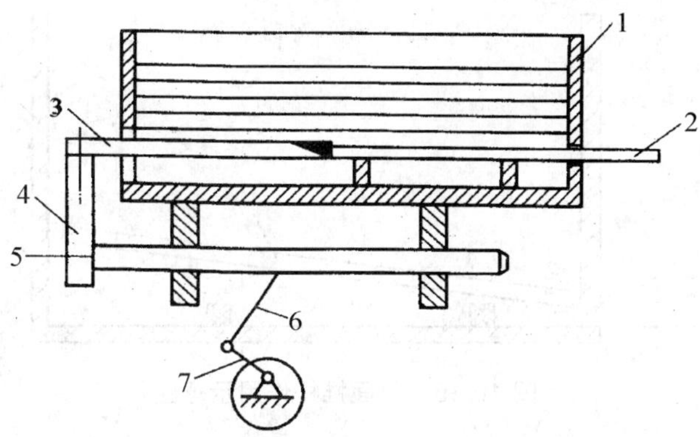

图 10.13　曲柄滑块与移动凸轮组合机构简图

1—箱体；2—筷子；3—移动凸轮(推杆)；4—推板；5—滑块；6—连杆；7—曲柄

3) 电动机的选择

通过模拟实验测定推筷子的阻力和最佳的出筷子速度，从而确定电动机的功率为 25W，减速电动机的输出转速为 60r/min。

3. 工作原理

当曲柄滑块机构运动时，滑块带动移动凸轮(阶梯斜面)反复移动，将筷子水平送出。推出的一截筷子如果未被取走，则移动凸轮空推，已推出的筷子静候抽取。如果推出的筷子被取走，则上方的筷子在重力作用下会自由下落到箱体底部，而被再次推出，如图 10.14 所示。

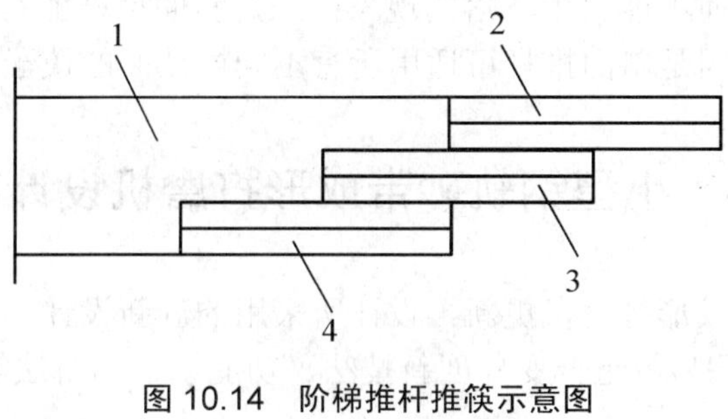

图 10.14　阶梯推杆推筷示意图

1—阶梯推杆；2—推出最长筷；3—推出较短筷；4—推出最短筷

设计阶梯推杆的目的：一是提高送筷子的效率；二是防止筷子由于摆放不规则，出现卡死、架空等现象。初定的推杆只能推一双筷子，不仅效率低，而且经常出现卡死、架空等现象。阶梯推杆推出的 3 双筷子成并排阶梯状。伸出箱体最长的筷子被抽取走后，如果上方筷子不能自由下落，则再抽取伸出较短的一双，如果抽走后上方的筷子还不能自由下落，则再抽走最短的第三双筷子，由于 3 双筷子较宽，故 3 双都抽走后，上方筷子必然失去支撑而下落到箱体底部。

阶梯推杆斜面的作用：一是起振动作用；二是防止筷子未对准出口时被顶断，如图 10.15 所示。

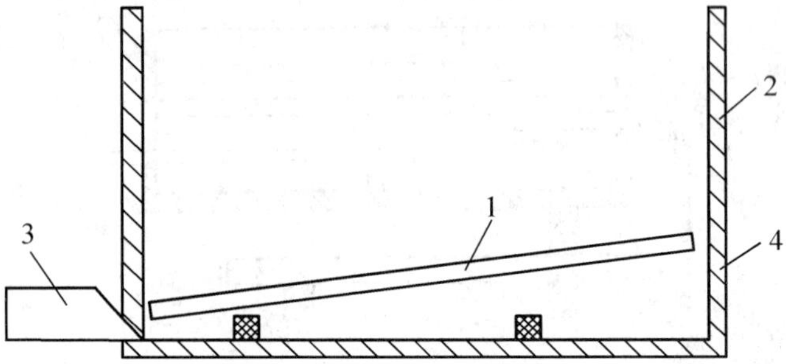

图 10.15　斜面推杆作用示意图

1—筷子；2—箱体；3—斜面推杆；4—筷子出口

当筷子未对准出口、顶在箱体壁上时，筷子在阶梯推杆的斜面上滑过。经过多次作用，只有筷子对准出口时才能被顶出。

4. 主要创新点

1) 产品创新

该产品属国内外首创，经过市场调查及网上查询，国内外还没有自动出筷机等自动出筷装置。由于市场容量很大，产品又获得专利权，投放市场后将取得良好的社会及经济效益。

2) 机构创新点

将曲柄滑块机构与移动凸轮机构(阶梯斜面推杆)有机组合，能实现多项功能：一是机构组合本身结构非常简单、紧凑，可大幅度降低成本及机器的结构尺寸；二是阶梯推杆可有效地防止筷子被卡住而不能自由下落的现象；三是斜面推杆能有效防止筷子未对准出口而被机器顶断的现象；四是斜面推杆可适用所有不同横截面的筷子。

10.4　小型钢轨砂带成形打磨机设计实例

本实例就小型钢轨成形打磨机更新再设计所采用的创新设计思维(反求设计、移植创新设计等)以及运用的创新技法(组合变异创新技法、功能设计创新法等)作介绍说明。

1. 设计背景

火车钢轨(如图 10.16 所示)是轨道结构最重要的部件，它直接承受车辆载荷。由于长时间运行，致使轨道表面疲劳点蚀和磨损破坏，圆弧部分压溃为不规则形状及侧面形成毛刺等。钢轨打磨技术可以用来消除钢轨的波形磨耗、车轮擦伤、钢轨端部裂纹、接头的马鞍形磨耗和轨道表面裂纹萌生，控制钢轨表面接触疲劳的发展。因此，钢轨打磨是铁道建设和养护的重要措施，随着高速、重载列车的运行，钢轨打磨变得尤为重要。

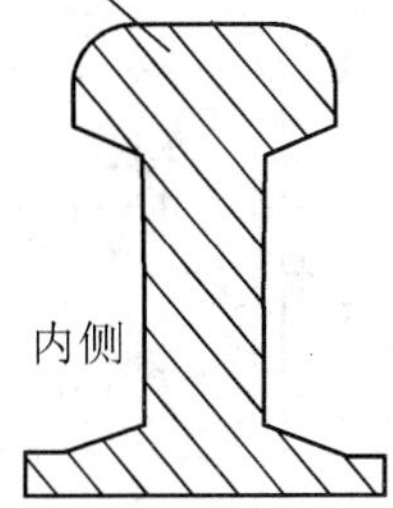

图 10.16　火车钢轨横断面示意图

目前铁路线路维修用于钢轨打磨的机具主要分为两类：一是进口的大型钢轨打磨列车；二是各铁路单位自行研制的小型钢轨打磨机。二者均是以砂轮为磨具，在现场使用中，这两类打磨工具分别存在着一些不足：前者价格昂贵、能耗大、砂轮耗材大等；后者的功能和应用多限于小范围、离散病害点的单一性病害的修理性打磨，而且因结构局限性，不能打磨道岔，对钢轨顶面、侧面和圆弧联结部分须分次打磨，打磨效率低，无法打磨出较理想的标准钢轨端部的复杂廓面。因此，设计出一种实用可靠、效率高的小型打磨机很有必要。

2. 创新构思及设计过程

1) 打磨机的设计要求

产品的性能要求来自市场以及用户的需求。根据调研发现，铁路现场对小型打磨机的性能要求主要有以下内容。

(1) 安全实用，轻便，两人能搬动。

(2) 能打磨道岔。

(3) 能较准确打磨标准钢轨轮廓面。

(4) 打磨效率高、质量好，调节方便。

上述性能要求中的大部分是现有小型打磨机所不具备的，也就是新型打磨机应达到的主要功能要求。

2) 设计过程

(1) 总体创新构思。在小型打磨机的总体构思中，突破原产品的约束，提出以下创新点。

① 采用移植创造原理，把切削加工中的砂带磨削技术引入打磨机的设计中，变刚性打磨为柔性打磨，从而改善磨削质量。

② 在柴油机气缸盖等复杂曲面砂带磨削装置的诱导启发下，构思出快速、准确打磨钢轨轮廓面的成形打磨头。

③ 现有小型砂轮打磨机都是单轨行驶，由于道岔宽度等于单轨宽度，所以不能打磨道岔，为此运用变性创造原理和技法，设计出双轮行走部分，解决了打磨道岔的问题。

在上述创新构思基础上，通过功能设计法设计出小型砂带打磨机，其总体方案如图 10.17 所示。

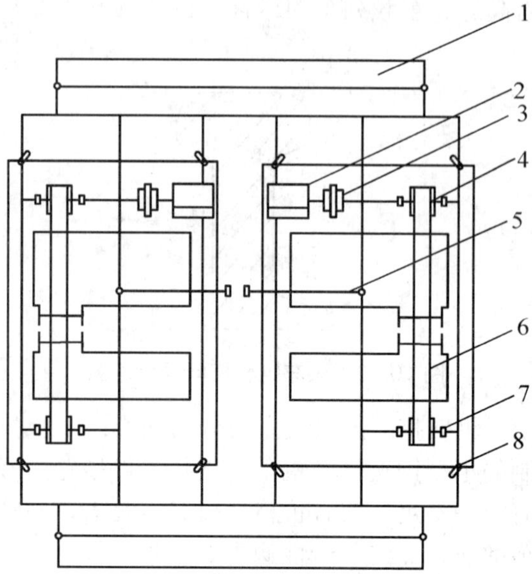

图 10.17　打磨机传动示意图

该打磨机由打磨系统和行走系统两部分组成。打磨系统安装在滑板 6 上，滑板可在导轨上移动，导轨固定在带 4 个行走轮的减振底盘上。滑板移动至预定位置，可通过锁紧机构 10 加以固定。两个打磨头 4 经两个带滚动轴承的多片摩擦离合器 3 分别由两台汽油机 2 驱动，打磨头与钢轨相对接触位置的调节和锁定由竖直方向和轨距方向的螺旋调节机构进行。底盘轮轴上装配可调间隙的圆柱滚子轴承，使打磨机通过时其曲线具有随轨自适性。

该打磨机的执行动作为：将打磨机推至工作区间，放下接触轮，然后预调打磨头与钢轨的接触位置。根据钢轨病害诊断结果(由专门设备完成)，确定分次打磨的实际切深，再细调并锁定，最后开机至一定转速，合上离合器，开始打磨。打磨机由人力推动进给，打磨效果用专门的检验设备检验。

(2) 打磨磨具的移植创新。与砂轮磨削相比，砂带磨削有如下特性。

① 高效：磨削效率为砂轮磨削的 4 倍以上。

② 低耗：一般情况下，砂轮旋转运动所消耗的能量占总功率的 15%～20%，而维持砂带运动的功率占 4%～10%，工作时，磨削热低。

③ 适用范围广：可打磨各种钢轨及进行各种复杂形面的修整。

④ 磨削质量好：表面粗糙度值可小于 $R_a(0.1\sim0.5\mu m)$，在工件表面的残余应力状态及微观裂纹等方面，优于砂轮磨削。

⑤ 寿命较高：由于涂附磨料，模具达到新发展和静电植砂砂带的使用，以及抗“粘盖”添加剂的使用，砂带使用寿命可达 10～12h。

因此，在打磨机功能实现上，完全可以引入砂带磨削技术，但它也有下列问题需通过进一步的试验才能解决，即砂带选型、最佳砂带打磨速度、最佳打磨进给量、最佳行走速度等。

(3) 成形打磨头部件的相似诱导移植设计。

为了提高打磨效率和打磨质量，在创新构思的基础上，对成形打磨构件进行了相似诱导移植技术设计。相似诱导移植指的是借助类似或相近的结构和技术，移植相似元中的部分要素或全部要素，结合当前的具体问题，使求解该问题的有用信息幅度大大增加，以至于形成突发性灵感思维，从而获得当前问题的解决。如图 10.18 所示为打磨头传动示意图，图中：驱动轮 1、张紧轮 2 和接触轮 3 为实体式，以钢、铝材料为轮芯，外包弹性橡胶等耐磨材料制成，其外缘硫化一层耐磨的耐油胶料。张紧轮和接触轮采用凹形结构，如图 10.19(a)所示，形状与钢轨轮廓相似，以减少砂带在打磨过程中的变形次数，提高寿命；接触轮的轮廓曲线采用仿轮缘踏面曲线，如图 10.19(b)所示，X 锯齿形外缘，并在轮缘上沿圆周方向开平行的环形沟槽，即消气槽，以防止运行中砂带憋气，同时可增加摩擦力，提高磨削质量和效率。接触轮的硬度在 40～70HS(A)之间。

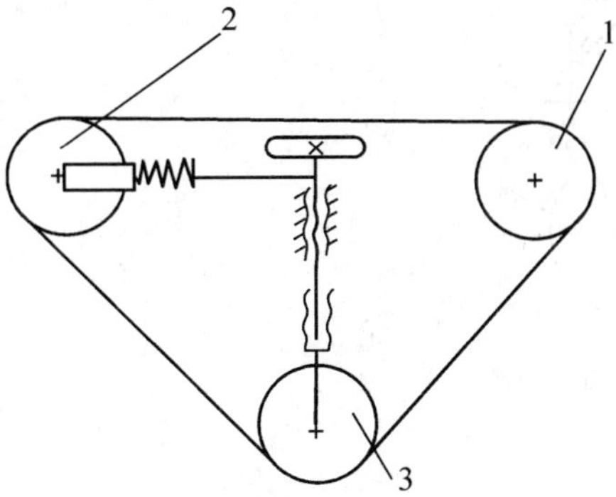

图 10.18　打磨头传动示意图

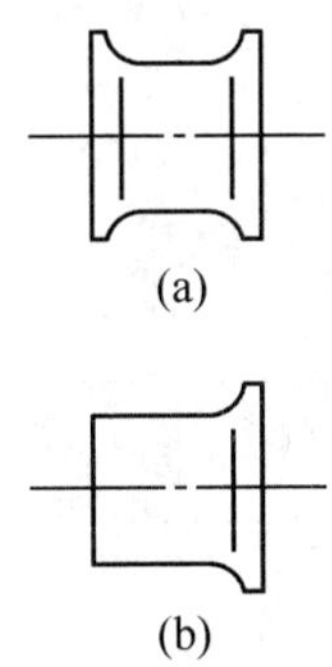

图 10.19　轮的外形轮廓图

如图 10.20 所示为砂带张紧快换机构。砂带通常在张紧状态下工作，因此在砂带由于受热等因素的影响变长后，必须进一步张紧。砂带的张紧通过改变张紧轮与驱动轮之间的中心距来实现，现采用弹簧手柄式砂带快换机构来实现砂带磨削中的张紧，其机构运动原理如下(如图 10.20 所示)：转动手柄 1、带动拉杆 3，使支架 4 在支杠 10 中左右移动。若支架带动张紧轮 6 向右压缩弹簧 2，则缩短了张紧轮和驱动轮的中心距，便于装卸砂带，反之，弹簧推动支架张紧砂带。为保证张紧可靠，在调整后用螺钉 5 将支架与支杠固定。图 10.20 中的 7 和 9 是用于张紧轮调偏的螺钉和螺栓，调偏采用扁轴调偏结构。

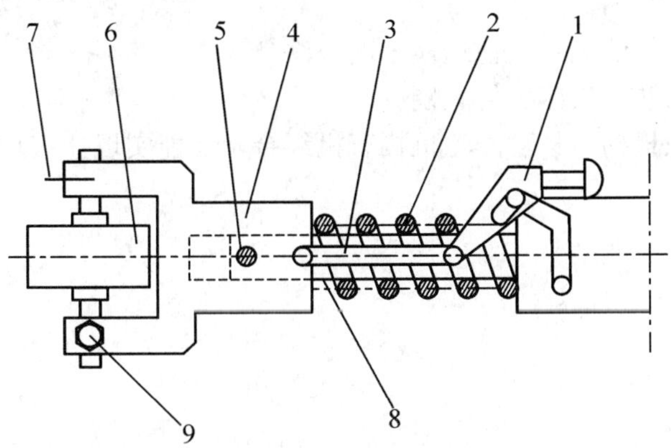

图 10.20　砂带张紧快换机构

如图 10.21 所示为磨削量进给调节机构，其为竖直方向的螺旋调节机构，用以控制接触轮与钢轨的正确接触和施力。设计中采用结构简单、易于自锁、转运平稳的差动螺旋装置。图 10.21 中，支架 1 上的螺纹与手轮螺杆 7 的螺纹构成一螺旋副，与接触轮 6 联接在一起的螺母 4 中的螺纹与螺杆 7 的螺纹构成另一螺旋副，两螺旋副组成差动螺旋机构。套筒 3 通过螺钉 2 与支架 1 固联为一体，螺母 4 可在套筒 3 内移动。为了使打磨接触轮工作可靠，在调整结束后，应用紧定螺钉 5 将螺母 4 固定在套筒 3 上。

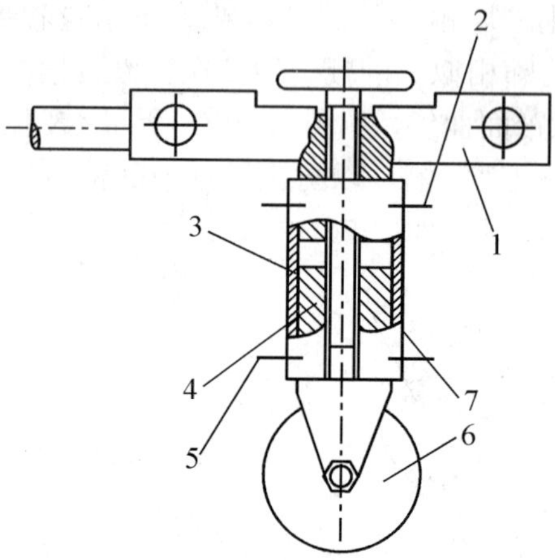

图 10.21　磨削量进给调节机构

小　　结

上述的 4 个典型创新设计实例中，全自动送筷机是从工作原理进行创新，内燃机是从实现相同工作原理的不同机构入手创新尝试，其他两个设计实例一是利用反求新思维进行了创新改造，二是利用移植原理进行设计，机械发展史中有无数的创新事例，并不可能一一例举，而是以上述典型实例举一反三、启迪思维，点燃学习者创新设计智慧的火花。

习　　题

10-1 利用形态分析法确定其他送筷子的方法。

10-2 普通机床与数控机床有何区别？

10-3 将曲柄滑块机构与移动凸轮机构有机组合，还能实现什么功能？举例说明。

参考文献

[1] 叶云岳．科技发明与新产品开发[M]．北京：机械工业出版社，1999.

[2] 李立斌．机械创新设计基础[M]．北京：国防科技大学出版社，2001.

[3] 檀润华．创新设计——TRIZ：发明问题解决理论[M]．北京：机械工业出版社，2002.

[4] 刘助柏，梁辰．知识创新学[M]．北京：机械工业出版社，2002.

[5] 宋宪一．现代技术创新基础[M]．北京：机械工业出版社，2002.

[6] 刘莹，艾红．创新设计思维与技法[M]．北京：机械工业出版社，2004.

[7] 吕仲文．机械创新设计[M]．北京：机械工业出版社，2004.

[8] 张春林，曲继方，张美麟．机械创新设计[M]．北京：机械工业出版社，1999.

[9] 曹惟庆，徐曾荫．机构设计[M]．北京：机械工业出版社，1997.

[10] 杨家军．机械系统创新设计[M]．武汉：华中理工大学出版社，2000.

[11] 黄纯颖，于映红，唐进元．机械创新设计[M]．北京：高等教育出版社，2000.

[12] 张土军．创造与发明[M]．沈阳：东北大学出版社，2000.

[13] 曲继方，安子军，曲志刚．机构创新原理[M]．北京：科学出版社，2001.

[14] 赵松年，李恩光，黄耀志．现代机械创新产品分析与设计[M]．北京：机械工业出版社，2000

[15] 杨雁斌．创新思维法[M]．上海：华东理工大学出版社，2000.

[16] 黄纯颖．工程设计方法[M]．北京：中国科学技术出版社，1989.

[17] 吴宗泽．机械设计禁忌[M]．北京：机械工业出版社，1996.

[18] 黄纯颖．设计方法学[M]．北京：机械工业出版社，1992.

[19] 梁良良．创新思维训练[M]．北京：中央编译出版社，2000.

[20] 梁锡昌，尚鹏东．发明创造学[M]．北京：中国科学技术出版社，1992.

[21] 赵新军．技术创新理论(RIZ)及应用[M]．北京：化学工业出版社，2004.

[22] 梁锡昌．机械创造方法与专科设计实例[M]．北京：国防工业出版社，2005.

[23] 华大年．机械原理[M]．北京：高等教育出版社，2000.

[24] 谢里阳．现代设计方法[M]．北京：机械工业出版社，2005.

[25] 黄华梁．创新思维与创造性技法[M]．北京：高等教育出版社，2007.

[26] 翁海珊．第一届全国大学生机械创新设计大赛作品集[M]．北京：高等教育出版社，2006.

[27] 邹慧君．机械系统概念设计[M]．北京：机械工业出版社，2004.

[28] 张立勋，张令瑜，杨勇．机电一体化系统设计[M]．北京：哈尔滨工程大学出版社，2004.

[29] 芮延年．机电一体化原理及应用[M]．苏州：苏州大学出版社，2004.

[30] 高学山．光机电一体化系统典型实例[M]．北京：机械工业出版社，2007.

[31] 刘之生，黄纯芝．反求工程技术[M]．北京：机械工业出版社，1992.

[32] 黄雨华．现代机械设计理论与方法．沈阳：东北大学出版社，2000.

[33] 邹慧君．机械系统设计原理[M]．北京：科学出版社，2003.

[34] 孙桓．机械原理[M]．北京：高等教育出版社，2002.

[35] 曹惟庆．机械组成原理[M]．北京：高等教育出版社，1983.

[36] 沈安文，余高明．位置控制系统中电子齿轮实现的简易方法[J]．机械与电子，2001，(4).

[37] 方新国，尚九浩．广义机构概述[J]．西北轻工学院学报，2001，7：57-60.

[38] 李瑞琴，邹慧君．电子凸轮在横针机构中的应用研究[J]．机械设计与研究，2006，(6)：54-55．
[39] 庄磊，左敦稳．电子齿轮箱系统的研究与应用[J]．机械设计与制造工程，2001，(2)：48-50．
[40] 张锦明．转盘式滚压成型机的数控化改造[J]．苏州陶瓷，2003，(4)：21-25．
[41] 罗海玉，高衍庆．基于产品创新的反求设计[J]．甘肃科技，2002，(8)：34．
[42] 杨裕强，反求工程中机械零件尺寸精度的确定方法[J]．机械工程师，2005，(6)：110-111．
[43] 罗朝东．埃尔根清扫车的机电一体化[J]．筑路机械与施工机械化，1995，(2)：19-21．
[44] 张松林，李波，刘宁．悬挂式减速器的反求设计[J]．起重运输机械，2002，(4)：18-21．
[45] 盛俊明．机电产品开发中反求工程技术的应用[J]．常熟高专学报，2003，(7)：100-102．
[46] 吴雪梅．应用透视量点快速反求三维实体尺寸研究[J]．中国工程机械学报，2005，(12)：1-23．
[47] 卢永奎．微型机器人蛇行游动机构的系统仿真[J]．光学精密工程，2001，(6)：542-545．
[48] 廖汉元．型综合的连杆法组合及其应用[J]．武汉钢铁学院学报，1994，(2)：183-189．
[49] 丛晓霞．关于机构型综合与创造性设计的探讨[J]．机械科学与技术，1994，(1)：37-40．
[50] 刘德忠．形状记忆合金丝驱动的微型机械手[J]．制造技术与机床，2001，(9)：23-24．
[51] 徐明华，包海波．知识产权强国之路[M]．北京：知识产权出版社，2002．
[52] 王恭路．论知识管理中的知识产权问题[J]．情报科学，2001，(9)：904-905．
[53] 王立诚．失效专利的获取与利用[J]．现代情报，2001，(1)：67-68．
[54] 中国知识产权网．2005-01-06．

北京大学出版社教材书目

✧ 欢迎访问教学服务网站 www.pup6.cn，免费查阅下载已出版教材的电子书(PDF 版)、电子课件和相关教学资源。

✧ 欢迎征订投稿。联系方式：010-62750667，童编辑，13426433315@163.com，pup_6@163.com, 欢迎联系。

序号	书　　名	标准书号	主　　编	定价	出版日期
1	机械设计	978-7-5038-4448-5	郑　江，许　瑛	33	2007.8
2	机械设计	978-7-301-15699-5	吕　宏	32	2009.9
3	机械设计	978-7-301-17599-6	门艳忠	40	2010.8
4	机械设计	978-7-301-21139-7	王贤民，霍仕武	49	2012.8
5	机械原理	978-7-301-11488-9	常治斌，张京辉	29	2008.6
6	机械原理	978-7-301-15425-0	王跃进	26	2010.7
7	机械原理	978-7-301-19088-3	郭宏亮，孙志宏	36	2011.6
8	机械原理	978-7-301-19429-4	杨松华	34	2011.8
9	机械设计基础	978-7-5038-4444-2	曲玉峰，关晓平	27	2008.1
10	机械设计课程设计	978-7-301-12357-7	许　瑛	35	2012.7
11	机械设计课程设计	978-7-301-18894-1	王　慧，吕　宏	30	2011.5
12	机电一体化课程设计指导书	978-7-301-19736-3	王金娥　罗生梅	35	2012.1
13	机械工程专业毕业设计指导书	978-7-301-18805-7	张黎骅，吕小荣	22	2012.5
14	机械创新设计	978-7-301-12403-1	丛晓霞	32	2010.7
15	机械系统设计	978-7-301-20847-2	孙月华	32	2012.7
16	机械设计基础实验及机构创新设计	978-7-301-20653-9	邹旻	28	2012.6
17	TRIZ 理论机械创新设计工程训练教程	978-7-301-18945-0	蒯苏苏，马履中	45	2011.6
18	TRIZ 理论及应用	978-7-301-19390-7	刘训涛，曹　贺 陈国晶	35	2011.8
19	创新的方法——TRIZ 理论概述	978-7-301-19453-9	沈萌红	28	2011.9
20	机械 CAD 基础	978-7-301-20023-0	徐云杰	34	2012.2
21	AutoCAD 工程制图	978-7-5038-4446-9	杨巧绒，张克义	20	2011.4
22	工程制图	978-7-5038-4442-6	戴立玲，杨世平	27	2012.2
23	工程制图	978-7-301-19428-7	孙晓娟，徐丽娟	30	2012.5
24	工程制图习题集	978-7-5038-4443-4	杨世平，戴立玲	20	2008.1
25	机械制图(机类)	978-7-301-12171-9	张绍群，孙晓娟	32	2009.1
26	机械制图习题集(机类)	978-7-301-12172-6	张绍群，王慧敏	29	2007.8
27	机械制图(第 2 版)	978-7-301-19332-7	孙晓娟，王慧敏	38	2011.8
28	机械制图习题集(第 2 版)	978-7-301-19370-7	孙晓娟，王慧敏	22	2011.8
29	机械制图	978-7-301-21138-0	张　艳，杨晨升	37	2012.8
30	机械制图与 AutoCAD 基础教程	978-7-301-13122-0	张爱梅	35	2011.7
31	机械制图与 AutoCAD 基础教程习题集	978-7-301-13120-6	鲁　杰，张爱梅	22	2010.9
32	AutoCAD 2008 工程绘图	978-7-301-14478-7	赵润平，宗荣珍	35	2009.1
33	AutoCAD 实例绘图教程	978-7-301-20764-2	李庆华，刘晓杰	32	2012.6
34	工程制图案例教程	978-7-301-15369-7	宗荣珍	28	2009.6
35	工程制图案例教程习题集	978-7-301-15285-0	宗荣珍	24	2009.6
36	理论力学	978-7-301-12170-2	盛冬发，闫小青	29	2012.5
37	材料力学	978-7-301-14462-6	陈忠安，王　静	30	2011.1

38	工程力学(上册)	978-7-301-11487-2	毕勤胜，李纪刚	29	2008.6
39	工程力学(下册)	978-7-301-11565-7	毕勤胜，李纪刚	28	2008.6
40	液压传动	978-7-5038-4441-8	王守城，容一鸣	27	2009.4
41	液压与气压传动	978-7-301-13129-4	王守城，容一鸣	32	2012.1
42	液压与液力传动	978-7-301-17579-8	周长城等	34	2010.8
43	液压传动与控制实用技术	978-7-301-15647-6	刘　忠	36	2009.8
44	金工实习(第 2 版)	978-7-301-16558-4	郭永环，姜银方	30	2012.5
45	机械制造基础实习教程	978-7-301-15848-7	邱　兵，杨明金	34	2010.2
46	公差与测量技术	978-7-301-15455-7	孔晓玲	25	2011.8
47	互换性与测量技术基础(第 2 版)	978-7-301-17567-5	王长春	28	2010.8
48	互换性与技术测量	978-7-301-20848-9	周哲波	35	2012.6
49	机械制造技术基础	978-7-301-14474-9	张　鹏，孙有亮	28	2011.6
50	机械制造技术基础	978-7-301-16284-2	侯书林　张建国	32	2012.8
51	先进制造技术基础	978-7-301-15499-1	冯宪章	30	2011.11
52	先进制造技术	978-7-301-20914-1	刘　璇，冯　凭	28	2012.8
53	机械精度设计与测量技术	978-7-301-13580-8	于　峰	25	2008.8
54	机械制造工艺学	978-7-301-13758-1	郭艳玲，李彦蓉	30	2008.8
55	机械制造工艺学	978-7-301-17403-6	陈红霞	38	2010.7
56	机械制造工艺学	978-7-301-19903-9	周哲波，姜志明	49	2012.1
57	机械制造基础(上)——工程材料及热加工工艺基础(第 2 版)	978-7-301-18474-5	侯书林，朱　海	40	2011.1
58	机械制造基础(下)——机械加工工艺基础(第 2 版)	978-7-301-18638-1	侯书林，朱　海	32	2012.5
59	金属材料及工艺	978-7-301-19522-2	于文强	44	2011.9
60	金属工艺学	978-7-301-21082-6	侯书林，于文强	32	2012.8
61	工程材料及其成形技术基础	978-7-301-13916-5	申荣华，丁　旭	45	2010.7
62	工程材料及其成形技术基础学习指导与习题详解	978-7-301-14972-0	申荣华	20	2009.3
63	机械工程材料及成形基础	978-7-301-15433-5	侯俊英，王兴源	30	2012.5
64	机械工程材料	978-7-5038-4452-3	戈晓岚，洪　琢	29	2011.6
65	机械工程材料	978-7-301-18522-3	张铁军	36	2012.5
66	工程材料与机械制造基础	978-7-301-15899-9	苏子林	32	2009.9
67	控制工程基础	978-7-301-12169-6	杨振中，韩致信	29	2007.8
68	机械工程控制基础	978-7-301-12354-6	韩致信	25	2008.1
69	机电工程专业英语(第 2 版)	978-7-301-16518-8	朱　林	24	2012.5
70	机床电气控制技术	978-7-5038-4433-7	张万奎	26	2007.9
71	机床数控技术(第 2 版)	978-7-301-16519-5	杜国臣，王士军	35	2011.6
72	自动化制造系统	978-7-301-21026-0	辛宗生，魏国丰	37	2012.8
73	数控机床与编程	978-7-301-15900-2	张洪江，侯书林	25	2011.8
74	数控技术	978-7-301-21144-1	吴瑞明	28	2012.8
75	数控加工技术	978-7-5038-4450-7	王　彪，张　兰	29	2011.7
76	数控加工与编程技术	978-7-301-18475-2	李体仁	34	2012.5
77	数控编程与加工实习教程	978-7-301-17387-9	张春雨，于　雷	37	2011.9
78	数控加工技术及实训	978-7-301-19508-6	姜永成，夏广岚	33	2011.9
79	数控编程与操作	978-7-301-20903-5	李英平	26	2012.8
80	现代数控机床调试及维护	978-7-301-18033-4	邓三鹏等	32	2010.11
81	金属切削原理与刀具	978-7-5038-4447-7	陈锡渠，彭晓南	29	2012.5
82	金属切削机床	978-7-301-13180-0	夏广岚，冯　凭	28	2012.7
83	典型零件工艺设计	978-7-301-21013-0	白海清	34	2012.8
84	精密与特种加工技术	978-7-301-12167-2	袁根福，祝锡晶	29	2011.12

85	逆向建模技术与产品创新设计	978-7-301-15670-4	张学昌	28	2009.9
86	CAD/CAM 技术基础	978-7-301-17742-6	刘　军	28	2012.5
87	CAD/CAM 技术案例教程	978-7-301-17732-7	汤修映	42	2010.9
88	Pro/ENGINEER Wildfire 2.0 实用教程	978-7-5038-4437-X	黄卫东，任国栋	32	2007.7
89	Pro/ENGINEER Wildfire 3.0 实例教程	978-7-301-12359-1	张选民	45	2008.2
90	Pro/ENGINEER Wildfire 3.0 曲面设计实例教程	978-7-301-13182-4	张选民	45	2008.2
91	Pro/ENGINEER Wildfire 5.0 实用教程	978-7-301-16841-7	黄卫东，郝用兴	43	2011.10
92	Pro/ENGINEER Wildfire 5.0 实例教程	978-7-301-20133-6	张选民，徐超辉	52	2012.2
93	SolidWorks 三维建模及实例教程	978-7-301-15149-5	上官林建	30	2009.5
94	UG NX6.0 计算机辅助设计与制造实用教程	978-7-301-14449-7	张黎骅，吕小荣	26	2011.11
95	Cimatron E9.0 产品设计与数控自动编程技术	978-7-301-17802-7	孙树峰	36	2010.9
96	Mastercam 数控加工案例教程	978-7-301-19315-0	刘　文，姜永梅	45	2011.8
97	应用创造学	978-7-301-17533-0	王成军，沈豫浙	26	2012.5
98	机电产品学	978-7-301-15579-0	张亮峰等	24	2009.8
99	品质工程学基础	978-7-301-16745-8	丁　燕	30	2011.5
100	设计心理学	978-7-301-11567-1	张成忠	48	2011.6
101	计算机辅助设计与制造	978-7-5038-4439-6	仲梁维，张国全	29	2007.9
102	产品造型计算机辅助设计	978-7-5038-4474-4	张慧姝，刘永翔	27	2006.8
103	产品设计原理	978-7-301-12355-3	刘美华	30	2008.2
104	产品设计表现技法	978-7-301-15434-2	张慧姝	42	2012.5
105	产品创意设计	978-7-301-17977-2	虞世鸣	38	2012.5
106	工业产品造型设计	978-7-301-18313-7	袁涛	39	2011.1
107	化工工艺学	978-7-301-15283-6	邓建强	42	2009.6
108	过程装备机械基础	978-7-301-15651-3	于新奇	38	2009.8
109	过程装备测试技术	978-7-301-17290-2	王毅	45	2010.6
110	过程控制装置及系统设计	978-7-301-17635-1	张早校	30	2010.8
111	质量管理与工程	978-7-301-15643-8	陈宝江	34	2009.8
112	质量管理统计技术	978-7-301-16465-5	周友苏，杨　飒	30	2010.1
113	人因工程	978-7-301-19291-7	马如宏	39	2011.8
114	工程系统概论——系统论在工程技术中的应用	978-7-301-17142-4	黄志坚	32	2010.6
115	测试技术基础(第 2 版)	978-7-301-16530-0	江征风	30	2010.1
116	测试技术实验教程	978-7-301-13489-4	封士彩	22	2008.8
117	测试技术学习指导与习题详解	978-7-301-14457-2	封士彩	34	2009.3
118	可编程控制器原理与应用(第 2 版)	978-7-301-16922-3	赵　燕，周新建	33	2010.3
119	工程光学	978-7-301-15629-2	王红敏	28	2012.5
120	精密机械设计	978-7-301-16947-6	田　明，冯进良等	38	2011.9
121	传感器原理及应用	978-7-301-16503-4	赵　燕	35	2010.2
122	测控技术与仪器专业导论	978-7-301-17200-1	陈毅静	29	2012.5
123	现代测试技术	978-7-301-19316-7	陈科山，王燕	43	2011.8
124	风力发电原理	978-7-301-19631-1	吴双群，赵丹平	33	2011.10
125	风力机空气动力学	978-7-301-19555-0	吴双群	32	2011.10
126	风力机设计理论及方法	978-7-301-20006-3	赵丹平	32	2012.1